kosmos

kosmos Naturführer

Ingrid und Peter Schönfelder

Die Kosmos-Mittelmeerflora

Über 500 Pflanzenarten in Farbfotos

Kosmos

516 Farbfotos von C. + W. Baitinger (1), H. Baumann (1), E. Garnweidner (3), R. Gerstle (1), M. Haberer (1), P. Kohlhaupt (2), H. E. Laux (3), E. Müller (1), U. Rückbrodt (2), D. Schacht (1), W. Schacht (1), J. Schimmitat (1), H. Schmidt (1), P. Schönfelder (496), H. Schrempp (1)
218 Schwarzweißzeichnungen aus Coste (43), von M. Golte-Bechtle (100), M. Hamerli (1), H.-H. Kropf (1), F. Rechinger-Moser (50) und W. Weiss (23). Die Zeichnungen aus Coste entnahmen wir mit freundlicher Genehmigung von A. Blanchard, Paris, aus Coste, H., Flore descriptive et illustrée de la France, de la Corse et des contrées limitrophes.

Umschlag von Atelier Reichert, Stuttgart, unter Verwendung zweier Aufnahmen von Peter Schönfelder.
Das Umschlagbild zeigt die Blüte des Dornigen Kapernstrauchs *(Capparis spinosa)* und eine Pinie (*Pinus pinea,* kleines Bild)

Das Vorsatzbild zeigt Baumartige Wolfsmilch an der Felsküste bei Porto (Korsika)

Bild 1 (Seite 2). Pfriemenginster an der Küste bei Saint-Tropez (Südfrankreich)

Bild 2 (Seite 7). Meerzwiebeln auf einem Weiderasen im Herbst bei Brucoli (Sizilien)

Aufnahmen Peter Schönfelder

CIP-Titelaufnahme der deutschen Bibliothek

Schönfelder, Ingrid:
Die Kosmos-Mittelmeerflora : über 500 Pflanzenarten
in Farbfotos / Ingrid u. Peter Schönfelder. –
3. Aufl. – Stuttgart : Franckh-Kosmos, 1999.
(Kosmos Naturführer)
ISBN 3-440-07803-5
NE: Schönfelder, Peter:

3. Auflage, 1999

Printed in Italy/Imprimé en Italie
LH 14 Ste/ISBN 3-440-07803-5
Satz: G. Müller, Heilbronn
Herstellung: Printer Trento S. v. l., Trento

Die Kosmos-Mittelmeerflora

Vorwort

Wenn heute jährlich viele Millionen erholungssuchender Menschen an die Küsten des Mittelmeeres ziehen, so konzentrieren sie sich hier hauptsächlich in den zahlreichen Touristenzentren mit allen ihren Problemen. Für die Natur und ihr Fortbestehen ist das gut so, es bleiben immer noch Bereiche – oft nur wenige Kilometer ab von den Hochburgen der seßhaften Sonnenanbeter – wo man sie finden kann, die mediterrane Pflanzenwelt mit ihren vielfältig andersartigen Lebenserscheinungen. Man muß dazu hinausgehen in die Umgebung, durch Felder und Ölbaumhaine streifen, durch Garigues und Macchien und bis in die Wälder, aber auch bei den vielen Zeugnissen der zum Teil jahrtausendealten Kulturen kann man manche interessante Blütenpflanze zwischen griechischen und römischen Ruinen oder mittelalterlichen Mauern antreffen. Und wenn man es sich leisten kann, im Frühjahr zu reisen, zwischen März und Mai, wo es selbst in den Touristenzentren noch ruhig zugeht, dann wird man die ganze Schönheit der Mittelmeerflora kennenlernen. Man wird die bestandbildenden, immergrünen Sträucher in großer Fläche blühend und duftend antreffen, besonders die Zistrosen mit ihren rosa oder weißen Blüten können ganze Landstriche bestimmen. Ein Großteil der Pflanzen blüht allerdings weniger prächtig. Nur in den Vorgärten und Parkanlagen findet man die großblütigen, auffälligen, aus den verschiedenen Ländern der Subtropen zusammengetragenen Zierpflanzen, an die der Laie wohl manchmal zuerst denkt, wenn er von den Blumen des Mittelmeergebietes spricht. Von ihnen wurden in diesem Buch nur die wichtigsten aufgenommen, besonders soweit sie in die naturnahe Vegetation eindringen.
Natürlich haben auch die anderen Jahreszeiten ihren botanischen Reiz. Im Hochsommer erst blühen manche Strandpflanzen, und die immergrünen Sträucher der Macchien und Garigues beeindrucken mit ihren farbigen Früchten, die Gebirgsflora erreicht erst jetzt ihre volle Entfaltung. Selbst im Herbst sind es noch vereinzelte Arten aus den verschiedensten Pflanzenfamilien, die ihre Blütenstände oft aus einer noch ganz vertrockneten Umgebung erheben. Im Oktober mit dem Einsetzen der Regenfälle beginnt dann der mediterrane Lebenszyklus wieder von neuem. Die Vielfalt der Flora ist mit rund 20 000 Arten beträchtlich, jedoch sind davon etwa die Hälfte auf den Osten und Süden, von Kleinasien bis Nordafrika beschränkt, viele kommen nur in kleinen oder kleinsten Gebieten und in den Gebirgen vor. So stellen die in diesem Buch beschriebenen fast 1000 und abgebildeten 506 Arten letztendlich nur eine Auswahl dar, die häufigeren Pflanzen aber wird der Interessierte hier wiedererkennen und bestimmen können. Gelegentlich allerdings wird er auf eine Pflanze stoßen, die hier nicht abgebildet ist, und damit „Neues" entdecken, so wie es auch uns noch bei jeder Reise irgendwo im Mittelmeergebiet ergeht.

Ingrid und Peter Schönfelder

Einführung – Hinweise zur Benutzung

Bei der Auswahl der Arten haben wir uns bemüht, einen möglichst gleichmäßigen Querschnitt durch die häufigsten Vertreter aller Pflanzenfamilien zu geben, von den Farnen bis zu den Orchideen, und dabei die attraktiven ebenso zu berücksichtigen wie die unscheinbaren, wie zum Beispiel die Gräser. Im Vordergrund stehen die weit verbreiteten Arten, die im ganzen Mittelmeergebiet vorkommen, daneben aber auch charakteristische Vertreter, die nur in Teilbereichen, sei es im Westen oder Osten vorkommen, schließlich beispielhaft auch auf kleine Gebiete beschränkte Arten („Endemiten") z.B. der Balearen, Korsikas oder Kretas. Der Schwerpunkt liegt schließlich auf den Sippen der immergrünen, mediterranen Stufe, daneben wurden auch eine größere Anzahl von Arten der sommergrünen submediterranen Stufe berücksichtigt, aber nur einzelne der mediterranen Gebirgsvegetation.

Die Anordnung folgt den natürlichen Verwandtschaftsverhältnissen der Pflanzenfamilien von den Farnpflanzen zu den Nacktsamern und den Bedecktsamern, von den Zweikeimblättrigen zu den Einkeimblättrigen in der Reihenfolge und – von wenigen Ausnahmen abgesehen – in der wissenschaftlichen Nomenklatur der FLORA EUROPAEA. So findet man ähnliche und verwandte Arten auch dann benachbart, wenn sie unterschiedliche Blütenfarben zeigen. In anderen Büchern häufiger verwendete Synonyme haben wir dem als gültig angesehenen lateinischen Namen in Klammern beigefügt. Die Angabe des oder der Autoren ist für die eindeutige Benennung einer Art notwendig. Die deutschen Namen haben wir – soweit vorhanden – von älteren deutschsprachigen Büchern über die Mittelmeerflora (s. Literaturverzeichnis) übernommen oder von den wissenschaftlichen Namen abgeleitet, seltener auch nach einer charakteristischen Eigenschaft der betreffenden Pflanze gebildet.

Für das Auffinden einer bestimmten Pflanze in diesem Buch gibt es mehrere Möglichkeiten: Mit gewissen Vorkenntnissen sucht man über das Register der wissenschaftlichen und deutschen Namen (S. 304) eine bestimmte Familie, Gattung oder Art oder auch über das Inhaltsverzeichnis (S. 5) gleich die einzelne Familie auf. Ohne Vorkenntnisse kann man mit dem Bestimmungsschlüssel (S. 34) die Familie ermitteln und sich dabei gleichzeitig etwas ihre wichtigsten Merkmale erarbeiten, wobei die Strichzeichnungen hilfreich sind. Schließlich kann man direkt durch Vergleich mit den Farbfotos und zugehörigen Textbeschreibungen 506 Arten sicher und 442 weitere mit einiger Wahrscheinlichkeit ansprechen.

Am Anfang jedes Textes stehen Angaben zur Größe, wobei die Durchschnittswerte mittlerer Standorte ungefähr im Mittel der angegebenen Werte oder etwas darüber liegen. Auch bei den Blütezeiten wurde nur eine mittlere Schwankung und Dauer berücksichtigt, im extremen Süden und Osten kann der erste Beginn der Blüte noch eher und an der Nordgrenze das Ende der Blütezeit noch später liegen. Die üblichen Zeichen der Lebensformen werden auf S. 53 erklärt.

B: Die **Beschreibung** beginnt mit dem Aufbau des Sprosses und seiner Beblätterung. Es folgen Angaben zu Blütenstand, Blüte und Frucht. Besonderer Wert wurde dabei auf solche Merkmale gelegt, die zur Unterscheidung von verwandten, eventuell unter „U" erwähnten oder im Buch sonst abgebildeten Pflanzen herangezogen werden können. Gelegentlich wird dieser Abschnitt mit Hinweisen auf Unterarten oder die Bedeutung als Gift-, Heil- oder sonstige Nutzpflanze beschlossen. Die in diesem Abschnitt verwendeten Fachausdrücke sind auf S. 28 mit schematischen Abbildungen erläutert.

S: Die in der Zeile **Standort** aufgeführten mediterranen Vegetationstypen, wie Macchie oder Garigue usw. werden auf den Seiten 16–27 besprochen.

V: Für Hinweise zur **Verbreitung** konnte wie zum Standort aus Platzgründen meist nur eine Zeile verwendet werden. Während viele Arten im gesamten Mittelmeergebiet

vorkommen (siehe Karte S. 13), sind andere auf das westliche Mittelmeergebiet, d. h. die Iberische Halbinsel, meist auch Teile Nordwestafrikas und Südfrankreichs beschränkt. Auf die Apenninhalbinsel greifen sowohl westmediterrane als auch ostmediterrane Arten über, während die Zahl der zentralmediterranen geringer ist, deren Verbreitungsgebiet Italien und meist auch die umliegenden Inseln einschließt. Die Areale der zahlreichen ostmediterranen Arten können recht unterschiedlich sein, teilweise umfassen sie nur die südliche Balkanhalbinsel, oft mit der Ägäis, teilweise reichen sie aber auch über die Türkei oder Zypern bis nach Israel und Nordägypten. Von den Vorkommen auf den Atlantischen Inseln werden nur die der Kanaren genannt, da hier die meisten Beziehungen zur Mittelmeerflora bestehen und diese Inseln gleichzeitig am häufigsten besucht werden. Die Angabe „Kanaren" bedeutet allerdings nicht, daß die betreffende Art auf allen Kanarischen Inseln vorhanden ist. Das mehr oder weniger weite Vordringen mancher Mittelmeerpflanzen nach Südwestasien wird meist nur mit der allgemeinen Angabe „SW-Asien" erwähnt.
U: Hier wird auf die **Unterscheidung** weiterer ähnlicher, nicht abgebildeter Arten möglichst mit mehreren wichtigen Merkmalen verwiesen. Die Verbreitungsangaben in Klammern sind sehr knapp gefaßt. Blütezeit und Standort werden nur dann aufgeführt, wenn sie wesentlich von der abgebildeten Art abweichen.

Bemerkungen zum Naturschutz

Ein Schild „Naturschutzgebiet" wird den meisten im Mittelmeergebiet reisenden Naturfreunden bisher ebenso selten begegnet sein wie ein Hinweis auf geschützte Arten. Der Naturschutz steht in diesen Ländern auf noch schwächeren Füßen als bei uns und oft noch ganz am Anfang, obwohl gerade in den Küstengebieten während der letzten 20 Jahre mehr naturschutzwürdige Vegetation der Bebauung und dem Tourismus zum Opfer gefallen sind als irgendwo sonst in Europa. So liegt die Hauptbedrohung vieler mediterraner Lebensgemeinschaften und ihrer zum Teil auf kleine Verbreitungsgebiete beschränkten, endemischen Arten auch weiterhin in der radikalen Erschließung immer neuer Gebiete für den Erholungssuchenden. Daneben haben natürlich ähnliche Faktoren wie in Mitteleuropa Einfluß auf die Gefährdung von Pflanzen (und Tieren), insbesondere Änderungen der land- und forstwirtschaftlichen Nutzung. Im Vergleich dazu ist die direkte Bedrohung einzelner Arten durch das Pflücken und Ausgraben sicherlich geringer, wenngleich sie sich auf einige, besonders für den Gartenliebhaber interessante Pflanzengruppen konzentriert. Dieser Tatsache hat auch die Gesetzgebung in der Bundesrepublik Rechnung getragen und in die Bundesartenschutzverordnung von 1980 einige mediterrane Sippen aufgenommen, insbesondere die Gattungen *Cyclamen* (Alpenveilchen), *Fritillaria* (Schachblume), *Lilium* (Lilie) und *Narcissus* (Narzisse) sowie alle Orchideen. Von allen europäischen Arten dieser Verwandtschaftskreise ist für Bürger der Bundesrepublik nun die Inbesitznahme von lebenden oder toten Teilen oder von ganzen Pflanzen verboten. Durch das Washingtoner Artenschutzübereinkommen werden nur wenige mediterrane Arten zusätzlich unter Schutz gestellt, nämlich besonders die Endemiten *Abies nebrodensis* (Sizilianische Tanne), *Celtis aetnensis* (Aetna-Zürgelbaum) und *Ribes sardoum* (Sardische Johannisbeere). Im Vergleich zu den vielen Hunderten gefährdeten Endemiten insbesondere der Küsten- und Gebirgsvegetation wirklich nur ein bescheidener Anfang! So bleibt nichts anderes übrig, als sich als Naturfreund und Mittelmeerreisender zu bemühen, alle Arten, die nicht in sehr großer Individuenzahl vorkommen, als geschützte Arten zu betrachten und lieber auf ein Stück für seine Sammlung zu verzichten als zur Vernichtung gefährdeter Arten beizutragen.

Klima und Lebensformen der Pflanzen

Das Gebiet der Mittelmeerflora läßt sich auf verschiedene Weise abgrenzen, entweder nach dem Vorkommen charakteristischer Pflanzenarten und Formationen oder nach der Verbreitung des typischen Mittelmeerklimas. Da Vorkommen und Gestalt der Mittelmeerpflanzen weitgehend vom Klima geprägt werden, wollen wir dieses zunächst kurz darstellen:

Die **Niederschläge** entsprechen in ihrer Summe mit etwa 500–900 mm pro Jahr durchaus weiten Bereichen Mitteleuropas (zum Vergleich: Stuttgart 673 mm, Hamburg 712 mm, München 866 mm), wobei die Unterschiede vom feuchteren Westteil und von Gebieten im Regenstau der Gebirge bis zum Südrand des Mittelmeergebietes recht groß sind. Ganz anders als in Mitteleuropa ist dagegen die Verteilung der Niederschläge: Während sie bei uns das ganze Jahr über fallen mit einem Maximum im Sommer, konzentrieren sie sich dort auf das Winterhalbjahr, etwa von Oktober bis April. Die Sommermonate sind trocken, Juli und August können fast vollständig niederschlagsfrei sein. Das zeigt auch das Diagramm der Niederschlagsverteilung (links), in dem der Jahresgang von Rom und Tunis mit Stuttgart verglichen wird. Insgesamt ist die Kurve von Rom mit jährlich 881 mm wesentlich höher als die von Tunis (415 mm Jahresdurchschnitt), das Maximum liegt in Rom bereits zu Beginn des Winterhalbjahres im Oktober, in Tunis dagegen im Dezember. Die Kurve von Stuttgart veranschaulicht den typisch mitteleuropäischen Verlauf mit einem Niederschlagsmaximum im Hochsommer.

Der **Temperaturverlauf** bildet das zweite wichtige Kennzeichen des Mittelmeerklimas: Der Winter ist mild, die Durchschnittswerte der Temperatur liegen auch im kältesten Monat Januar meist zwischen 5° und 10°C. Kurze Frostperioden treten nur im nördlichen Mittelmeergebiet auf, im Süden fehlen sie fast völlig. Auch im Sommer sind die

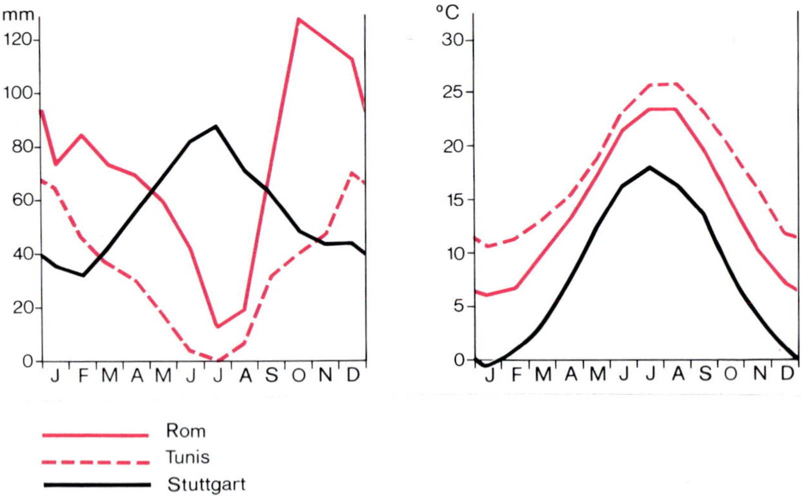

Bild 3. Jahresgang der Niederschläge (links) und der Temperatur (rechts).

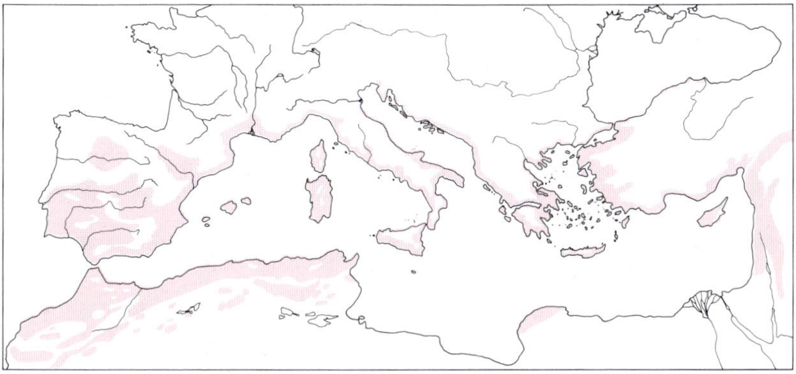

Bild 4. Gebiet des mediterranen Klimas und der Hartlaubvegetation.

Durchschnittswerte wesentlich höher als bei uns in Mitteleuropa, die Tagesmaxima der Lufttemperatur können im Juli und August oft 30 °C überschreiten, die Bodentemperaturen offener Standorte steigen dann bis auf etwa 70 °C. Vergleicht man die Kurve der Monatsmittelwerte der Temperatur (rechts), so haben alle drei Kurven ihr Maximum im Juli/August, die von Tunis liegt allerdings deutlich über der von Rom und im Durchschnitt fast um 10 °C über der von Stuttgart.
Dieser typisch mediterrane Klimaverlauf mit feuchtgemäßigten Wintern und trockenheißen Sommern ist dadurch bedingt, daß im Winter die von Island zum europäischen Kontinent ziehenden Tiefdruckgebiete weit nach Süden ins Mittelmeergebiet übergreifen und hier die Winterregen bringen. Im Sommer dehnt sich das Azorenhoch bis in den Mittelmeerraum aus und drängt die Tiefdruckgebiete nach Mittel- und Nordeuropa ab. Das Mediterrangebiet liegt dann im trockenen Klimabereich der Subtropen, wobei sich dies im kontinentaleren Osten und Süden wesentlich stärker auswirkt als im atlantiknäheren Westen und Norden.
Das Gebiet des Mittelmeerklimas ist gleichzeitig das Gebiet der mediterranen („eumediterranen") Hartlaubvegetation und der mediterranen Kulturen (Bild 4). Bäume und Sträucher sind an diese Klimaverhältnisse meist dadurch angepaßt, daß sie hartlaubige, immergrüne Blätter haben, die die sommerliche Dürreperiode überstehen und zwei bis mehrere Jahre alt werden. Sie können dadurch das ganze Jahr über Stoffe produzieren, solange nicht der Wassermangel Einschränkungen erfordert. Der Charakterbaum der natürlichen Vegetation im größten Teil des Mittelmeergebietes ist die Stein-Eiche *(Quercus ilex),* im Westen und Osten gebietsweise ersetzt durch andere Eichenarten. Ähnliche Blattformen haben auch manche Sträucher des Unterwuchses dieser Wälder wie z. B. die Erdbeerbaum-Arten *Arbutus andrachne* und *A. unedo,* Immergrüner Schneeball *(Viburnum tinus)* oder Immergrüner Kreuzdorn *(Rhamnus alaternus).* Viele Gehölze haben ihre immergrünen Blätter auch weiter reduziert zu schmaleren, elliptischen bis linealen Blattformen, wie der Charakterbaum des Kulturlandes, der Ölbaum *(Olea europaea),* Rosmarin *(Rosmarinus officinalis),* Myrte *(Myrtus communis),* Steinlinden *(Phillyrea latifolia* und *P. angustifolia),* oder Oleander *(Nerium oleander),* oder auch zu Schuppen so z. B. bei der Behaarten Spatzenzunge *(Thymelaea hirsuta)*, den Tamarisken *(Tamarix* spec.) oder Heide-Arten (z. B. *Erica arborea* oder *E. multiflora*). Einige Arten verlieren in der sommerlichen Trockenheit viele der älteren Blätter, wie die Salbeiblättrige Zistrose *(Cistus salvifolius);* der vollständige Laubwurf z. B. bei der Baumartigen Wolfsmilch *(Euphorbia dendroides)* bildet da-

gegen eine Ausnahme. Auch einige der charakteristischen Dornsträucher haben nur sehr kleine Blättchen bzw. verlieren sie im Sommer wie verschiedene Ginster-Arten (*Genista corsica* oder *G. acanthoclada*) und Dornginster-Arten *(Calicotome villosa* und *C. spinosa),* die Wolfsmilch-Arten *Euphòrbia acanthothamnos* und *E. spinosa* oder Dornige Bibernelle *(Sarcopoterium spinosum),* oder auch die Rutensträucher wie Meerträubel *(Ephedra* spec.), Pfriemenginster *(Spartium junceum),* Gewöhnliche Retama *(Lygos sphaerocarpa)* und Binsen-Kronwicke *(Coronilla juncea).* Groß ist die Zahl der am Grunde verholzten Arten, die man als Halbsträucher bezeichnet.

Viele Kräuter sind auf die mediterrane Klimarhythmik eingestellt, indem sie als Erdpflanzen, Geophyten, mit Erdsprossen, Zwiebeln oder Knollen die trockene Sommerzeit unterirdisch überdauern und uns im Frühjahr mit ihrer Blütenfülle begeistern wie die Orchideen, aber auch Liliengewächse wie Affodill-Arten (*Asphodelus* spec.) und Affodeline *(Asphodeline lutea),* Tulpen (*Tulipa* spec.), Schachblumen (*Fritillaria* spec.), Milchstern- und Blaustern-Arten (*Ornithogalum* spec. und *Scilla* spec.), Traubenhyazinthen (*Muscari* spec.) und Lauch-Arten (*Allium* spec.), aber auch Narzissen- und Schwertliliengewächse. Nur wenige Vertreter dieser Familien blühen im Herbst. Schließlich sind viele Arten, besonders die der offenen Standorte, an das Überdauern der Dürreperiode dadurch angepaßt, daß sie als Einjährige, Annuelle, diese ungünstige Jahreszeit im Samen überleben, im Herbst und Winter auskeimen und dann vom Spätwinter bis Frühjahr zur Blüte kommen, um wieder neue Samen auszubilden. Diese Lebensform ist im Mittelmeergebiet in manchem Formenkreis vertreten, der in unserer mitteleuropäischen Flora nur ausdauernde Arten ausbildet, wie z.B. die Brillenschötchen *(Biscutella didyma),* Lupinen *(Lupinus angustifolius),* Kronwicken *(Coronilla scorpioides),* Hufeisenklee *(Hippocrepis unisiliquosa),* Sonnenröschen *(Helianthemum salicifolium),* aber auch Wegerich-Arten *(Plantago afra),* Gänseblümchen *(Bellis annua)* oder Eberwurz-Arten *(Carlina racemosa).*

Während sich die Blüte in den meisten unserer mitteleuropäischen Lebensgemeinschaften vom Frühjahr bis in den Herbst verteilt, konzentriert sie sich im mediterranen Klima viel stärker auf das Frühjahr, besonders aber in den Monaten März, April oder Mai. Nur an den besser mit Wasser versorgten Standorten der Küsten und an den wenigen Gewässern blühen auch im Sommer noch manche Arten. An trockeneren Standorten, aber auch in den Wäldern beginnt die Blüte dann allmählich wieder im Herbst mit den ersten ergiebigeren Niederschlägen.

Vegetationsstufen und Vegetationszonen

Da sich die Klimabedingungen sowohl mit der geographischen Breite von Süden nach Norden als auch mit der Höhenlage in den Gebirgen ändern, geht auch die Ausbildung der Vegetationszonen parallel mit der Vegetationsstufung. Die mediterrane Stufe der immergrünen Eichen und des Ölbaumes ist im nördlichen Mittelmeergebiet, z.B. in Südfrankreich, Norditalien und Jugoslawien, auf einen schmalen Küstenstreifen beschränkt und reicht nur wenige 100 m in die Höhe. Im Süden steigt sie dann allerdings auch weiter in die Gebirge hinauf und dehnt sich bis ins Innere z.B. des südlichen Spaniens aus. Neben den immergrünen Wäldern sind hier besonders immergrüne Strauchformationen, Macchien und Garigues kennzeichnend. Nach Norden und in der Höhenstufe darüber schließt sich die submediterrane Zone und Stufe an, deren natürliche Vegetation meist von laubwerfenden, sommergrünen Eichen, insbesondere der Flaum-Eiche *(Quercus pubescens)* gebildet wird. Diese oft lichten, strauch- und unterwuchsreichen Wälder reichen bis an den Südfuß der Alpen, aber auch westlich und östlich um die Alpen herum bis zum Kaiserstuhl und nach Niederösterreich. Einzelne ihrer Arten sind mit Vorpostenstandorten auch bis nach Mitteleuropa vorgedrungen. In dieser submediterranen Stufe sind die Sommer bereits nicht ganz so heiß und trocken, die Winter weisen nach Norden und mit der Höhe zunehmende Frostperioden auf, an die die Bäume durch den herbstlichen Laubabwurf angepaßt sind. Der Charakterbaum des Kulturlandes ist hier besonders im Westen die Eßkastanie *(Castanea sativa),* und auch der Weinbau ist noch verbreitet. Nach Norden und in den Gebirgen wie im Apennin und auf der Balkanhalbinsel schließen die mitteleuropäischen Buchen- und Laubmischwälder an. Während die Buchenzone an ihrem Nordrand in Südschweden noch auf das Flachland beschränkt ist, steigt sie über Mitteleuropa bis zu ihrer Südgrenze in Sizilien in die montane Stufe an und bildet dort die Waldgrenze. Diese Abfolge der Vegetation findet man vor allem in den feuchteren und nördlichen Bereichen des Mittelmeergebietes. In den trockeneren Teilen können von der mediterranen bis in die montane Stufe Nadelwälder wachsen, gebildet von verschiedenen Kiefernarten, in der Höhe auch von Tannen, Zypressen und Zedern. Die oberhalb der Waldgrenze folgende subalpine und alpine Stufe, teilweise mit Dornpolsterbusch-Vegetation, ist regional sehr unterschiedlich ausgebildet und enthält viele endemische Arten. Nach Süden klingt die mediterrane Hartlaubvegetation bei immer geringeren Niederschlagssummen und längerer Dauer der sommerlichen Dürreperiode in lockeren, garigueartigen Strauchformationen aus, die dann in die Steppen- und Halbwüstenzone übergehen.

Die wichtigsten Lebensgemeinschaften

1. Fels- und Sandküsten, Salzmarschen

Die Pflanzengesellschaften der Küsten begegnen vielen Mittelmeerreisenden zuerst. Zwar sind manche Abschnitte der Felsküsten „sauber" glattbetoniert und die Sandküsten der Hauptbadestrände vom Nordrand des Mittelmeeres bis zur Küste Nordafrikas mit Planierraupen eingeebnet und von „lästigen" Pflanzen befreit, aber gelegentlich findet man sie noch, die mit wenigen, oft fleischigen Arten besetzte Spritzzone der Felsküste. Es blühen der Meerfenchel *(Crithmum maritimum)*, die regional so vielfältigen Bleiwurzgewächse der Gattung *Limonium* oder *Limoniastrum monopetalum*, aber auch Geißkleeartiger Hornklee *(Lotus cytisoides)* oder Weißfilziges Greiskraut *(Senecio bicolor)*.
Die Sandstrände sind vielfältiger, hier blühen vom Frühjahr bis in den Spätsommer hinein immer neue Arten. Im Spülsaum, direkt oberhalb der Linie, die auch von den höheren Wellen nicht mehr überflutet wird, wächst zwischen dem angeschwemmten Material eine lockere Pflanzengemeinschaft vor allem aus zwei mehr oder weniger sukkulenten Einjährigen, dem Meersenf *(Cakile maritima)* und Kali-Salzkraut *(Salsola kali)*. Darauf folgen die ersten kleinen, vom Wind laufend veränderten Primärdünen, gefestigt von Gräsern, die mit langen Ausläufern durch den Sand kriechen und auch immer wieder nach oben durchwachsen, wenn sie überschüttet werden, wie die Strand-Quecke *(Elymus farctus)* oder das Stechende Vilfagras *(Sporobulus pungens)*. Der Strandhafer *(Ammophila arenaria)* siedelt schon auf den höheren Sekundär- oder Weißdünen. Dazwischen kommen zahlreiche Arten vor, die in verschiedener Weise an die zeitweise oberflächlich stark austrocknenden und sich aufheizenden Sandstandorte angepaßt sind: Im Frühjahr blüht hier bereits die Strand-Winde *(Calystegia soldanella)* mit dicklichen Blättern und großen Blütentrichtern, aber auch Polster von verschiedenen Schmetterlingsblütlern, besonders Kretischer Hornklee *(Lotus creticus)* und Strand-Schneckenklee *(Medicago marina)* mit einem Verdunstungsschutz aus silbrig-weißen Haaren. Durch weißfilzige Behaarung schützen sich auch die Schneeweiße Strandfilzblume *(Otanthus maritimus)* und die Strand-Levkoje *(Matthiola sinuata)*. Zwei dornige Doldenblütler sind für die barfuß laufenden Strandwanderer besonders „eindrucksvoll": die Stranddistel *(Eryngium maritimum)* mit köpfchenförmig zusammengezogenen Dolden und stahlblau überlaufenen Hochblättern und die Starre Stacheldolde *(Echinophora spinosa)*, die beide erst im Hochsommer blühen ebenso wie die Dünen-Trichternarzisse *(Pancratium maritimum)* mit ihren riesigen weißen Blüten. Leider wird dieses Narzissengewächs zunehmend gepflückt, so daß es gebietsweise selten geworden ist. Die Büschel von langen, gedrehten Blättern sind schon im Frühjahr zu beobachten, die pechschwarzen, großen Samen noch spät im Herbst. Es finden sich auch manche einjährige Arten wie Samtgras *(Lagurus ovatus)* oder Hauhechelarten, z. B. die Bunte Hauhechel *(Ononis variegata)*. Auf den schon längere Zeit festliegenden Graudünen nehmen die am Grunde verholzenden Halbsträucher zu, so z. B. das Strand-Kreuzblatt *(Crucianella maritima)* oder die Mittelmeer-Strohblume *(Helichrysum stoechas)*. Bald kommen auch höhere Sträucher auf, gebietsweise besonders der Großfrüchtige Wacholder *(Juniperus oxycedrus* ssp. *macrocarpa)*, der auf solche Dünenstandorte beschränkt ist, oft aber auch Arten der Garigues und Macchien. An Sand- und vor allem an Felsküsten kann sich manchmal eine Küstengarigue ausbilden, die dann ohne Eingriff des Menschen bald in immergrüne Wälder übergeht.
Hinter den Dünen, an verlandenden Lagunen mit mehr oder weniger salzhaltigem Wasser finden sich Salzmarschen. Wie alle Pflanzengesellschaften extremer Standorte sind sie oft artenarm, häufig dominieren die sukkulenten, strauchigen Gliedermelden

Bild 5. Küstendünen mit Dünen-Trichternarzisse, Stranddistel und Strandhafer bei Marbella (Südspanien).

(Arthrocnemum glaucum oder *A. fruticosum)*. Auch der Schmalblättrige Strandflieder *(Limonium angustifolium)* gehört hier zu den charakteristischen Bewohnern. Mit weiter fortschreitender Verlandung kann dann die Stechende Binse *(Juncus acutus)* mit ihren kräftigen, übermannshohen Horsten das Bild etwas artenreicherer Gesellschaften bestimmen, in denen z.B. auch der Strand-Lein *(Linum maritimum)*, verschiedene Tausendgüldenkraut-Arten (*Centaurium* spec.) oder auch der Salz-Alant *(Inula crithmoides)* blühen.

2. Immergrüne Wälder

Die für die mediterrane Stufe charakteristischen immergrünen Eichenwälder sind heute selten geworden. Von den waldbildenden Bäumen ist die Stein-Eiche *(Quercus ilex)* am weitesten verbreitet, doch sind nach Jahrtausenden menschlicher Einwirkung

besonders ältere Steineichenwälder nur noch vereinzelt und nicht sehr großflächig zu finden. Häufiger sieht man die aus Stockausschlägen hervorgegangenen Niederwälder, die bisher regelmäßig zur Brennholz- und Holzkohlengewinnung abgeschlagen wurden. Steineichenwälder sind verhältnismäßig dunkel. In ihrem Unterwuchs gedeiht eine Anzahl von Sträuchern, die uns als bestandbildende Arten der Macchien wieder begegnen werden, wie der Mastixstrauch *(Pistacia lentiscus)*, Terpentin-Pistazie *(Pistacia terebinthus)*, Baum-Heide *(Erica arborea)*, Erdbeerbaum *(Arbutus unedo)*, Steinlinde *(Phillyrea latifolia)* und der Wilde Ölbaum *(Olea europaea* var. *sylvestris)*, daneben auch einige Kletterpflanzen, so der Kletten-Krapp *(Rubia peregrina)*, Stechender Spargel *(Asparagus acutifolius)* oder die Stechwinde *(Smilax aspera)*. Die Zahl der krautigen Arten ist dagegen gering, häufiger finden sich Spitzer Streifenfarn *(Asplenium onopteris)* oder Geschweiftblättriges Alpenveilchen *(Cyclamen repandum)*. Im südlichen Mittelmeergebiet sind die Bestände der Stein-Eiche bei geringeren Niederschlägen lichter und unterwuchsreicher.
Im Westen wird *Quercus ilex* durch die nahe verwandte Rundblättrige Eiche *(Quercus rotundifolia)* ersetzt und auch die halbimmergrüne Portugiesische Eiche *(Quercus faginea)* bildet Wälder. Bei höheren Niederschlägen und auf Silikatböden tritt die Kork- Eiche *(Quercus suber)* auf. Da ihre meisten Bestände zur Korkgewinnung genutzt werden, sind sie offener und dadurch krautreicher. Gebietsweise kann der Adlerfarn *(Pteridium aquilinum)* hier Massenvorkommen bilden.
Im östlichen Mittelmeergebiet sind es *Quercus calliprinos*, die baumförmige Form der Kermes-Eiche *(Quercus coccifera)* und die halbimmergrüne Wallonen-Eiche *(Quercus macrolepis)*, die gelegentlich waldbildend auftreten. In feuchten Schluchten, aber auch im etwas niederschlagsreicheren Küstengebiet wie an der dalmatinischen Küste kann der Lorbeerbaum *(Laurus nobilis)* beigemischt sein, während er in größeren Beständen nur selten anzutreffen ist.
Auch eine Reihe von Nadelbäumen bildet immergrüne Wälder, in der mediterranen Stufe sind es vor allem zwei Kiefern-Arten, die Pinie *(Pinus pinea)* und die Aleppo-Kiefer *(Pinus halepensis)*. Da die Kronen der Kiefern lichter bleiben als die der immergrünen Eichen, sind Kiefernwälder gewöhnlich unterwuchsreicher als Eichenwälder und bilden wohl den primären Standort mancher Arten, die heute ihren Schwerpunkt in Macchien und Garigues haben. Die Pinie wird schon seit dem Altertum wegen der eßbaren Samen („Pinioli") kultiviert, so daß ihre ursprüngliche Verbreitung heute nicht mehr sicher feststellbar ist, jedoch dürfte sie ihr natürliches Vorkommen wohl auf Sandböden in Küstennähe im westlichen Mittelmeergebiet haben. Die Aleppo-Kiefer ist das verbreitetste Nadelholz der immergrünen Stufe und tritt vor allem auf Kalkgestein auf. Wegen ihrer Anspruchslosigkeit und des guten Holzertrages wird sie heute viel gepflanzt. Im Unterwuchs finden sich u. a. der Herbst-Seidelbast *(Daphne gnidium)*, Salbeiblättrige Zistrose *(Cistus salvifolius)*, Mastixstrauch *(Pistacia lentiscus)* oder Rosmarin *(Rosmarinus officinalis)*. Im östlichen Mittelmeergebiet westlich bis zum Berg Athos und bis Kreta wird *Pinus halepensis* durch *Pinus brutia* ersetzt, die auch in höhere Lagen hinaufsteigt. Auf trockenen, sauren Urgesteins- und Sandsteinböden kommt im westlichen Mittelmeergebiet die Stern-Kiefer *(Pinus pinaster)* vor. Auch sie reicht besonders auf der Iberischen Halbinsel oder auf Korsika weit in die Bergstufe hinauf.
Die Unterarten der Schwarz-Kiefer *(Pinus nigra)*, die im Mittelmeergebiet ganz isolierte Verbreitungsgebiete einnehmen, bilden in der Bergstufe ausgedehnte Wälder und beeindrucken an der Baumgrenze oft mit bizarren Baumgestalten. Von den heimischen Arten reicht die Wald-Kiefer *(Pinus sylvestris)* südlich bis in einige Gebirge Zentralspaniens und in einer eigenen Unterart bis in die südspanische Sierra Nevada. Von den Tannen geht die Weiß-Tanne *(Abies alba)* – meist in Begleitung der Buche – bis in die Pyrenäen, den Apennin und die Gebirge der nördlichen und mittleren Balkanhalbinsel, auf Sizilien ersetzt durch die nahe verwandte und in ihrem Bestand heute äußerst gefährdete Sizilianische Tanne *(Abies nebrodensis)*. Vor den kleinräumig-endemischen Tannen sei die Igel-Tanne *(Abies pinsapo)* erwähnt, die in Südwestspanien, be-

Bild 6. Steineichenwald bei Patrimonio (Korsika).

sonders in der Serrania de Ronda lichte Bergwälder bildet, ebenso die verwandte Marokkanische Tanne *(Abies maroccana)* in kleinen Restbeständen im Rif-Atlas. Ein größeres Areal besiedelt die Griechische Tanne *(Abies cephalonica)* in den Gebirgen Südgriechenlands.
Im östlichen Mittelmeergebiet westlich bis Kreta und z. B. zur ostägäischen Insel Rhodos bildet die Zypresse *(Cupressus sempervirens)* z. T. zusammen mit *Pinus brutia* in der Bergstufe bis zur Waldgrenze ansteigend, lichte, unterwuchsreiche Wälder. Im äußersten Osten schließlich tritt in den Gebirgen an ihre Stelle die Libanon-Zeder *(Cedrus libani)* und im äußersten Südwesten im Atlas die Atlas-Zeder *(Cedrus atlantica)*. Die isolierten Gebirgsvorkommen dieser Arten sind als Relikte einer einst weiteren Verbreitung in älteren Erdzeitaltern zu deuten.

3. Sommergrüne Wälder

Wenn die Wasserversorgung der Pflanzen im Sommer mit zunehmender Höhe über der mediterranen Hartlaubstufe und im nördlich angrenzenden Gebiet besser gesichert ist, werden die immergrünen Wälder von sommergrünen Eichenwäldern abgelöst, die

Bild 7. Flaumeichenwald mit Alpenveilchen und Pfingstrose, Foresta Umbra/Monte Gargano (Italien).

Bild 8. Macchie mit Erdbeerbaum und Baum-Heide bei Porto (Korsika). ▶

mediterrane Stufe geht in die submediterrane über. In diesen wärmeliebenden und relativ lichten Wäldern dominiert von Nordspanien und Südfrankreich über die Apennin- bis zur Balkanhalbinsel die Flaum-Eiche *(Quercus pubescens)*, jedoch können auch andere Eichen-Arten, wie z. B. die Pyrenäen-Eiche *(Quercus pyrenaica)* auf der Iberischen Halbinsel, ihre Stelle einnehmen. Die halbimmergrüne Zerr-Eiche *(Quercus cerris)* tritt bestandbildend oder beigemischt auf, ebenso einige andere Baumarten, nämlich die Orientalische Hainbuche *(Carpinus orientalis)*, die Hopfenbuche *(Ostrya carpinifolia)*, Zürgelbaum *(Celtis australis)*, Französischer Ahorn *(Acer monspessulanum)* oder Manna-Esche *(Fraxinus ornus)*. Im Unterwuchs finden sich sommergrüne Sträucher, z.B. die Mandelblättrige Birne *(Pyrus amygdaliformis)*, Strauchige Kronwicke *(Coronilla emerus)*, Blasenstrauch *(Colutea arborescens)* oder der Perückenstrauch *(Cotinus coggygria)*, aber auch immergrüne Arten wie die Immergrüne Rose *(Rosa sempervirens)*, Immergrüner Kreuzdorn *(Rhamnus alaternus)* oder Stechender Mäusedorn *(Ruscus aculeatus)*. Die Krautschicht dieser Wälder ist reichhaltig, und manche ihrer typischen Vertreter dringen mit Vorpostenstandorten bis in die wärmsten Gebiete Mitteleuropas vor. Hierzu zählen z. B. das Immenblatt *(Melittis melissophyllum)*, Blauer Steinsame *(Buglossoides purpurocaerulea)*, Gemeine Schmerwurz *(Tamus communis)* oder Östliche Gemswurz *(Doronicum orientale)*, aber auch Orchideen, z.B. Violetter Dingel *(Limodorum abortivum)* oder Römisches Kabenkraut *(Dactylorhiza sulphurea* ssp. *pseudosambucina)*.
Bei den sommergrünen Wäldern sind schließlich noch die gebietsweise vorkommenden Buchenwälder der Bergstufe zu erwähnen, die uns Mitteleuropäern vertraut an-

muten. Sind sie doch im Aufbau wie auch in der Artenzusammenstellung durchaus mit unseren heimischen Wäldern zu vergleichen. Neben vielen mitteleuropäischen finden sich nur einzelne vorwiegend mediterran verbreitete Arten wie die Apennin-Anemone *(Anemone apennina)*, Nieswurz-Arten *(Helleborus* spec.), Alpenveilchen (*Cyclamen* spec.) oder auch noch der Mäusedorn *(Ruscus aculeatus)*.

4. Strauchformationen, Macchien, Garigues

Strauchformationen sind heute in der mediterranen Stufe des gesamten Mittelmeerraumes weiter verbreitet als die immergrünen Wälder. Die meisten dieser Bestände sind nicht ursprünglich, sondern durch Rodung der Wälder bzw. Brand und nachfolgende Beweidung entstanden. Ursprünglich sind sie an den natürlichen Grenzen des Wald- und Baumwuchses, das ist einmal an der Küste gegen das Meer hin. Hier kann man auch heute noch gelegentlich z. B. auf gefestigten Graudünen im Übergang zu den immergrünen Eichen- und Kiefernwäldern einen schmalen Gebüschstreifen finden, aber auch an stürmischen Felsküsten ist manche Küstengarigue mit ihren charakteristischen, nur hier vorkommenden Arten als primär anzusehen. Weitere Vorkommen bilden die Trockengrenzen der immergrünen Wälder, dort wo im südlichen Mittelmeergebiet z. B. in den Trockengebieten Südspaniens und Nordafrikas der lockere Baumwuchs langsam aufhört. Diese regional sehr verschiedenartigen Strauchformationen wurden mit mehreren Namen belegt. In diesem Buch bezeichnen wir alle aus höheren,

meist 2–5 m hohen, überwiegend immergrünen Sträuchern aufgebauten Bestände als Macchien, die von niedrigeren, meist unter 1,50 m hohen Sträuchern und Halbsträuchern gebildeten Bestände als Garigues. Von den wenigen natürlichen Ausbildungen abgesehen sind Macchien und Garigues Stadien einer Degradationsreihe, die bei wechselnder Einwirkung von Axt, Brand und Beweidung von den immergrünen Wäldern über Macchien und Garigues zu den für die Hirten erwünschten Grasfluren und schließlich zu Felsfluren führt. Mit dieser Degradation verbunden ist eine Abschwemmung und Verarmung der Böden, so daß die umgekehrte Entwicklung, die Regeneration zu Macchien und Wäldern wenn überhaupt, so nur sehr langsam möglich ist.
Der Begriff Macchie ist abgeleitet von dem korsischen Wort „maquis", mit dem der auf dieser Insel großflächige, dichte und oft undurchdringliche Buschwald bezeichnet wird, in dem Baum-Heide *(Erica arborea)* und Erdbeerbaum (*Arbutus unedo*, Bild 8) dominieren. Neben vielen Arten der Steineichenwälder ist für die Macchien ein verstärtes Auftreten lichtliebender Elemente wie der Myrte *(Myrtus communis)* und Zistrosen-Arten *(Cistus monspeliensis, C. salvifolius)* kennzeichnend. In anderen Teilen des Mittelmeergebietes können andere Arten vorherrschen und damit zu sehr unterschiedlichen Bildern führen, gebietsweise sind Mastixstrauch *(Pistacia lentiscus)*, Steinlinden (*Phillyrea* spec.), Pfriemenginster *(Spartium junceum)* oder der Östliche Erdbeerbaum *(Arbutus andrachne)* bestimmend. Diese dichte und hohe Macchie ist in ihrem Vorkommen an relativ hohe Niederschläge bzw. Feuchtigkeit gebunden und findet sich deshalb besonders an den West- und Nordhängen der Gebirge, mit Schwerpunkten in den niederschlagsreicheren Teilen des westlichen und zentralen Mittelmeergebietes.
Die vielfältigste Formation des Mittelmeerraumes ist die Garigue (auch Garrigue geschrieben). Niedrige Sträucher und Halbsträucher treten in einer Fülle von Arten auf, wenn auch in gebietsweise stark wachsender Zusammensetzung. Besonders eindrucksvoll sind die „gemischten Garigues", in denen sich zahlreiche Sträucher zu einer bunten Blütenpalette vereinen, so in dem abgebildeten Bestand von der Insel Rhodos: Rosa blühend die Kleinblütige Zistrose *(Cistus parviflorus)*, rot die unscheinbaren Blüten von Dorniger Bibernelle *(Sarcopoterium spinosum)* und Mastixstrauch *(Pistacia lentiscus)*, gelb die Dornpolster von Dornigem Ginster *(Genista acanthoclada)* und Dornbusch-Wolfsmilch *(Euphorbia acanthothamnos)*, blau der Borstige Steinsame *(Lithodora hispidula)*, weiß Salbeiblättrige Zistrose *(Cistus salvifolius)* und schließlich die beiden Wacholder-Arten *Juniperus phoenicea* und *Juniperus oxycedrus*.
Der Abstand zwischen den einzelnen Sträuchern ist vor allem durch die Intensität und Art der Beweidung bedingt. Hier finden sich Kräuter in großer Zahl, besonders auch Zwiebel- und Knollenpflanzen, darunter reich vertreten die Orchideen, aber auch viele einjährige Arten. Oft sind die Flächen mosaikartig von offenen Fels- und Grasfluren durchsetzt. Die Mehrzahl der Garigues ist allerdings durch die Dominanz von nur ein oder zwei Straucharten bestimmt, die sich alle dem Verbiß durch Weidetiere, meist Schafe und Ziegen, mehr oder weniger erfolgreich widersetzen, sei es durch Dornen, durch Giftigkeit oder durch „schlechten" Geschmack, bedingt durch den Gehalt an ätherischen Ölen. Von den vielen Garigue-Typen sind nur einzelne im größten Teil des Mittelmeergebietes vertreten, wie z.B. die des Phönizischen Wacholders *(Juniperus phoenicea)* oder der Behaarten Spatzenzunge *(Thymelaea hirsuta)*, auch die Kugelblumen-Garigue mit *Globularia alypum* reicht weit nach Osten, fehlt aber gebietsweise. Für das Innere Spaniens charakteristisch sind die großflächigen Vorkommen des Echten Thymians *(Thymus vulgaris)*, die hier als „Tomillares" bezeichnet werden, während die Palmito-Formation, gebildet von der Zwergpalme *(Chamaerops humilis)*, typisch für die südwestmediterranen Küstengebiete ist. Wohl am weitesten verbreitet sind die Zistrosen-Garigues, oft gefördert durch Brand, hier dominiert dann besonders die Montpellier-Zistrose *(Cistus monspeliensis)* auf großen Flächen; aber auch die ebenfalls weißblütige Salbeiblättrige Zistrose *(Cistus salvifolius)* und die rotblütigen Arten *C. albidus, C. incanus* und *C. parviflorus*, die beiden letzteren besonders im Osten, spielen eine wichtige Rolle. Von den Lippenblütlern überwiegen gelegentlich Rosmarin *(Rosmarinus officinalis)* vor allem auf Kalk, verschiedene Lavendel-Arten,

Bild 9. Garigue mit Kleinblütiger Zistrose, Dornigem Ginster, Borstigem Steinsamen und Affodill bei Kattavia (Rhodos).

wie *Lavandula stoechas, L. dentata* oder *L. latifolia* und Salbei-Arten, hauptsächlich *Salvia officinalis* bildet im jugoslawischen Karst gebietsweise große Bestände.
Im östlichen Mittelmeergebiet, wo die Garigue auch Phrygana genannt wird, ist besonders die Dornige Bibernelle *(Sarcopoterium spinosum)* auf weiten Flächen deckend, daneben z.B. die Kugelbüsche der Dornbusch-Wolfsmilch *(Euphorbia acanthothamnos),* hier die zentralmediterrane *E. spinosa* ersetzend, oder die niedrigen Polster des Kopfigen Thymians *(Thymus capitatus)*. Auch im Unterwuchs haben die ostmediterranen Garigues nur noch wenige Arten mit den zentral- und westmediterranen gemeinsam, wohl aber die Struktur ihrer Lebensformen.
Die im Sommer weitgehend ausgetrockneten Bach- und Flußläufe werden von Auengebüschen begleitet, in denen der Oleander *(Nerium oleander)* seinen natürlichen Standort hat. Hier blüht er in der heißesten Jahreszeit mit rosaroten, ungefüllten Blüten, während er an Straßenrändern und in Gärten oft in gefüllten Formen gepflanzt wird. Bestandbildend treten auch verschiedene Tamarisken-Arten (*Tamarix* spec.) auf und der sommergrüne Mönchspfeffer *(Vitex agnus-castus)* mit seinen dekorativen blauen Blütenständen.
Hautsächlich auf der Balkanhalbinsel findet sich in der submediterranen Stufe der sommergrünen Laubwälder gelegentlich eine Gebüschformation, die vorwiegend aus

sommergrünen Sträuchern aufgebaut ist und als „Schibljak" bezeichnet wird. Kennzeichnende Arten sind der Christusdorn *(Paliurus spina-christi)*, aber auch Mandelblättrige Birne *(Pyrus amygdaliformis)*, Perückenstrauch *(Cotinus coggygria)*, Granatapfel *(Punica granatum)*, Judasbaum *(Cercis siliquatrum)* oder der immergrüne Feuerdorn *(Pyracantha coccinea)*.

5. Grasfluren, Felsfluren

Oft bleibt die Degradation nicht bei den Macchien oder Garigues stehen, sondern führt nach dem fast völligen Verschwinden der Holzgewächse zur Ausbildung von trockenen Grasfluren und mit der Abspülung der Feinerde besonders über Kalkgestein zu Felsfluren. Im Sommer sind diese Pflanzengemeinschaften gelb und braun vertrocknet, so daß man ihre bunte Artenzusammenstellung nur im Frühjahr beobachten kann. Teilweise dominieren die Gräser wie Ästige Zwenke *(Brachypodium ramosum)*, Behaartes Bartgras *(Hyparrhenia hirta)*, Walch-Arten (*Aegilops* spec.), Großes Zittergras *(Briza maxima)* oder auch Gedrehtes Federgras *(Stipa capensis)*. Dazwischen finden sich viele einjährige Pflanzen, besonders Schmetterlingsblütler wie die Hornklee-Arten *Lotus edulis* und *L. ornithopodioides*, Pfennigklee *(Hymenocarpos circinnatus)*,

Bild 10. Halfagras-Steppe südlich Almeria (Südspanien).

Klee-Arten (*Trifolium angustifolium* und *T. stellatum*), Skorpionskraut *(Coronilla scorpioides)* oder Gelber Steinsame *(Neatostema apulum)*. Bei intensiver Beweidung nehmen die stacheligen oder giftigen Weideunkräuter überhand und es bilden sich z.B. Silberdistelfluren von *Carlina corymbosa* oder *C. racemosa*, Affodillfluren mit den dekorativen, aber giftigen *Asphodelus*-Arten oder Massenbestände der Meerzwiebel *(Urginea maritima)*. Auch die Halfagras-Steppen mit der namengebenden, kräftige Horste bildenden *Stipa tenacissima*, mit Espartogras *(Lygeum spartum)* und zahlreichen kleinen Annuellen sind in ihrer heutigen Ausdehnung durch den Menschen begünstigt und ersetzen zum Beispiel in den Trockengebieten Südspaniens teilweise den südmediterranen Trockenbusch. Nur an der südlichen Trockengrenze des Mittelmeerraumes bilden sie auch die natürliche Vegetation.

Während in den beweideten Felsfluren oder Steintriften im wesentlichen dieselben Arten gedeihen wie an den offenen Stellen der Garigues, wachsen die eigentlichen Felspflanzen dort, wo Felsen so hoch und steil aufragen, daß sie von Natur aus baum- und strauchfrei sind und Feinerde und Wasser nur in kleinsten Spalten zur Verfügung stehen. Zu diesen Spezialisten von sonnigen oder schattigen Felsspalten gehören mehrere Farne wie Wohlriechender Felsfarn *(Cheilanthes fragrans)*, Milzfarn *(Ceterach officinarum)* oder Gesägter Tüpfelfarn *(Polypodium australe)*. Häufig findet man hier auch die Nabelkraut-Arten wie *Umbilicus rupestris*. Die Mehrzahl der Bewohner dieser Standorte ist in ihrer Verbreitung auf kleine Gebiete beschränkt wie das ostmediterrane Zymbelkraut *(Cymbalaria microcalyx)*, eine Reihe von Glockenblumen wie die Sporaden-Glockenblume *(Campanula hagielia)* oder Arten aus der Verwandtschaft des Schneeweißen Alants *(Inula verbascifolia)*.

6. Kulturland

Der Charakterbaum im mediterranen Kulturland von seiner Nordgrenze z.B. am Gardasee oder in Südfrankreich bis zur Südgrenze am Rande der Sahara ist der Ölbaum *(Olea europaea)*. Mit seinen verhältnismäßig schmalen, hartlaubigen, unterseits silbrig glänzenden Blättern ist er an den Klimarhythmus des Mittelmeergebietes bestens angepaßt und gleichzeitig als Öllieferant seit alters einer der Grundpfeiler der menschlichen Ernährung in diesem Raum. Die Früchte, deren Ölgehalt 40–50% beträgt, werden zermahlen und dann zunächst kalt gepreßt, wobei das beste Speiseöl, das sogenannte Jungfernöl gewonnen wird. Auch das Öl der zweiten, warmen Pressung ist noch zu Speisezwecken verwendbar, während das der dritten, heißen Pressung nur noch als Brenn-, Schmier- oder Seifenöl benutzt wird. Außerdem kommt ein nicht geringer Teil der von Hand gepflückten Früchte nach einem Prozeß der Entbitterung als Speiseoliven in den Handel.

Die manchmal mehrere hundert Jahre alten Ölbaumkulturen bilden meist lichte Haine, die auf weiten Strecken die immergrünen Wälder ersetzen. Auf besonders nährstoffreichen Böden und bei guter Wasserversorgung ist dazwischen auch Feldbau möglich, ausnahmsweise sogar Mehrfachkulturen mit Weinbau und Gemüse. Oft allerdings liegt der Boden in den Olivenhainen brach und dann kann er für den Pflanzenliebhaber im Frühjahr ein wahres Eldorado sein. Hier blühen dann Geophyten wie die Anemonen *(Anemone coronaria* oder *A. hortensis)*, Rosen-Lauch *(Allium roseum)*, Italienischer Aronstab *(Arum italicum)*, Krummstab *(Arisarum vulgare)* und Orchideen der Gattungen *Serapias, Ophrys* und *Orchis* in buntem Wechsel mit Einjährigen wie Skorpionsschwanz *(Scorpiurus muricatus)*, Gefurchter Steinklee *(Melilotus sulcata)*, Gauchheil-Arten *(Anagallis arvensis* und *A. foemina)*, Roter Hornmohn *(Glaucium corniculatum)*, Große Wachsblume *(Cerinthe major)*, Acker-Ringelblume *(Calendula arvensis)*, Kronen-Wucherblume *(Chrysanthemum coronarium)*, Sternlattich *(Rhagadiolus stellatus)* und viele andere mehr. Das jährliche Pflügen oder Hacken verhindert, daß ausdauernde Kräuter und Sträucher hier Fuß fassen. An weiteren Kulturbäumen sei der Johannisbrotbaum *(Ceratonia siliqua)* erwähnt, dessen Früchte vor allem zu

Bild 11. Ölbaumkultur mit Mohn, Saat-Wucherblume, Rotem Hornmohn und Acker-Ringelblume bei El Fahs (Tunesien).

Viehfutter und zunehmend wieder für die menschliche Ernährung verwendet werden. Er ist äußerst frostempfindlich und hauptsächlich im östlichen und südlichen Mittelmeergebiet anzutreffen. Auch der sommergrüne Feigenbaum *(Ficus carica)* teilt sich häufig eine Terrasse mit dem Ölbaum. Seine großen, handförmig gelappten Blätter entfalten sich erst im späten Frühjahr, während der Mandelbaum *(Prunus dulcis)* oft schon Ende Januar mit zartrosa Blüten austreibt. Besonders der letztere steigt bis in die submediterrane Stufe an. Andere Gehölzkulturen sind meist intensiver gepflegt, so daß sie nicht diese Fülle von Wildpflanzen aufweisen, das gilt für den im ganzen Mittelmeergebiet verbreiteten Weinbau ebenso wie für die *Citrus*-Kulturen, die nur in den

wärmsten, am wenigsten frostgefährdeten Gebieten bei ausreichender Bewässerung möglich sind. Jedoch können auch hier gelegentlich einzelne Arten im Unterwuchs in so großen Massen auftreten, daß sie zur Blütezeit ganze Landschaften bestimmen, z. B. der gelbblühende Nickende Sauerklee *(Oxalis pes-caprae)*.
Das Ackerland, insbesondere die Weizenfelder, wird im allgemeinen genauso viel mit Herbiziden behandelt, wie das in Mitteleuropa heute üblich ist, so daß manche Ackerwildkräuter auch im Mittelmeergebiet sehr viel seltener geworden sind. Gelegentlich aber findet man noch bunte Getreidefelder, in denen die elegante Saat-Siegwurz *(Gladiolus italicus)* in solchen Mengen wächst, daß das Getreide erst auf den zweiten Blick zu erkennen ist. Manche dieser Arten reichen bis Mitteleuropa, wie die rotblühenden Mohn-Arten *Papaver dubium, P. hybridum* und *P. rhoeas,* manche sind bei uns heute zu großen Seltenheiten geworden wie die Kornrade *(Agrostemma githago)*, Flügel-Platterbse *(Lathyrus ochrus)* oder die Doldenblütler Rundblättriges Hasenohr *(Bupleurum rotundifolium)*, Strahlen-Hohlsame *(Bifora radians)*, Kletten-Haftdolde *(Caucalis platycarpos)* und Echter Venuskamm *(Scandix pecten-veneris)*.

Die wichtigsten botanischen Fachausdrücke

Blütenpflanze

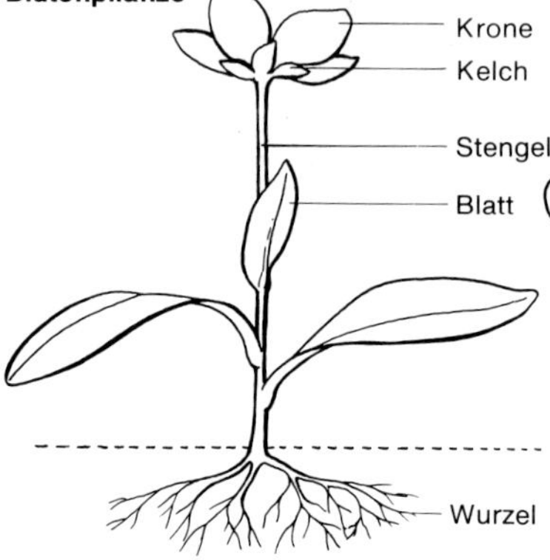

Blüte

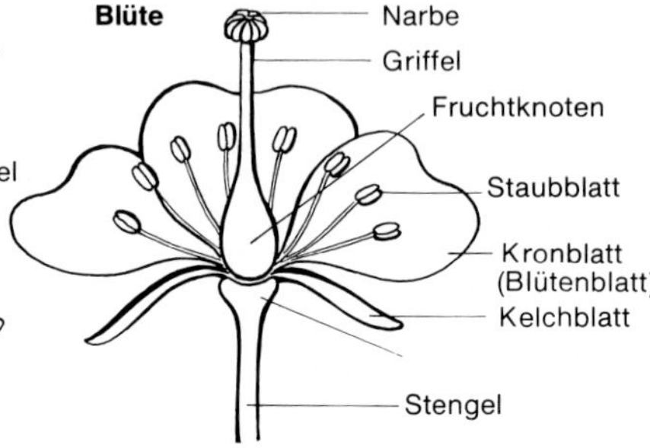

Fruchtknoten

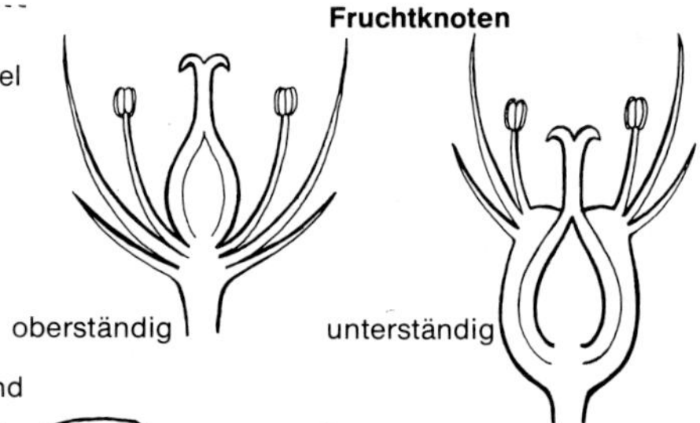

Sproßaufbau

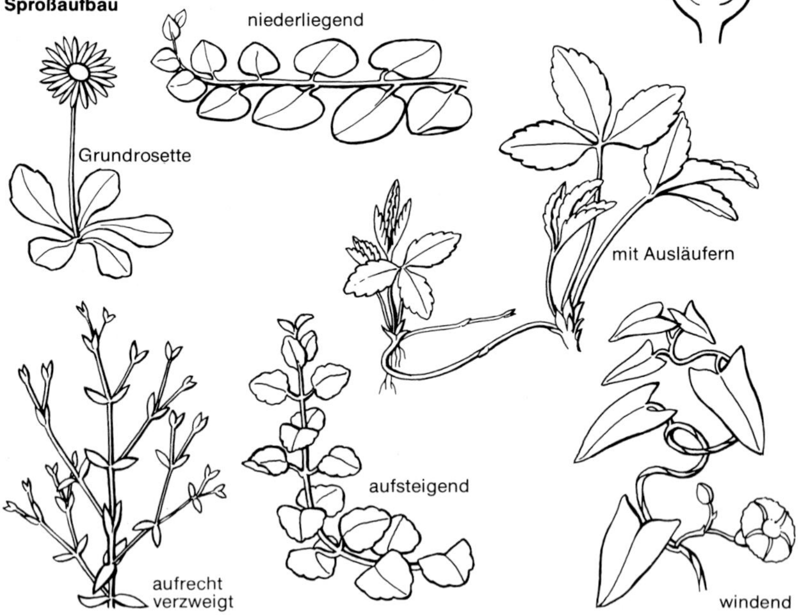

Blütenkrone radiär

getrenntblättrig

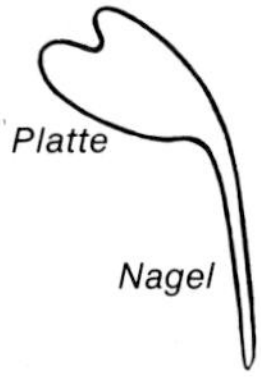

genagelt

ausgebreitet

glockig

verwachsen

Blütenkrone zweiseitig-symmetrisch

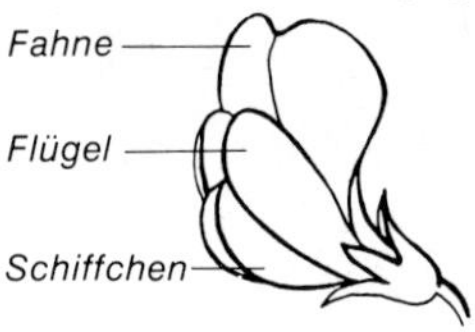

Schmetterlingsblüte

Rachenblüte

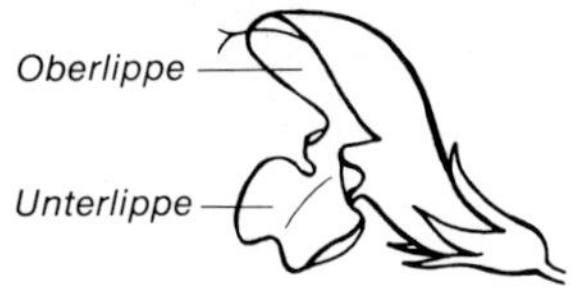

Lippenblüte

Orchideenblüten

Orchis

Ophrys

Serapias

Kelch

getrenntblättrig

verwachsen

bauchig

aufgeblasen

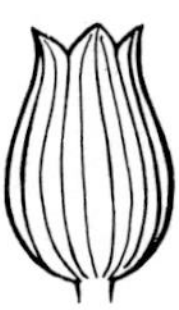

nervig

zweilippig

Außenkelch

Blütenstände

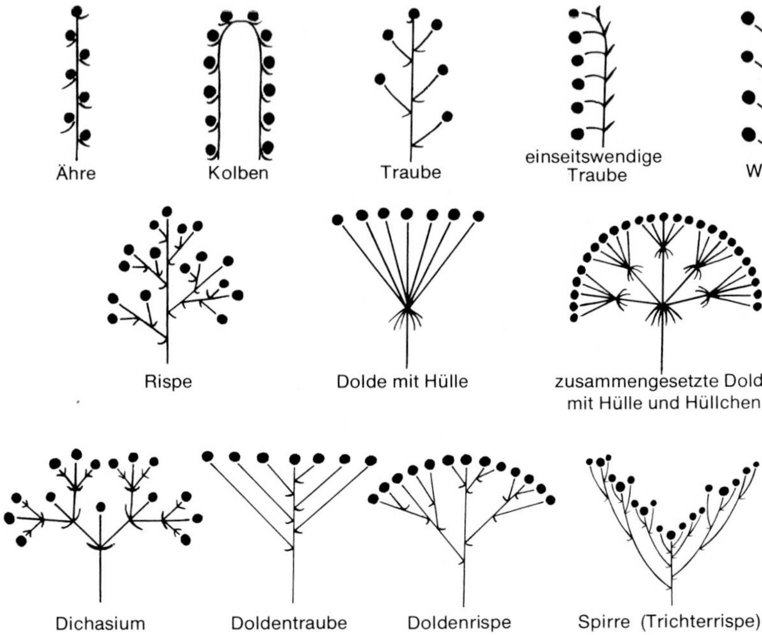

Blüten in Köpfchen

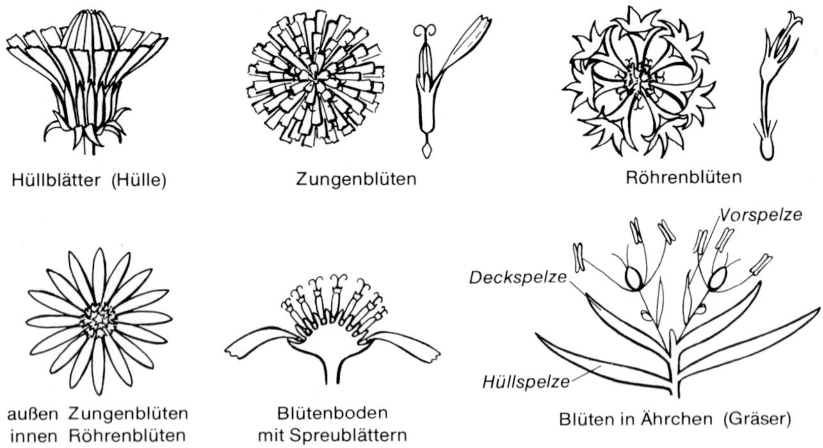

Das Blatt

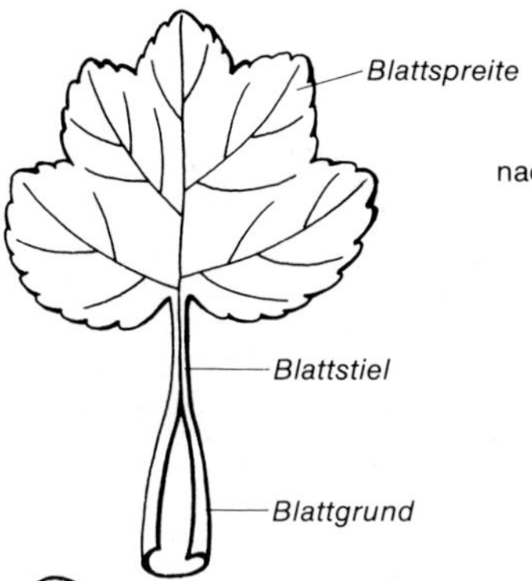

Blattspreite

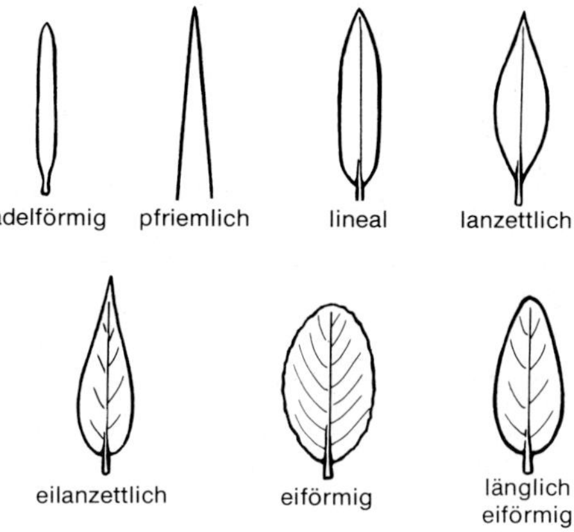

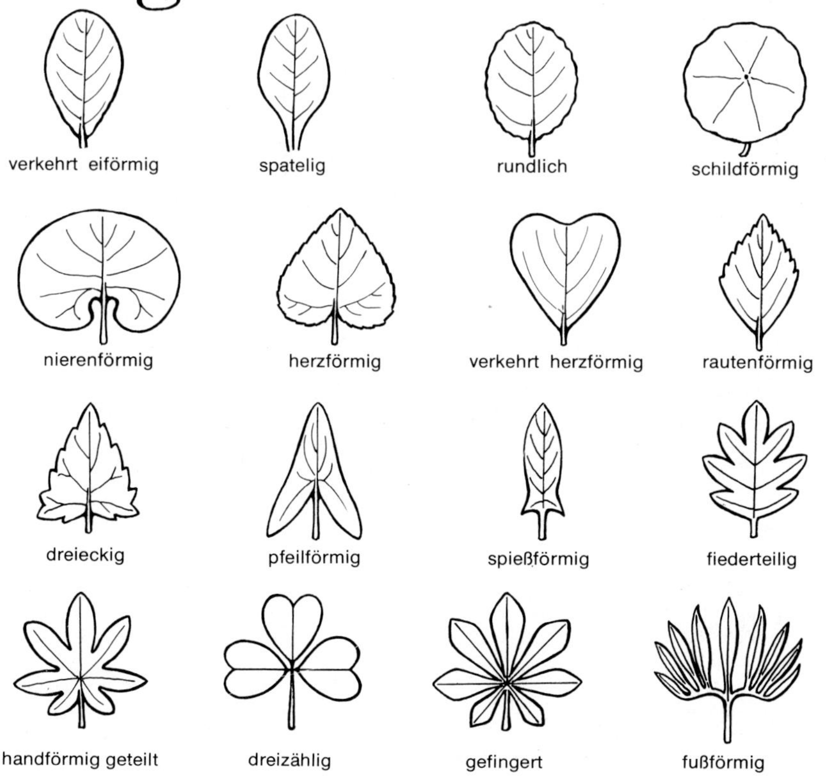

Blattspreite

unpaarig gefiedert
paarig gefiedert
doppelt gefiedert
mit Ranken

Blattrand

ganzrandig
gesägt
doppelt gesägt
gezähnt

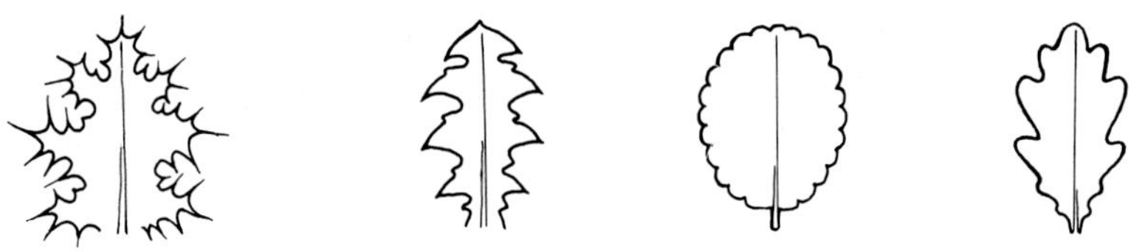

dornig gezähnt
schrotsägeförmig
gekerbt
gebuchtet

Nervatur

fiedernervig
netznervig
parallelnervig

Blattansatz

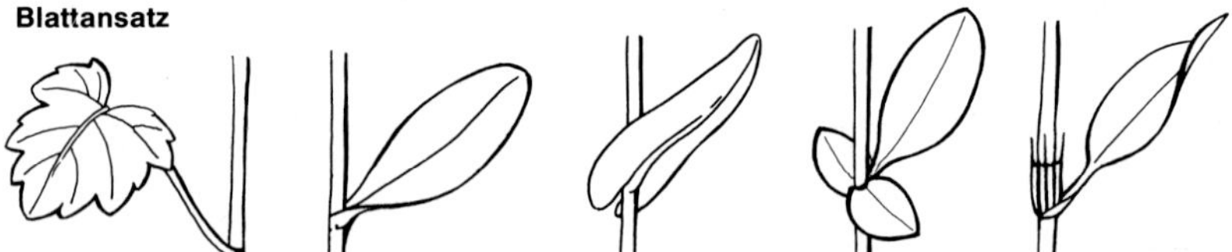

lang gestielt
sitzend
stengelumfassend
mit Nebenblättern
Nebenblätter zu Scheide (Ochrea) verwachsen

Blattstellung

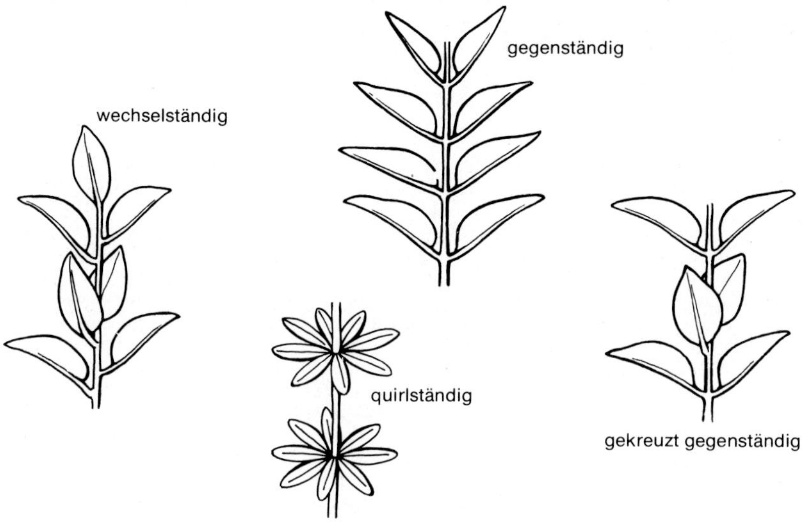

Unterirdische Pflanzenteile

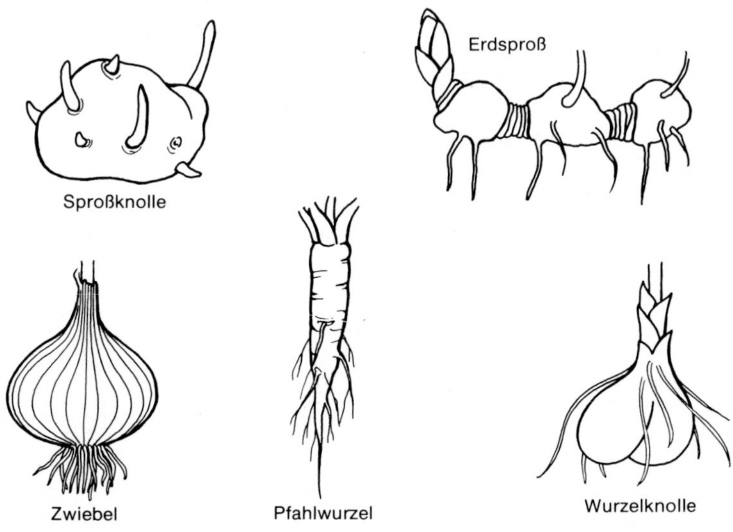

Schlüssel zur Bestimmung der Pflanzenfamilien

Dieser Schlüssel möchte eine gewisse Hilfe sein, eine im Mittelmeergebiet gefundene Pflanze auf einfache Weise einer Familie zuzuordnen und damit im Bildteil dieses Bandes schnell aufzufinden. Wir haben uns bemüht, vorwiegend einfache, gut sichtbare, auch dem Laien verständliche Merkmale zu verwenden. Eine weitere Hilfe bilden die Strichzeichnungen (aus Coste und Rechinger-Moser sowie nach Fiori-Paoletti), die jedoch besonders bei den größeren Familien nur **ein** Beispiel darstellen können, nicht aber immer die spezielle Gattung und Art.
Der Schlüssel beginnt mit einer Einteilung in die 4 Hauptgruppen: Sporenpflanzen, Nacktsamige Pflanzen, Zweikeimblättrige Pflanzen (mit 3 Untergruppen) und Einkeimblättrige Pflanzen. Der Leser muß sich zunächst für eine dieser Gruppen und den entsprechenden Schlüssel entscheiden. In diesem ist bei jeder Ziffer, begonnen mit der Ziffer 1 unter den mit verschiedenen Buchstaben (oft nur a und b, gelegentlich aber auch a bis e) bezeichneten Alternativen zu wählen. Sobald eine Beschreibung zutrifft, die mit dem Namen einer Familie endet, kann auf der oder den angegebenen Seiten mit den Abbildungen verglichen und dann der zugehörige Text zu Rate gezogen werden. Besonders bei den umfangreicheren Gruppen werden dazu oft 4, 5 oder auch mehr Bestimmungsschritte nötig sein, bis man auf eine passende Familienbeschreibung stößt. Um den Schlüssel auf möglichst einfach erkennbare Merkmale zu beschränken, war es gelegentlich nicht zu umgehen, verschiedene Gattungen einer Familie getrennt zu verschlüsseln, diese werden dann vor der Familie in Klammern angegeben. Wegen der Formenmannigfaltigkeit mancher Familien kann der Schlüssel oft nur zu den in diesem Buch abgebildeten Arten führen.
Das Vorgehen bei der Bestimmung sei am Beispiel des Oleanders *Nerium oleander* erläutert, der als Wildpflanze mit ungefüllten Blüten z.B. in einem ausgetrockneten Bachbett im August blühend angetroffen werden kann (siehe auch Titelbild).
Man beginnt bei den Hauptgruppen: Die Möglichkeiten „1. Sporenpflanzen, Farnpflanzen“ und „2. Nacktsamige Pflanzen“ treffen nicht zu, wohl aber „3. Zweikeimblättrige Pflanzen“: Die Blätter sind netznervig, nicht parallel- oder 1nervig, die Blüten sind nicht 3- bzw. 6zählig, sondern 5zählig. Nun ist die Entscheidung zwischen den Möglichkeiten 3a, 3b und 3c zu treffen: Die Kronblätter sind zu einer deutlichen Röhre verwachsen, dies führt zu Gruppe E auf Seite 45. Im weiteren Weg durch den Schlüssel wird jeweils die zutreffende Alternative mit „+“, die nicht zutreffende mit „–“ bezeichnet, alle im folgenden nicht aufgezählten Ziffern werden übersprungen:

1a –
1b + Pflanzen mit grünen Blättern
  3a –
  3b + Stengel nicht windend oder rankend
    8a –
    8b –
    8c + Blüten nicht in dichten Köpfchen oder nicht von einer gemeinsamen, vielblättrigen Hülle umgeben
      10a –
      10b + Blüten radiär
        19a –
        19b + Blüten 5zipfelig oder selten bis 12zipfelig

23a –
23b + Blätter gegenständig oder quirlständig, gelegentlich außerdem mit Grundrosette
29a –
29b + Blätter gegenständig oder in Quirlen zu 3 (4)
30a + Blätter immergrün
31a –
31b + Sträucher oder niederliegende Halbsträucher, Blüten über 3 cm breit, in der Knospe gedreht
Hundsgiftgewächse *Apocynaceae* S. 180, 182

Die Entscheidung für Oleander auf Seite 181 auf Grund der Abbildung fällt nicht schwer, der Text gibt keinen Hinweis auf ähnliche Arten, womit *Nerium oleander* L. mit ausreichender Sicherheit bestimmt ist. Der Bestimmungsweg führte hier über 8 Schritte zum richtigen Ergebnis. Wie ein Vergleich der Gruppenschlüssel zeigt, werden die meisten Familien wesentlich schneller erreicht. In Zweifelsfällen, zum Beispiel, wenn nicht klar erkennbar ist, ob ein Blatt nun immergrün oder sommergrün ist, wird man auch einmal zwei Wege verfolgen müssen. Durch den häufigen Gebrauch dieses Schlüssels wird auch der Laie allmählich in das diesem Buch zugrunde liegende System der Pflanzen eingeführt, die Merkmale der wichtigen Familien kennenlernen und schließlich ohne ihn auskommen bzw. zu einer der großen Landesfloren oder zur „Flora Europaea" selbst greifen, die die vollständige Flora Europas enthält.

Die Hauptgruppen

1. Sporenpflanzen, Farnpflanzen, Pflanzen blütenlos, Vermehrung durch Sporen, die in besonderen Behältern, den Sporangien, gebildet werden	Gruppe A	S. 36
2. Nacktsamige Pflanzen. Bäume oder Sträucher oder schachtelhalmartige Pflanzen mit nadel- oder schuppenförmigen, meist immergrünen Blättern. Blüten eingeschlechtig, ohne Blütenhülle, zu später verholzenden oder beerenartigen Zapfen vereinigt. Samen nicht in einen Fruchtknoten eingeschlossen	Gruppe B	S. 36
3. Zweikeimblättrige Pflanzen. Blätter meist netznervig, falls parallel- oder 1nervig, dann Blüten nicht 3- bzw. 6zählig oder nicht mit Blütenhülle aus Spelzen		
3a Zweikeimblättrige Pflanzen mit unscheinbaren Blüten, Blütenhüllblätter fehlend oder sehr klein (bis 4 mm lang)	Gruppe C	S. 36
3b Zweikeimblättrige Pflanzen mit ansehnlichen Blüten, Kronblätter bis zum Grunde frei	Gruppe D	S. 40
3c Zweikeimblättrige Pflanzen mit ansehnlichen Blüten, Kronblätter zu einer langen oder kurzen Röhre verwachsen	Gruppe E	S. 45
4. Einkeimblättrige Pflanzen. Blätter meist parallel- oder bogennervig, einfach und ungeteilt, zuweilen stielrund, auch nadelförmig ausgebildet, bei den Palmen fächerförmig oder gefiedert, wenn netznervig, dann Blüten 6zählig oder Blüten in einem von einem Hochblatt umschlossenen Kolben	Gruppe F	S. 51

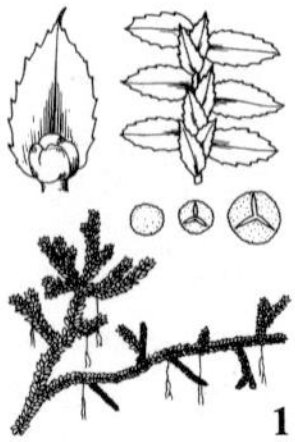
1

2

3

4

Gruppe A: Sporenpflanzen, Farnpflanzen

1a Pflanzen moosartig, klein, Blätter 4reihig (1)
Moosfarngewächse *Selaginellaceae* S. 54

1b Farne, Sporenbehälter auf der Unterseite der Blätter zu verschieden geformten Häufchen (Sori) vereinigt (2), z. T. vom umgebogenen Blattrand verdeckt
Farngewächse S. 54, 56

Gruppe B: Nacktsamige Pflanzen

1a Zweihäusige Sträucher, Pflanzen schachtelhalmartig, Stengelglieder lang, Blätter gegenständig, zu kleinen Schuppen reduziert, Früchte beerenartig (3)
Meerträubelgewächse *Ephedraceae* S. 60

1b Sträucher oder Bäume, Stengelglieder kurz, Blätter schuppenförmig, der Sproßachse angedrückt (4) oder nadelförmig in Quirlen zu 3 (5)
Zypressengewächse *Cupressaceae* S. 60

1c Bäume, Blätter nadelförmig, spiralig angeordnet, einzeln, zu 2 oder an Büscheln in Kurztrieben **Kieferngewächse** *Pinaceae* S. 56, 58

Gruppe C: Zweikeimblättrige Pflanzen mit unscheinbaren Blüten, Blütenhüllblätter fehlend oder sehr klein (bis 4 mm lang)

1a Pflanzen auf Wacholder-Arten schmarotzend (6)
Mistelgewächse *Loranthaceae* S. 70

1b In der Erde wurzelnde Bäume oder Sträucher (1c siehe Seite 39)

2a Bäume oder Sträucher, Blüten in kätzchenartigen Blütenständen oder in kugeligen Köpfchen

3a Blütenstand eiförmig, später brombeerartig, Blätter ungeteilt oder gelappt, Pflanzen mit Milchsaft (7) **Maulbeergewächse** *Moraceae* S. 66

5

6

7

8

9

10
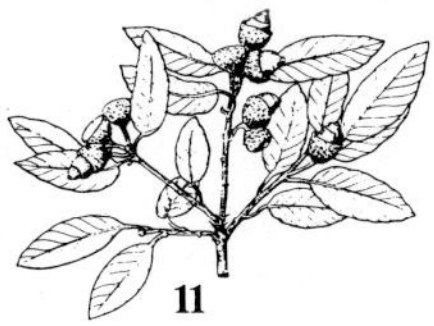
11

12

3b Blütenstand kugelig, hängend, grünlich oder rötlich, Blätter handförmig gelappt (8) **Platanengewächse** *Platanaceae* S. 96
3c Blütenstand kätzchenförmig oder kugelig, leuchtend gelb, Blätter länglich schmal oder doppelt gefiedert **Akaziengewächse** *Mimosaceae* S. 102
3d Blütenstand kätzchenförmig, rosa oder weißlich, Blätter schuppenförmig, den Zweigen eng anliegend (9) **Tamariskengewächse** *Tamaricaceae* S. 158
3e Blütenstand länglich, weißlich oder gelblich
4a Reifer Fruchtstand hängend, zapfenförmig, Griffel 2, Blätter ohne Nebenblätter (10) **Haselnußgewächse** *Corylaceae* S. 62
4b Früchte ganz oder teilweise von einer stacheligen oder verholzenden Hülle (Cupula) umgeben, Griffel 3, Blätter mit (oft hinfälligen) Nebenblättern (11) **Buchengewächse** *Fagaceae* S. 62–66
4c Früchte fleischig (12) **Kermesbeerengewächse** *Phytolaccaceae* S. 76
2b Bäume oder Sträucher, Blüten in andersartigen Blütenständen oder einzeln
5a Blätter gefiedert
6a Dornsträucher **Rosengewächse** *Rosaceae* S. 98
6b Blüten direkt aus Ästen und Stämmen hervorbrechend, Hülsenfrüchte (13) **Johannisbrotgewächse** *Caesalpiniaceae* S. 100
6c Früchte 1samige rosa oder rote, kahle oder behaarte Steinfrüchte (14) **Sumachgewächse** *Anacardiaceae* S. 140, 142
5b Blätter ungeteilt oder gelappt
7a Pflanzen mit Milchsaft
8a Feigenfrüchte (15) **Maulbeergewächse** *Moraceae* S. 66
8b Kapselfrüchte (16) **Wolfsmilchgewächse** *Euphorbiaceae* S. 132–136
7b Immergrüne Sträucher oder Bäume
7c (s. Seite 38)

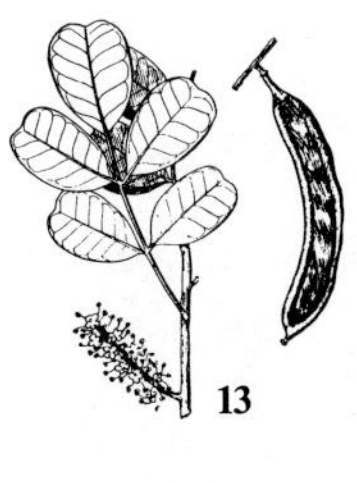
13

14
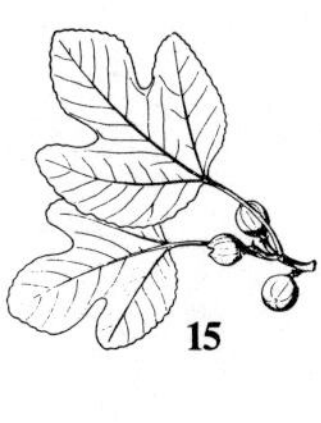
15
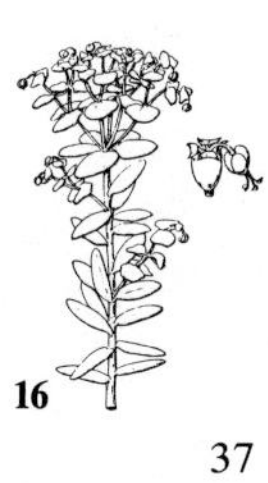
16

17

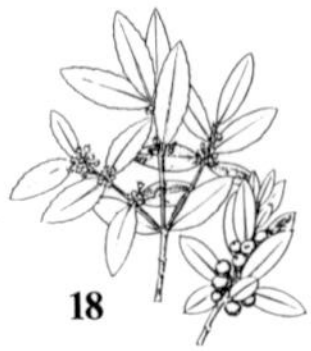
18

19

20

9a Blätter an den oberen Zweigabschnitten, abstehend, verkehrteiförmig bis länglich, beiderseits seidenhaarig oder nur unterseits weißfilzig, schuppenförmig, den Zweigen anliegend. Blüten 4zipfelig (17)
Seidelbastgewächse *Thymelaeaceae* S. 150

9b Blätter gegenständig

10a Blütenstand aus endständiger 5- oder 6zähliger weiblicher Blüte und 4zähligen männlichen
Buchsbaumgewächse *Buxaceae* S. 144

10b Blüten zwittrig, mit 4zipfeliger, verwachsener Blütenhülle (18)
Ölbaumgewächse *Oleaceae* S. 178, 180

9c Blätter wechselständig

11a Blüten mit 3teiliger Blütenhülle, Zweige rutenförmig, aufrecht (19) **Sandelholzgewächse** *Santalaceae* S. 68

11b Blüten in Trauben, mit einfacher, 5zipfeliger Blütenhülle
Kreuzdorngewächse *Rhamnaceae* S. 144

11c Blüten in zusammengesetzten Dolden (20), 5zählig, mit gelben Kronblättern **Doldenblütler** *Apiaceae* S. 170

11d Blätter beim Zerreiben mit Eukalyptusduft, Jugendblätter kreuzweise gegenständig. Blüten nur mit zahlreichen Staubblättern (21) **Myrtengewächse** *Myrtaceae* S. 162

7c Sommergrüne Sträucher oder Bäume

12a Blätter gegenständig

13a Früchte beerenartig, Blätter ganzrandig
Gerberstrauchgewächse *Coriariaceae* S. 140

13b Früchte aus 2 geflügelten Spaltfrüchten, Blätter 3lappig (22)
Ahorngewächse *Aceraceae* S. 142

12b Blätter wechselständig

14a Bäume, Früchte einzeln und kirschenartig, hängend, Blätter 2zeilig gestellt, schief eiförmig (*Celtis,* 23)
Ulmengewächse *Ulmaceae* S. 66

14b Sträucher mit silbrigweißen Blättern (*Atriplex*)
Gänsefußgewächse *Chenopodiaceae* S. 74

14c Sträucher, Blütenstand endständig, Blütenstiele zur Fruchtzeit

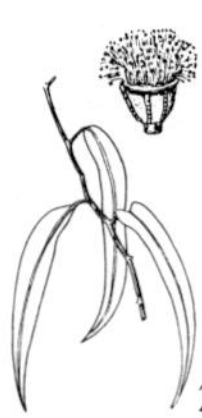
21

22

23

24

25

26

27

28

fedrig behaart, Blätter ganzrandig (*Cotinus*)
Sumachgewächse *Anacardiaceae* S. 140

14d Sträucher mit Nebenblattdornen (24)
Kreuzdorngewächse *Rhamnaceae* S. 144

1c Kräuter oder Halbsträucher

15a Pflanzen fleischig, kolbenartig, rotbraun, ohne Blattgrün
Kolbenträgergewächse *Balanophoraceae* S. 72

15b Scheinbar blattlose, gegliederte, fleischige Pflanzen (25) oder Blätter ungeteilt, fleischig und stachelspitzig **Gänsefußgewächse** *Chenopodiaceae* S. 74

15c Blätter vorhanden, andersartig

16a Pflanzen mit Milchsaft, Blüten in charakteristischen Scheinblüten, mit einem Fruchtknoten und 5 Gruppen von Staubblattblüten (Cyathien) (16)
Wolfsmilchgewächse *Euphorbiaceae* S. 134, 136

16b Blüten in Köpfchen, von einer gemeinsamen vielblättrigen Hülle umgeben (26), bei *Xanthium* 2 weibliche Blüten in einen mit Dornen besetzten und in 2 Schnäbel auslaufenden Blütenboden eingesenkt (27) (köpfchenartige Dolden auch bei manchen Doldenblütlern (28) *Eryngium*, S. 164)
Korbblütler *Asteraceae* S. 226–252

16c Blüten anders angeordnet

17a Blätter nur in grundständiger Rosette (29)
Wegerichgewächse *Plantaginaceae* S. 220

17b Blätter quirlständig (30)
Rötegewächse *Rubiaceae* S. 184

17c Blätter gegenständig (wenigstens die unteren)

18a Blätter mit Brennhaaren
Brennesselgewächse *Urticaceae* S. 68

18b Blätter graugrün bemehlt (*Obione*)
Gänsefußgewächse *Chenopodiaceae* S. 74

18c Blüten in kleinen sitzenden Knäueln mit silbrigen Tragblättern (*Paronychia*, 31) **Nelkengewächse** *Caryophyllaceae* S. 78

18d Blüten 4zählig, in aufrechten, langgestielten, grünlichen köpfchenartigen Ähren (32)
Wegerichgewächse *Plantaginaceae* S. 220

29

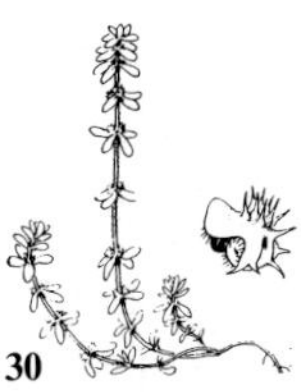
30

31

32

33

34

35

36

17d Blätter wechselständig

19a Blüten 4zählig, in dichten, kugeligen, blattachselständigen Blütenständen (*Parietaria,* 33)
Brennesselgewächse *Urticaceae* S. 68

19b Blüten 5zählig, in zusammengesetzten Dolden oder köpfchenartig, meist mit Hülle und Hüllchen
Doldenblütler *Apiaceae* S. 164–170

19c Blätter am Grunde mit stengelumfassender Röhre (*Ochrea,* 34, s. auch S. 32) **Knöterichgewächse** *Polygonaceae* S. 72

19d Hohe, häufig rot überlaufene Staude mit gestielten, eiförmig-lanzettlichen, 10–40 cm langen Blättern, Blüten in langen, gestielten Trauben (12)
Kermesbeerengewächse *Phytolaccaceae* S. 76

19e Blüten getrenntgeschlechtig, obere männlich, untere weiblich, Blätter sternhaarig graufilzig, langgestielt (*Chrozophora*)
Wolfsmilchgewächse *Euphorbiaceae* S. 132

Gruppe D: Zweikeimblättrige Pflanzen, Kronblätter bis zum Grunde frei

1a Blüten zweiseitig-symmetrisch (zygomorph), manchmal nur undeutlich

2a Blüten gespornt

3a Kronblätter 4 (*Fumaria,* 35) **Mohngewächse** *Papaveraceae* S. 88

3b Kronblätter 5, kronblattartige Honigblätter umschließend (*Delphinium,* 36)
Hahnenfußgewächse *Ranunculaceae* S. 82

2b Blüten nicht gespornt

4a Blüten schmetterlingsförmig

5a Kronblätter 5, sich von oben nach unten deckend, das nach oben weisende große Blatt die Fahne, die beiden seitlichen die Flügel, die 2 unteren zum Schiffchen vereint. Alle 10 Staubblätter verwachsen oder das oberste frei (37, s. auch S. 29) **Schmetterlingsblütler** *Fabaceae* S. 104–128

5b ähnlich, aber Kronblätter sich von unten nach oben deckend, alle Staubblätter frei. Baum oder Strauch mit rosa Blüten (38)
Johannisbrotgewächse *Caesalpiniaceae* S. 100

5c Die 2 seitlichen der 5 Kelchblätter kronblattartig ausgebildet und Flügel vortäuschend, eigentliche Kronblätter unten verwachsen, das untere schiffchenartig, mit gefranstem Anhängsel
Kreuzblumengewächse *Polygalaceae* S. 140

4b Blüten nicht schmetterlingsförmig

6a Kronblätter 4

7a Kronblätter gelb, innere tief 3spaltig, Staubblätter 4 (*Hypecoum*)
Mohngewächse *Papaveraceae* S. 88

37

38

39

40

7b Kronblätter weiß, Staubblätter zahlreich. Strauch, meist mit Nebenblattdornen (39) **Kaperngewächse** *Capparidaceae* S. 90

6b Kronblätter 5 oder 6

8a Blüten in zusammengesetzten Dolden, Randblüten häufig größer und strahlend, Mittelblüten kleiner und radiär (40)
Doldenblütler *Apiaceae* S. 164–170

8b Blüten in Trauben, Kronblätter 5 oder 6, am Ende zerschlitzt, Staubblätter zahlreich (41)
Resedengewächse *Resedaceae* S. 94

1b Blüten radiär

9a Blütenhülle bis zu 4zählig (Gipfelblüte auch 5zählig)

10a Blütenhülle meist 3zählig (42)
Zwergölbaumgewächse *Cneoraceae* S. 138

10b Blütenhülle meist 4zählig

11a Blütenhülle einfach, ohne Kelchblätter (*Clematis*)
Hahnenfußgewächse *Ranunculaceae* S. 84

11b Blütenhülle doppelt, Kelchblätter aber z. T. hinfällig

12a Pflanzen mit gelbem Milchsaft, Blüten gelb oder rot (*Glaucium,* 43) **Mohngewächse** *Papaveraceae* S. 88

12b Pflanzen ohne gelben Milchsaft

13a Niederliegende oder hängende Sträucher meist mit Nebenblattdornen, Blüten schwach zweiseitig-symmetrisch, weiß, mit zahlreichen Staubblättern (39)
Kaperngewächse *Capparidaceae* S. 90

13b Kräuter oder niedrige Halbsträucher, Blüten mit 4 freien Kelch- und 4 langgenagelten Kronblättern, 2 äußere kurze und 4 innere, paarweise gestellte, längere Staubblätter. Frucht eine Schote (44) oder ein Schötchen
Kreuzblütler *Brassicaceae* S. 90–94

41

42
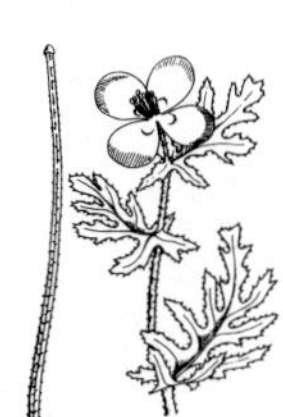
43

44

45

46

47

48

13c Pflanze krautig, höchstens am Grunde verholzt, mit stark aromatischem Geruch, Gipfelblüte 5zählig (*Ruta,* 45)
Rautengewächse *Rutaceae* S. 138

13d Baum, Blätter gegenständig, gefiedert, Kronblätter am Grunde paarweise verbunden (*Fraxinus,* 46)
Ölbaumgewächse *Oleaceae* S. 178

9b Blütenhülle überwiegend 5zählig, aber auch 6–10zählig (9c s. Seite 44)

14a Staubblätter 5

15a Zierstrauch, Blätter ledrig, ungeteilt, gehäuft an den Zweigenden, Blüten mit weißen, etwa 1 cm langen Kronblättern (47)
Klebsamengewächse *Pittosporaceae* S. 96

15b Sträucher mit kleineren Blüten oder Kräuter

16a Blätter gegenständig

17a Blätter lanzettlich-pfriemlich, starr und stachelspitzig, Blütenstände doldenförmig zusammengezogen, Blüten weiß oder rosa (*Drypis,* 48)
Nelkengewächse *Caryophyllaceae* S. 78

17b Blätter eiförmig, gekerbt-gesägt bis eingeschnitten gelappt, Blütenstand doldenförmig, Früchte lang geschnäbelt (49)
Storchschnabelgewächse *Geraniaceae* S. 130

16b Wenigstens die oberen Blätter wechselständig oder Blätter in einer Grundrosette

18a Blüten in lockeren Rispen, gelb, Kelchblätter frei (50)
Leingewächse *Linaceae* S. 132

18b Blüten in zusammengesetzten Dolden (20) oder doldigen Köpfchen, meist mit Hülle und/oder Hüllchen
Doldenblütler *Apiaceae* S. 164–170

18c Blüten in einseitswendig angeordneten kleinen Ährchen in rispigen Gesamtblütenständen. Kelchblätter zu einer meist trockenhäutigen und farbigen Röhre verwachsen (*Limonium,* 51) **Bleiwurzgewächse** *Plumbaginaceae* S. 176

14b Staubblätter 6–10

19a Blätter ungeteilt

20a Blätter gegenständig

21a Kräuter, Kronblätter genagelt, ausgerandet bis tief 2lappig, Kelchblätter zu einer 5zähnigen Röhre verwachsen (52)
Nelkengewächse *Caryophyllaceae* S. 78, 80

21b Kleine Halbsträucher mit nadelförmigen Blättern, Blüten einseitig in den Blattachseln sitzend
Frankeniengewächse *Frankeniaceae* S. 160

49

50

51

52

20b Blätter wechselständig, Blüten mit 6 purpurnen Kronblättern und 8–12zähnigem Achsenbecher
Weiderichgewächse *Lythraceae* S. 162

19b Blätter gefiedert oder gefingert

22a Blätter 3zählig, kleeblattartig (53)
Sauerkleegewächse *Oxalidaceae* S. 130

22b Blätter gefiedert (54), z. T. nur mit 1 Fiederpaar
Jochblattgewächse *Zygophyllaceae* S. 130, 132

14c Staubblätter zahlreich (meist über 10)

23a Blätter gefiedert oder 3–9zählig gefingert

24a Holzgewächse (*Rosa*)
Rosengewächse *Rosaceae* S. 98

24b Kräuter

25a Blüten über 8 cm im Durchmesser
Pfingstrosengewächse *Paeoniaceae* S. 86

25b Blüten kleiner

26a Kronblätter ungeteilt (55)
Hahnenfußgewächse *Ranunculaceae* S. 80–86

26b Kronblätter 3zipfelig (41)
Resedengewächse *Resedaceae* S. 94

23b Blätter ungeteilt bis eingeschnitten gelappt

27a Blätter fleischig, spiralig angeordnet (*Sedum,* 56)
Dickblattgewächse *Crassulaceae* S. 96

27b Wenigstens die untersten Blätter gegenständig

28a Kronblätter nach völliger Entfaltung noch zerknittert

53

54

55

56

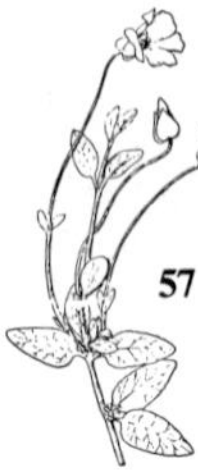
57

58

59

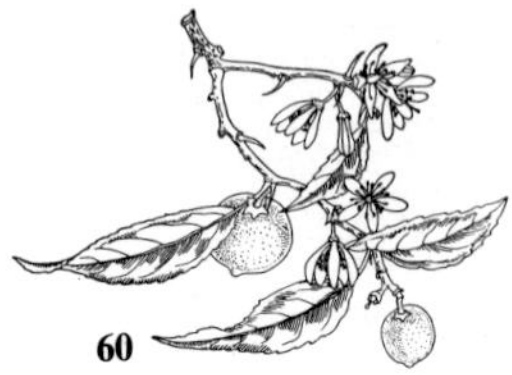
60

29a Kronblätter 5, Kelchblätter 3 oder 5, Kapselfrüchte (57)
Zistrosengewächse *Cistaceae* S. 152–158
29b Kronblätter und Achsenbecher oft mehr als 5zählig, leuchtend rot, Frucht apfelförmig (58)
Granatapfelgewächse *Punicaceae* S. 164
28b Kronblätter glatt
30a Kronblätter gelb, Staubfäden gebüschelt
Johanniskrautgewächse *Hypericaceae* S. 152
30b Kronblätter weiß (59)
Myrtengewächse *Myrtaceae* S. 162
27c Blätter wechselständig oder überwiegend in einer Grundrosette
31a Blüten weiß, wenn rosa Kulturbäume
32a Blätter mit Nebenblättern (oft hinfällig), Kronblätter zart
Rosengewächse *Rosaceae* S. 98, 100
32b Blätter ohne Nebenblätter, Kronblätter dicklich, (4–) 5(–8), Zitrusfrüchte (60)
Rautengewächse *Rutaceae* S. 138
31b Blüten farbig
33a Staubblätter zu einer Röhre verwachsen (61)
Malvengewächse *Malvaceae* S. 146, 148
33b Staubblätter frei
34a Kronblätter gelb, zerknittert
Zistrosengewächse *Cistaceae* S. 158
34b Kronblätter gelb oder rot, glatt (*Ranunculus*)
Hahnenfußgewächse *Ranunculaceae* S. 84, 86
9c Blütenhülle mehr als 10zählig
35a Pflanzen fleischig
36a Pflanzen dornenlos, mit fleischigen Blättern (62)
Eiskrautgewächse *Aizoaceae* S. 76
36b Pflanzen mit fleischigen, verbreiterten Stengelgliedern und Dornenpolstern (63) **Kakteen** *Cactaceae* S. 160

61

62

63

64

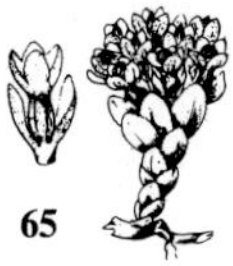
65

66

67

35b Pflanzen nicht fleischig (64)
Hahnenfußgewächse *Ranunculaceae* S. 82–86

Gruppe E: Zweikeimblättrige Pflanzen, Kronblätter zu einer langen oder kurzen Röhre verwachsen

1a Pflanzen ohne grüne Blätter
2a Blütenkrone regelmäßig 4lappig (65)
Schmarotzerblumengewächse *Rafflesiaceae* S. 72
2b Blütenkrone 5lappig, ± 2lippig (66)
Sommerwurzgewächse *Orobanchaceae* S. 218
1b Pflanzen mit grünen Blättern
3a Stengel windend oder rankend
4a Stengel mit sich spiralig einrollenden Ranken (*Citrullus,* 67)
Kürbisgewächse *Cucurbitaceae* S. 160
4b Stengel ohne Ranken, in seiner Gesamtheit windend
5a Blätter quirlständig (*Rubia*) **Rötegewächse** *Rubiaceae* S. 184
5b Blätter gegenständig
6a Auch die obersten Blätter gestielt, Krone regelmäßig 5zipfelig, mit kleiner Nebenkrone (*Cynanchum,* 68)
Schwalbenwurzgewächse *Asclepiadaceae* S. 182
6b Blätter unterhalb des Blütenstandes verwachsen, Krone 2lippig (*Lonicera,* 69) **Geißblattgewächse** *Caprifoliaceae* S. 222
5c Blätter wechselständig
7a Jeweils 3 weißliche röhrenförmige Blüten mit kurzem Saum von 3 kräftig gefärbten Hochblättern umgeben
Wunderblumengewächse *Nyctaginaceae* S. 76
7b Pflanzen mit großen Trichterblüten (70)
Windengewächse *Convolvulaceae* S. 186, 188

68

69

70

71

72

73

74

3b Stengel nicht windend oder rankend

8a Blüten in dichten Köpfchen, die am Grunde von einer gemeinsamen, vielblättrigen Hülle umgeben sind

9a Bis 1 m hoher Strauch, Blüten 2lippig, blau, Fruchtknoten oberständig (71)
Kugelblumengewächse *Globulariaceae* S. 218

9b Kräuter, Blüten deutlich 4lappig, Fruchtknoten unterständig, unter dem borstenförmigen Kelch noch ein schüsselförmiger Außenkelch, Blätter gegenständig (*Cephalaria,* 72)
Kardengewächse *Dipsacaceae* S. 222

9c Kräuter oder niedrige Sträucher. Blütenkrone radiär mit 5zipfeliger Röhre (Röhrenblüten) oder zweiseitig-symmetrisch, zungenförmig (Zungenblüten), entweder alle oder nur die randständigen des Köpfchens zungenförmig, dann die inneren röhrenförmig, oder alle Blüten röhrenförmig. Fruchtknoten unterständig (73; s. auch S. 30)
Korbblütler *Asteraceae* S. 226–252

8b Blüten blau, in 1blütigen Köpfchen, zu einem kugeligen Kopf ohne vielblättrige Hülle zusammengefügt. Pflanzen distelartig (*Echinops,* 74)
Korbblütler *Asteraceae* S. 240

8c Blüten nicht in dichten Köpfchen oder nicht von einer gemeinsamen, vielblättrigen Hülle umgeben

10a Blüten zweiseitig-symmetrisch (zygomorph), manchmal nur undeutlich

11a Blüten mit einfacher Blütenhülle (75)
Osterluzeigewächse *Aristolochiaceae* S. 70

11b Blütenhülle doppelt, in Kelch und Krone gegliedert

12a Blätter gegenständig (wenigstens die unteren) oder quirlständig

13a Blüten gespornt, mit 1 Staubblatt (76)
Baldriangewächse *Valerianaceae* S. 222

13b Blüten ohne Sporn, Staubblätter 2 oder 4, Blüten 2lippig, manchmal die Oberlippe fehlend

14a Strauch, Blätter lang gestielt, fingerförmig 5–7fach gefiedert, Blüten 8–10 mm, blau oder rosa (*Vitex,* 77)
Eisenkrautgewächse *Verbenaceae* S. 196

14b Kräftige, distelähnliche Staude mit großen fiederschnittigen Grundblättern. Oberer Lappen des Kelches über die etwa 4 cm große Blütenkrone ragend und deren Oberlippe vortäuschend
Akanthusgewächse *Acanthaceae* S. 218

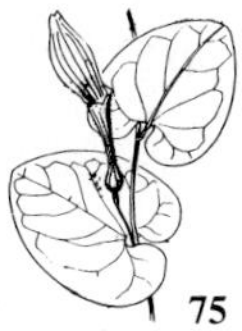

75

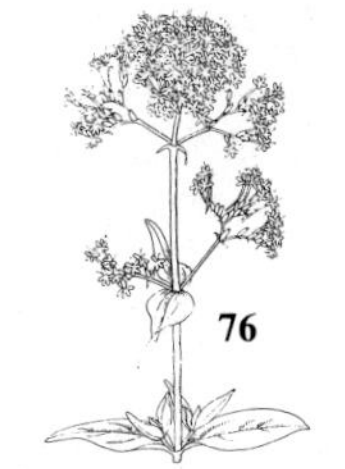

76

77

78

14c Sträucher oder Kräuter, Blätter anders

15a Fruchtknoten bereits zur Blütezeit deutlich 4teilig, Frucht in 4 Teilfrüchte (Klausen) zerfallend. Blüten meist deutlich 2lippig, manchmal die Oberlippe fehlend, oft zu mehreren in Scheinquirlen in den Achseln laubiger Hochblätter, einen ährenartigen Gesamtblütenstand bildend. Stengel 4kantig (78)
Lippenblütler *Lamiaceae* S. 196–208

15b Fruchtknoten nicht 4teilig, Stengel meist rund (79) **Rachenblütler** *Scrophulariaceae* S. 212–216

12b Blätter wechsel- oder grundständig

16a Blüten schmetterlingsförmig (s. S. 29), Blätter 3zählig, Staubblätter 10, davon 9 zu einer den Griffel umgebenden Röhre verwachsen (*Trifolium*)
Schmetterlingsblütler *Fabaceae* S. 118

16b Blüten nicht schmetterlingsförmig, Blätter nicht 3zählig, Staubblätter 2–5

17a Fruchtknoten tief 4teilig, bei der Reife in 4 Teilfrüchte (Klausen) zerfallend, Pflanzen rauhhaarig (*Echium*, 80) **Rauhblattgewächse** *Boraginaceae* S. 192

17b Fruchtknoten nicht tief 4teilig

18a Staubblätter 5, Staubfäden höchstens am Grunde behaart (*Hyoscyamus*, 81)
Nachtschattengewächse *Solanaceae* S. 210

79

80

81

82

83

84

85

18b Staubblätter 2 oder 4 (wenn 5, dann violett- oder weißwollig behaart) (82)
Rachenblütler *Scrophulariaceae* S. 212–216

10b Blüten radiär

19a Blüten 4zipfelig

20a Blütenhülle einfach, nicht in Kelch und Krone gegliedert (83)
Seidelbastgewächse *Thymelaeaceae* S. 150

20b Blütenhülle doppelt, Kelch bisweilen sehr klein

21a Blätter wechselständig (84)
Lorbeergewächse *Lauraceae* S. 86

21b Blätter in Quirlen, nadelförmig (*Erica,* 85)
Heidekrautgewächse *Ericaceae* S. 172

21c Blätter gegenständig

22a Blätter ohne Nebenblätter, Bäume oder Sträucher (86) **Ölbaumgewächse** *Oleaceae* S. 178, 180

22b Blätter mit Nebenblättern, niedrige Sträucher (*Putoria,* 87) **Rötegewächse** *Rubiaceae* S. 184

19b Blüten 5zipfelig oder selten bis 12zipfelig

23a Blätter wechselständig und/oder in Grundrosette

24a Grundblätter schildförmig, fleischig (*Umbilicus,* 88)
Dickblattgewächse *Crassulaceae* S. 96

24b Grundblätter herzförmig, aus kräftiger Knolle entspringend, ± dicklich, Kronlappen zurückgeschlagen (*Cyclamen,* 89) **Primelgewächse** *Primulaceae* S. 174

24c Grundblätter anders oder fehlend

25a Fruchtknoten tief 4teilig, Frucht in 4 Teilfrüchte (Klausen) zerfallend, Pflanzen meist rauhhaarig (90) (Ausnahme *Cerinthe*)
Rauhblattgewächse *Boraginaceae* S. 188–194

86

87

88

89

90

91

92

25b Fruchtknoten nicht tief 4teilig

26a Blüten mit 10–14 Staubblättern

27a Staubbeutel mit 2 langen Hörnern, Blüten krugförmig, Sträucher oder kleine Bäume mit immergrünen Blättern (*Arbutus*, 91)

Heidekrautgewächse *Ericaceae* S. 172

27b Blütenkrone mit sehr kurzer Röhre und 5–7 langen Zipfeln. Strauch mit sommergrünen Blättern (92)

Styraxgewächse *Styracaceae* S. 178

26b Blüten mit 5 Staubblättern

28a Narbe kopfig, wenn 2teilig, dann Dornstrauch (93)

Nachtschattengewächse *Solanaceae* S. 210, 212

28b Narben 2, Trichterblüten (70)

Windengewächse *Convolvulaceae* S. 186, 188

28c Narben 5, Blüten mit langer, schmaler Kronröhre und radförmig ausgebreitetem Saum (94), oder Blüten in einseitswendig angeordneten kleinen Ährchen in rispigen Gesamtblütenständen (51)

Bleiwurzgewächse *Plumbaginaceae* S. 176

28d Narben 3 (2) oder 5, Blüten glockenförmig oder lang trichterförmig und in lockeren Trugdolden (95)

Glockenblumengewächse *Campanulaceae* S. 224

93

94

95

96

97

98

26c Männliche Blüten mit 3 Staubblättern (*Ecballium,* 96)
Kürbisgewächse *Cucurbitaceae* S. 160

23b Blätter gegenständig oder quirlständig, gelegentlich außerdem mit Grundrosette

29a Blätter in Quirlen zu 4 (97) oder mehr
Rötegewächse *Rubiaceae* S. 184

29b Blätter gegenständig oder in Quirlen zu 3 (4)

30a Blätter immergrün

31a Sträucher oder Bäume, Blüten weniger als 1 cm breit (*Viburnum,* 98)
Geißblattgewächse *Caprifoliaceae* S. 222

31b Sträucher oder niederliegende Halbsträucher, Blüten über 3 cm breit, in der Knospe gedreht (99)
Hundsgiftgewächse *Apocynaceae* S. 180, 182

30b Sträucher mit sommergrünen Blättern oder Kräuter

32a Sträucher oder Kräuter, Blüten mit kleiner Nebenkrone, Samen mit Haarschopf (100)
Schwalbenwurzgewächse *Asclepiadaceae* S. 182

32b Kräuter, Staubblätter vor den Kronzipfeln stehend (101)
Primelgewächse *Primulaceae* S. 174

32c Kräuter, Staubblätter zwischen den Kronzipfeln stehend, Krone in der Knospe gedreht, bis 12zipfelig (102)
Enziangewächse *Gentianaceae* S. 180

99

100

101

102

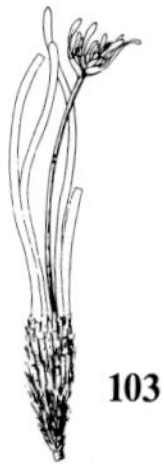
103

104

105

Gruppe F: Einkeimblättrige Pflanzen

1a Untergetaucht lebende Wasserpflanzen der Meere (103)
Neptungrasgewächse *Posidoniaceae* S. 254
1b Landpflanzen
2a Pflanzen busch- oder baumförmig mit großen, fächer- oder fiederförmigen Blättern **Palmen** *Arecaceae* S. 286
2b Pflanzen windend oder kletternd und/oder mit Dornen
3a Pflanzen strauchig, mit Dornen, z. T. kletternd (104)
Liliengewächse *Liliaceae* S. 266, 268
3b Pflanzen krautig, windend, aber dornenlos, Blätter tief herzförmig, bogennervig, lang gestielt (*Tamus,* 105)
Schmerwurzgewächse *Dioscoreaceae* S. 270
2c Pflanzen nicht windend oder kletternd, ohne Dornen
4a Blütenhülle weiß oder anders auffällig gefärbt, meist über 4 mm lang
5a Blüten zweiseitig-symmetrisch (zygomorph)
6a Staubblätter 6 (*Asphodeline*)
Liliengewächse *Liliaceae* S. 256
6b Staubblätter 3, Narben 3 (*Gladiolus,* 106)
Schwertliliengewächse *Iridaceae* S. 274
6c Staubblätter 1, mit der Narbe zu einer Säule verwachsen, das untere, innere Blatt der Blütenhülle zur vielgestaltigen Lippe umgebildet (107, s. auch S. 29) **Orchideen** *Orchidaceae* S. 290–300
5b Blüten radiär
7a Fruchtknoten oberständig, Staubblätter 6 (108)
Liliengewächse *Liliaceae* S. 254–268
7b Fruchtknoten unterständig
8a Staubblätter 6
9a Blätter dickfleischig, dornig gezähnt, bis 2 m lang
Agavengewächse *Agavaceae* S. 268
9b Blätter anders, Blüten oft mit Nebenkrone (109)
Narzissengewächse *Amaryllidaceae* S. 268, 270

106

107

108

109

110

111

112

8b Staubblätter 3, Griffeläste oft blumenblattartig (110)
Schwertliliengewächse *Iridaceae* S. 272, 274

4b Blütenhülle fehlend oder unscheinbar, weniger als 4 mm lang oder nur in Form von schuppenförmigen Blättern (Spelzen)

10a Blüten ohne Blütenhülle in Kolben, von einem auffälligen Hochblatt (Spatha) umgeben, Blätter netznervig (111)
Aronstabgewächse *Araceae* S. 288

10b Blütenhülle 6blättrig oder aus Spelzen bestehend

11a Blütenhülle 6blättrig

12a Pflanzen scheinbar mit stechenden, nadelartigen Blättern (112) oder stechenden, blütentragenden Flachsprossen (113)
Liliengewächse *Liliaceae* S. 266

12b Blätter stielrund, stengelähnlich, stechend, Blütenhülle trockenhäutig (114)
Binsengewächse *Juncaceae* S. 274

11b Blütenhülle aus Spelzen bestehend. Blätter lineal, unten mit einer Scheide

13a Gesamtblütenstand doldig-spirrig oder kopfig, die obersten Stengelblätter den Blütenstand umgebend, Blattscheiden am Grunde nicht mit knotiger Verdikkung. Blüten in Ährchen, jede Blüte nur von 1 Spelze umschlossen (115)
Sauergräser *Cyperaceae* S. 284

13b Gesamtblütenstand ährenförmig, fingerförmig (116) oder rispig. Blattscheiden oben mit Blatthäutchen oder Haarkranz, am Grunde mit knotiger Verdikkung. Blüten von meist 1 Deck- und 1 Vorspelze umschlossen in 1- bis vielblütigen Ährchen, diese meist mit 2 Hüllspelzen (s. S. 30)
Süßgräser *Poaceae* S. 276–284

113

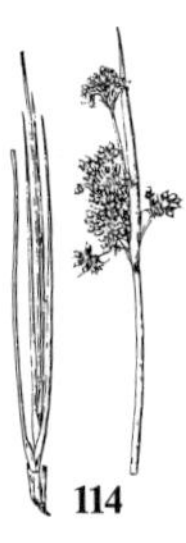
114

115

116

Abkürzungen und Symbole

⊙ einjährige Pflanze
⊙ zweijährige Pflanze
♃ ausdauernd (Staude)
♄ ausdauernd (Baum, Strauch oder Halbstrauch)
B: Beschreibung der Pflanze
S: Standort
V: Verbreitung
U: Unterscheidung von ähnlichen Arten
Die schwarzen Quadrate im Text weisen auf die dazugehörigen Fotos hin.

Moosfarngewächse *Selaginellaceae*
Farngewächse *Sinopteridaceae, Adiantaceae, Aspleniaceae*

Gezähnter Moosfarn *Selaginella denticulata* (L.) LINK *Selaginellaceae* ■□
4–10 cm; Sporenreife März – August; ♃ □□
B: Kleine kriechende, reichverzweigte, moosartige Pflanze, die beblätterten Stengel abgeflacht. Blätter 4reihig stehend, paarweise ungleich: 2 Zeilen kleinere, dem Stengel anliegende Blättchen, seitlich davon jeweils 1 Zeile größere, abstehende, breit-eiförmig zugespitzte, bis 2,5 mm lange Blättchen mit feinen Sägezähnen (Lupe!). Sporangienähren sitzend, nicht scharf abgegrenzt.
S: Frische, schattige Standorte.
V: Im ganzen Mittelmeergebiet, an seinem Nordrand jedoch auf den Küstenstreifen beschränkt und nicht überall häufig, Kanaren.

Wohlriechender Felsfarn *Cheilanthes fragrans* (L. fil.) SWARTZ *(C. pteridioides* (REICHARD) C. CHR., *C. odora* SWARTZ) *Sinopteridaceae* □■
Wedel 5–15 cm lang; Sporenreife Februar – September; ♃ □□
B: Farnblätter (Wedel) büschelig gehäuft, bis 15 cm lang, nach Cumarin duftend. Blattstiel so lang wie oder etwas kürzer als die Spreite, glänzend rotbraun, mehr oder weniger beschuppt. Spreite unterseits zumindest bei ausgewachsenen Pflanzen kahl, 1–3 cm breit, im Umriß eiförmig oder länglich-lanzettlich, 2fach gefiedert, die untersten Fiedern nochmals fiederschnittig, mit 1–3 mm großen, länglichen oder fast rundlichen, gekerbten Endabschnitten. Sori zum Teil vom umgebogenen Blattrand verdeckt.
S: Sonnige, trockene Felsspalten.
V: Mittelmeergebiet.
U: Ähnlich die westmediterrane, nicht duftende Art *C. hispanica* METT. mit schwärzlichem Blattstiel und Drüsenhaaren auf der Blattunterseite. Zur selben Gattung gestellt werden heute auch *C. marantae* (L.) DOMIN *(Notholaena marantae* (L.) DESV.): Blätter nur bis 2fach gefiedert, oberseits kahl, unterseits dicht mit hellbraunen oder farblosen Schuppen bedeckt (Mittelmeergebiet, besonders auf Serpentinit) und *C. catanensis* (COSENT.) H. P. FUCHS (*Notholaena vellea* (AIT). DESV.): Blätter auf beiden Seiten mit gelblichen Schuppen (südliches Mittelmeergebiet, vor allem auf Kalkfels).

Frauenhaar, Venushaar *Adiantum capillus-veneris* L. *Adiantaceae* □□
Wedel bis 60 cm lang; Sporenreife Juni – September; ♃ ■□
B: Wedel überwinternd, mit schwarzbraunem, nur am Grunde mit Schuppen besetztem, bis 25 cm langem Stiel und eiförmig-länglicher, 2–4fach gefiederter Spreite. Abschnitte leuchtend grün, zart, rhombisch oder rundlich, zum Grunde schief keilförmig verschmälert, am oberen Rand unregelmäßig eingeschnitten, die Endfieder haarfein gestielt (Name!) Sporangien ohne Schleier auf der Unterseite umgeschlagener Randlappen. Arzneiliche Verwendung früher bei Erkrankungen der Atemwege.
S: Schattig-feuchte, oft überrieselte Kalkfelsen.
V: Mittelmeergebiet, an der Atlantikküste nördlich bis Irland, Kanaren, auch weltweit in tropischen und subtropischen Bereichen, häufig als Zierpflanze.

Spitzer Streifenfarn *Asplenium onopteris* L. *Aspleniaceae* □□
Wedel 10–50 cm lang; Sporenreife März – Juni; ♃ □■
B: Blätter überwinternd, Stiel etwa so lang wie die Spreite, rotbraun, am Grunde verdickt. Spreite 2–3fach gefiedert, dunkelgrün, ledrig, im Umriß dreieckig-eiförmig, Spitze und Fiederenden verlängert (geschwänzt). Fiedern meist gegen die Blattspitze zu gekrümmt. Endabschnitte lanzettlich bis lineal, am Grunde keilförmig, mit spitzen, fast grannenartigen Zähnen. Sori nahe den Mittelrippen.
S: Schattige Felsen, Wälder und Gebüsche, meist auf Silikatgestein.
V: Mittelmeergebiet, Kanaren.
U: Nahe verwandt ist *A. adiantum-nigrum* L.: Blattspitzen und Fiedern nicht geschwänzt, Endabschnitte weniger spitz, am Grund oft abgerundet (W-Europa, seltener bis Mittel- und S-Europa). *A. obovatum* VIV.: Stiele am Grunde nicht verdickt. Spreite eiförmig-lanzettlich, zugespitzt, nur in der unteren Hälfte 2fach gefiedert, Abschnitte mit stumpfen, bespitzten Zähnen (S-Europa, NW-Afrika).

Farngewächse *Aspleniaceae, Polypodiaceae*
Kieferngewächse *Pinaceae*

Milzfarn, Schriftfarn *Ceterach officinarum* DC. *Aspleniaceae* ■□
Wedel bis 25 cm lang; Sporenreife Mai – Juni, im Norden später; ♃ □□
B: Blätter überwinternd, dick. Blattstiel kurz, wenigstens unten mit Spreuschuppen, Spreite länglich, fiederteilig, mit jederseits 9–12 wechselständigen, halbkreisförmigen Abschnitten, oben grau bis dunkelgrün, stumpf und kahl, unten dicht mit goldbraunen, glänzenden, am Rande wimperartig hervorragenden Spreuschuppen bedeckt. Sori lineal, schräg zur Mittelrippe verlaufend, anfangs unter den Spreuschuppen versteckt. Bei sommerlicher Trockenheit rollen sich die Blätter ein, so daß die schützenden Schuppen nach außen gekehrt sind.
S: Sonnige Fels- und Mauerspalten.
V: Mittelmeergebiet, W-Europa, in Mitteleuropa selten in warmen Gebieten.

Gesägter Tüpfelfarn *Polypodium australe* Fée (*P. serratum* (Willd.) Saut., non Aub.) *Polypodiaceae* □■
Wedel bis 50 cm lang und mehr; Sporenreife im Winter; ♃ □□
B: Spreite des wintergrünen Farnes im Umriß eiförmig bis dreieckig-eiförmig, bis fast zur Mittelrippe fiederteilig. Abschnitte schmal-lanzettlich, mehr oder weniger stark gekerbt-gesägt, Nerven 3–4mal gegabelt. Sori elliptisch, in je 2 Reihen auf der Unterseite der Abschnitte. Der oberirdische oder flach im Boden kriechende Erdsproß mit lineal-lanzettlichen, 5–11 mm langen Schuppen bedeckt.
S: An schattig-feuchten Felsen.
V: Mittelmeergebiet, Kanaren.
U: Ähnlich *P. vulgare* L.: Neue Blätter im Frühsommer, eiförmig bis eiförmig-lanzettlich, die Abschnitte am Rand wellig oder schwach gekerbt-gesägt. Schuppen 3–6 mm (fast ganz Europa und im Mittelmeerraum).

Griechische Tanne *Abies cephalonica* Loud. *Pinaceae* □□
Bis 30 m; Mai – Juni; ♄ ■□
B: Nadeln steif und zugespitzt, stechend, 15–35 mm lang, nach der Seite und oben von den Zweigen abstehend. Junge Triebe kahl, Knospen sehr harzreich. Zapfen aufrecht. Deckschuppen herausragend und zurückgeschlagen.
S: In Gebirgen zwischen 750 und 1700 m waldbildend.
V: Griechenland, in Italien gepflanzt.
U: Weitere Tannenarten, die alle ein begrenztes Areal ausnahmslos in den Gebirgen aufweisen: *A. pinsapo* Boiss., Igel-Tanne, mit spitzen, starren, nur 10–15 mm langen, nach allen Seiten von den Zweigen abstehenden Nadeln. Deckschuppen in den Zapfen eingeschlossen (SW-Spanien); *A. nebrodensis* (Lojac.) Mattei, nur noch wenige Exemplare auf Sizilien; *A. borisii-regis* Mattf. in N-Griechenland mit Merkmalen von *A. cephalonica* und *A. alba*, außerdem Arten in N-Afrika und Kleinasien. Die auch bei uns heimische Weiß-Tanne, *Abies alba* Mill., unterscheidet sich durch 15–30 mm lange, biegsame, an der Spitze ausgerandete, scheinbar 2zeilig gestellte Nadeln. Junge Triebe dicht flaumig, Knospen nicht harzig. Deckschuppen aus den Zapfen herausragend und zurückgeschlagen (im Mittelmeergebiet von N-Spanien bis N-Griechenland, Korsika).

Atlas-Zeder *Cedrus atlantica* (Endl.) Carrière *Pinaceae* □□
Bis 40 m; August – Oktober; ♄ □■
B: Stattlicher Baum mit weit ausladenden Ästen. Blätter nadelartig, immergrün, an Langtrieben spiralig, an Kurztrieben büschelig gestellt. Gipfeltrieb gerade aufrecht, Äste aufstrebend, junge Triebe flaumig behaart. Nadeln steif, 1–3,5 cm lang, grün oder blaugrau. Männliche Blüten in aufrechten, walzlichen, 3–5 cm langen Zapfen, weibliche eiförmig, rötlich. Die aufrechten Fruchtzapfen tonnenförmig, 5–8 × 3–5 cm, an der Spitze flach oder eingedellt, bei der Reife in Schuppen zerfallend. Samen mit großem Flügel.
S,V: Waldbildend im Atlas-Gebirge, in S-Europa besonders häufig in der graublauen Form als Zierbaum oder wegen des wertvollen Holzes gepflanzt.
U: Gepflanzt werden auch: *C. libani* A. Rich. mit ähnlichen, aber 7–12 cm großen Zapfen und kahlen jungen Trieben (Heimat Türkei, Libanon) und *C. deodara* (D. Don) G. Don f. mit an der Spitze abgerundeten, 8–12 cm langen Zapfen. Nadeln weich, 2–5 cm lang, an dicht behaarten Zweigen (Heimat Himalaya).

Kieferngewächse *Pinaceae*

Igel-Föhre, Stern-Kiefer *Pinus pinaster* Ait. (*P. maritima* Lam.)
Bis 40 m; April – Mai; ♄
B: Stamm mit tief rissiger, rötlichbrauner Borke. Junge Triebe kahl, Knospen harzfrei. Nadeln zu 2 an Kurztrieben, grün, kräftig und stechend, 10–25 cm × 2 mm. Die kegelförmigen, hellbraun glänzenden Zapfen zu 2–8 sternförmig gestellt, mit 14–22 × 5–8 cm die größten der europäischen Kiefern. Schuppenschild mit scharfer Querleiste und ausgeprägtem, spitzem, geradem oder abwärts gerichtetem Nabel. Samen 7–8 mm, bis 3 cm lang geflügelt. Liefert neben anderen Arten das arzneilich verwendete Terpentinöl.
S: Auf Sandböden und Urgestein waldbildend, auch bis in die untere Bergstufe ansteigend.
V: Westliches S-Europa bis Mittelitalien, NW-Afrika, sonst gelegentlich zur Dünenbefestigung gepflanzt.

Schwarz-Kiefer *Pinus nigra* Arnold
Bis 50 m, einige Unterarten aber wesentlich kleiner; Mai – Juni; ♄
B: Stamm mit schwarzgrauer, tief rissiger Borke. Junge Triebe kahl und hellbraun, Knospen harzig. Nadeln zu 2 an Kurztrieben, beiderseits dunkelgrün, mehr oder weniger steif und spitz, sichtbar fein gezähnt, 4–19 cm × 1–2 mm. Zapfen 3–8 × 2–4 cm, geschlossen eikegelförmig, glänzend gelbbraun, fast sitzend und waagerecht abstehend. Schuppenschild mehr oder weniger gekielt, Nabel meist mit einem kleinen Dorn. Samen 5–7 mm, geflügelt. Mehrere Unterarten, die teilweise als Arten angesehen werden und sich in ihrer Verbreitung ausschließen.
S: Meist in der höheren Bergstufe, teils bis zur Baumgrenze, bestandbildend.
V: Ssp. *nigra*: Von Österreich bis Jugoslawien und Griechenland, Mittelitalien; ssp. *pallasiana* (Lamb.) Holmboe: Südliche und östliche Balkanhalbinsel, Krim, Vorderasien; ssp. *dalmatica* (Vis.) Franco: NW-Jugoslawien mit Inseln; ssp. *laricio* (Poir.) Maire, s. Abb.: Korsika, Kalabrien, Sizilien; ssp. *salzmannii* (Dun.) Franco: Cevennen, Pyrenäen, Zentral- und O-Spanien. Im nördlichen Mittelmeergebiet kommt daneben auch die bei uns heimische *P. sylvestris* L. vor: Nadeln nur 3–7 cm lang, wenigstens die jüngeren blaugrün. Zapfen deutlich gestielt, hängend, glanzlos. Borke im oberen Stammabschnitt rotbraun.

Aleppo-Kiefer *Pinus halepensis* Mill.
Bis 20 m; März – Mai; ♄
B: Stamm und Zweige dieser anspruchslosen Kiefer sind häufig gekrümmt oder gedreht, und geben der lichten Krone eine charakteristische Gestalt. Borke anfangs silbergrau, später rötlichbraun und rissig. Junge Triebe kahl bis fein behaart, bleiben lange hellgrau, Knospen harzfrei. Nadeln zu 2 an Kurztrieben, weich und biegsam, hellgrün, 6–15 cm × 0,7 mm. Zapfen kegelförmig, glänzend rotbraun, 5–12 × 4 cm, an einem 1–2 cm langen, oft abwärts gekrümmten Stiel. Schuppenschild flach, mit etwas erhabenem, dornlosem Nabel. Samen 7 mm, 2–3 cm lang geflügelt.
S: Oft waldbildend, allein oder mit anderen Baumarten, besonders auf Kalk.
V: Mittelmeergebiet, östlich bis Griechenland.
U: Nahe verwandt *P. brutia* Ten., teilweise als Unterart angesehen: junge Triebe rötlichgelb oder grünlich, Nadeln dunkler grün. Zapfen an waagerechten oder aufrecht-abstehenden Stielen (östliches Mittelmeergebiet).

Pinie *Pinus pinea* L.
Bis 30 m; April – Mai; ♄
B: An der schirmförmig gewölbten Krone leicht kenntliche Kiefernart. Stamm mit graubrauner Borke, die beim Abblättern rötliche Flecken hinterläßt. Junge Triebe graugrün, später braun, Knospen harzfrei. Nadeln zu 2 an Kurztrieben, grün, steif und spitz, mit feinen nach oben gerichteten Zähnchen (Lupe), 10–20 cm × 1,5–2 mm. Geöffnete Zapfen fast rundlich, 8–14 × 10 cm, glänzend rotbraun. Schuppenschilder dick, mit 5–6 radialen Leisten und großem, flachem, grauweißem Nabel. Samen 1,5–2 cm lang, kaum geflügelt, mit dicker, harter Schale (Pinienkerne, Pinioli).
S: Bildet größere lichte Waldbestände in den küstennahen Sandgebieten, häufig auch wegen der schmackhaften Samen oder als Zierbaum gepflanzt.
V: S-Europa, Vorderasien, in N-Afrika, Kanaren nur gelegentlich kultiviert.

Zypressengewächse *Cupressaceae*
Meerträubelgewächse *Ephedraceae*

Mittelmeer-Zypresse *Cupressus sempervirens* L. *Cupressaceae* ■□
20–30 m und mehr; März – Mai; ♄ □□
B: Baum mit waagrecht ausgebreiteten Ästen (f. *horizontalis* (Mill.) Voss) oder in der Säulenform (f. *sempervirens*) mit aufrechten Ästen. Blätter dunkelgrün, 0,5–1 mm, schuppenförmig, dicht dachziegelig. Zapfen 2,5–4 cm, mehr oder weniger kugelig, an kurzen Stielen hängend, mit 8–14 holzigen Schuppen, die in der Mitte einen spitzen Nabel tragen, zur Reifezeit gelblich-grau. Das ätherische Öl zu Inhalationen und Einreibungen bei Atemwegserkrankungen.
S,V: Gebirge im östlichen Mittelmeerraum von Kreta, Zypern (Name!), Kleinasien bis Persien, zum Teil waldbildend (f. *horizontalis*), auch gelegentlich als Zierbaum. Die Säulenzypresse im ganzen Mittelmeergebiet vielfach gepflanzt und gebietsweise verwildert.

Stech-Wacholder, Zedern-Wacholder *Juniperus oxycedrus* L. *Cupressaceae* □■
1–8 (–14) m; April – Mai; ♄ □□
B: Zweihäusiger Strauch oder kleiner Baum. Blätter nadelförmig, spitz, bis 25 mm lang, auf der Oberseite mit 2 weißlichen Streifen, von den Zweigen abstehend, immer zu dreien gestellt. Blüten unscheinbar. Die im 2. Jahr reifen Beerenzapfen rotbraun. Bei der ssp. *oxycedrus* (Abb.) Blätter bis 2 mm breit, reife Beerenzapfen 8–10 mm, bei der ssp. *macrocarpa* (Sibth. & Sm.) Ball Blätter bis 2,5 mm breit, reife Beerenzapfen 12–15 mm. Aus dem Holz Gewinnung des medizinisch verwendeten Wacholderteers.
S: Ssp. *oxycedrus*: Häufig in Macchien und Wäldern, bis in die Gebirge ansteigend, ssp. *macrocarpa*: In Küstennähe besonders auf Sand.
V: Beide Unterarten im ganzen Mittelmeergebiet.
U: Der auch bei uns heimische Gemeine Wacholder *Juniperus communis* L. kommt im Süden in den Gebirgen vor: Nur ein weißlicher Streifen auf jeder Nadel, reife Beerenzapfen („Wacholderbeeren") blauschwarz, 6–9 mm.

Phönizischer Wacholder *Juniperus phoenicea* L. *Cupressaceae* □□
1–2 (–8) m; Februar – April; ♄ ■□
B: Einhäusiger kleiner Baum oder Strauch. Blätter schuppenförmig, den Zweigen dicht angedrückt, 1 mm lang, dunkelgrün, stumpf mit häutigem Rand, auf dem Rücken mit einer Drüsenfurche. Blätter von Jungpflanzen dagegen nadelförmig, abstehend, 5–14 mm lang. Blüten unscheinbar. Die im 2. Jahr reifen, 8–14 mm großen Beerenzapfen zuletzt dunkelbraunrot.
S: Wälder, Macchien und Garigues, vor allem in Küstennähe.
V: Mittelmeergebiet, Kanaren.
U: Blätter ohne häutigen Blattrand haben die auf die Gebirge kleinerer Gebiete beschränkten baumförmigen Arten *Juniperus thurifera* L. (Spanien, Westalpen, Korsika, N-Afrika), *J. excelsa* Bieb. und *J. foetidissima* Willd. (beide Balkanhalbinsel, Vorderasien).

Gemeines Meerträubel *Ephedra distachya* L. (*E. vulgaris* L. C. M. Rich.)
Ephedraceae □□
0,2–1 m; März – Juni; ♄ □■
B: Niedriger, mit unterirdischen Achsen kriechender, zweihäusiger Strauch. Die meist aufsteigenden graugrünen Zweige schachtelhalmartig, fein gerillt. Blätter zu kleinen bis 2 mm langen, auf dem Rücken grünen, später grauweißen Schuppen reduziert. Männliche Blüten zu 8–16 büschelig, sitzend oder gestielt, weibliche zu 2, meist gestielt, von 3 Paaren von Hochblättern umgeben. Blütenhüllen unscheinbar. Der Samen ragt aus der beerenartigen, reif roten Frucht hervor. Aufgrund des Ephedrin-Gehalts wird die Pflanze gelegentlich noch medizinisch verwendet.
S: Sandige Küsten und Flußufer.
V: S-Europa, franz. Atlantikküste, ostwärts bis Zentralasien.
U: *E. fragilis* Desf.: Zweige an den Knoten leicht zerbrechend. Männliche Blüten zu 8–16, sitzend, weibliche zu 1–2, sitzend. Samen ganz eingehüllt. Bis 5 m kletternd oder niederliegend. *E. major* Host.: Blätter fast vollständig häutig, später dunkelbraun. Männliche Blüten zu 4–8, sitzend, weibliche einzeln, gestielt. Samen herausragend. Bis 2 m hoher Strauch (beide Arten Mittelmeergebiet, Kanaren).

Haselnußgewächse *Corylaceae*
Buchengewächse *Fagaceae*

Orientalische Hainbuche *Carpinus orientalis* MILL. *Corylaceae* ■□
3–5 (–15) m; März – Mai; ♄ □□
B: Sommergrüner kleiner Baum oder Strauch mit glatter, grauer Borke. Blätter scharf doppelt gesägt, eiförmig oder elliptisch, am Grunde keilförmig oder abgerundet, unterseits auf den Nerven spärlich behaart, 2,5–6 cm lang. Kätzchen erscheinen mit den Blättern im Frühling, die weiblichen entwickeln sich zu einem zapfenähnlichen, herabhängenden, 3–6 cm langen Fruchtstand, Fruchthüllen 3eckig-eiförmig, gesägt.
S: In sommergrünen Laubmischwäldern der submediterranen Flaumeichenstufe.
V: SO-Europa, westlich bis Sizilien, SW-Asien.
U: Die auch bei uns heimische Hainbuche *Carpinus betulus* L. hat größere, 4–10 cm lange, an der Basis abgerundete bis schwach herzförmige Blätter. Fruchtstände 5–14 cm lang, Fruchthüllen 3lappig.

Hopfenbuche *Ostrya carpinifolia* SCOP. *Corylaceae* □■
4–10 (–20) m; April – Mai; ♄ □□
B: Sommergrüner Strauch oder kleiner Baum, Borke zuerst glatt und hellgrau, später dunkler, rissig. Blätter eiförmig, zugespitzt, am Grunde fast herzförmig, doppelt scharf gesägt, in der Jugend behaart, später verkahlend. Männliche Kätzchen hängend, schon im Herbst des Vorjahres an den Zweigen, verlängern sich beim Aufblühen bis auf 12 cm, weibliche anfangs aufrecht, später hängend. Fruchtstand bis 6 × 3 cm, erinnert zuletzt an einen Hopfenzapfen. Jedes Nüßchen von einer später aufgeblasenen, eiförmigen, ganzrandigen Hülle umgeben.
S: In sommergrünen Laubmischwäldern der submediterranen Flaumeichenstufe.
V: Von der Riviera, Korsika und Sardinien ostwärts bis Kleinasien und bis zum Kaukasus.

Echte Kastanie, Eßkastanie *Castanea sativa* MILL. (*C. vesca* GAERTN.)
Fagaceae □□
10–30 m; Juni; ♄ ■□
B: Sommergrüner Baum, Stamm oft gedreht, mit längsrissiger Borke. Blätter 10–25 cm, länglich-lanzettlich, stachelig gezähnt, mit kräftigen Nerven. Blüten nach den Blättern erscheinen mit unscheinbarer meist 6spaltiger Blütenhülle, männliche büschelig in 10–20 cm langen, aufrechten, unterbrochenen Kätzchen, weibliche einzeln am Grunde der Blütenstände zu 1–3 mit gemeinsamem, schuppigem Fruchtbecher. Dieser zur Reifezeit lang stachelig, 4klappig aufspringend, mit 1–3 dunkelbraunen Früchten. Die stärkereichen Früchte hatten früher geröstet (Maronen), gekocht, zu Mehl vermahlen oder als Kaffeesurrogat für die Ernährung weit größere Bedeutung als heute. Die Blätter in Arzneimitteln gegen Husten.
S: Meist auf kalkfreien Böden in oft parkartigen alten Kulturen, auch in sommergrünen Laubmischwäldern der Flaumeichenstufe.
V: S-Europa westlich bis Korsika und Italien, Kleinasien, in W-, Mittel- und N-Europa häufig gepflanzt und gebietsweise eingebürgert. Viele Bestände sind der Tintenkrankheit, die durch einen Pilz hervorgerufen wird, zum Opfer gefallen.

Kermes-Eiche, Stech-Eiche *Quercus coccifera* L. *Fagaceae* □□
Bis 3 (–12) m; März – Mai; ♄ □■
B: Immergrüner Strauch mit hellgrauer glatter Borke, vorwiegend im östlichen Mittelmeergebiet auch baumförmig (diese auch als *Q. calliprinos* WEBB. bezeichnet). Ältere Blätter kahl, starr, lederartig, oberseits dunkelgrün glänzend, unterseits heller, 1,5–4 cm lang, breiteiförmig bis länglich mit herzförmigem oder abgerundetem Grund, Nerven nur auf der Oberseite hervortretend, Ränder buchtig-wellig mit stark stechenden Zähnen. Blattstiele nur 1–4 mm lang. Früchte sehr kurz gestielt, Fruchtbecher mit kurzen, allseits abstehenden, stacheligen Schuppen. Früher wichtig als Wirtspflanze der Schildlaus *Coccus ilicis* PLANCH, deren getrocknete Weibchen einen roten Farbstoff liefern.
S: Garigues, Macchien, im Unterwuchs lichter Wälder, auf Kalk.
V: Mittelmeergebiet, fehlt in Mittel- und N-Italien und Korsika.

Buchengewächse *Fagaceae*

Stein-Eiche *Quercus ilex* L. ■□
□□

Bis 25 m; April – Mai; ♄

B: Immergrüner Baum, Rinde glänzend hellgrau, glatt, erst im Alter schuppig. Blätter ledrig, in der Form sehr veränderlich, länglich-eiförmig bis lanzettlich, 3–7 cm lang, am Grunde abgerundet oder keilig, ganzrandig bis mehr oder weniger stachelig gezähnt (besonders an Langtrieben), oberseits dunkelgrün verkahlend, unterseits dicht graufilzig mit hervortretenden Nerven, Mittelrippe gerade, mit 7–11 Paar Seitennerven. Blattstiel 6–15 mm. Nebenblätter schmal, dicht behaart. Fruchtbecher mit anliegenden, stumpfen weichhaarigen Schuppen. Eicheln bitter.

S: Bildet strauchreiche, immergrüne Wälder, heute oft nur noch in Niederwäldern und Macchien (s. auch S. ■).

V: Mittelmeergebiet, im Osten seltener, Kanaren.

U: *Q. rotundifolia* Lam., oft als Unterart zu *Q. ilex* gestellt, vertritt diese weitgehend im südwestlichen Mittelmeergebiet: Blätter breiteiförmig oder fast rundlich, oberseits bläulich-graugrün, mit nur 5–8 Paar Seitennerven. Nebenblätter breiter, häutig, verkahlend. Eicheln nicht bitter.

Kork-Eiche *Quercus suber* L. □■
□□

Bis 20 m; April – Mai und Herbst; ♄

B: Immergrüner Baum mit ausnehmend dicker, korkiger Borke. Frisch entrindete Stämme hellbraun, später dunkelrotbraun. Derbe, lederartige Blätter, eiförmig-länglich, 3–7 cm lang, am Grunde kurz keilförmig, oberseits glänzend dunkelgrün und kahl, unterseits bleibend schwach graufilzig mit hervortretenden Nerven. Mittelrippe meist hin- und hergebogen, Blattrand mit beiderseits 4–5 kurzen Zähnen oder fast ganzrandig. Blattstiel 8–15 mm lang. Fruchtbecher mit graufilzigen, locker zusammenschließenden Schuppen. Die erste Korkernte ist nach etwa 25 Jahren möglich, danach kann ein Baum alle 7–10 Jahre geschält werden.

S: Lichte, unterwuchsreiche, immergrüne Wälder auf Urgestein.

V: Westliches Mittelmeergebiet bis Italien (besonders an der Westküste), Kanaren.

Wallonen-Eiche, Arkadische Eiche *Quercus macrolepis* Kotschy (*Q. aegilops* auct.) □□
■□

Bis 15 (–25) m; April; ♄

B: Halbimmergrüner Baum mit dunkelbrauner, feinrissiger Borke. Blätter 6–12 cm lang, unterseits filzig, oberseits verkahlend, matt, aus meist herzförmigem Grund länglich-eiförmig, beiderseits mit 3–7 in eine Stachelspitze auslaufenden, großen Zähnen. Blattstiel 1,5–4 cm. Fruchtbecher groß, mit abstehenden bis zurückgebogenen, langen Schuppen. Früher wichtiges Schwarzfärbe- und Gerbmittel.

S: Stellenweise waldbildend.

V: Apulien, südliche Balkanhalbinsel, Kleinasien.

U: Ähnliche Fruchtbecher haben auch *Q. trojana* Webb. (*Q. macedonica* DC.): Blätter fast kahl und glänzend, beiderseits mit 8–14 kleineren, bespitzten Zähnen, Blattstiel nur 2,5 mm lang (SO-Italien, Balkanhalbinsel, Kleinasien) und *Q. cerris* L.: Blätter sommergrün, 4–9fach unterbrochen fiederlappig oder nur lappig gezähnt, die linealen Nebenblätter bleibend (östliches Mittelmeergebiet, westlich bis zur Riviera).

Flaum-Eiche *Quercus pubescens* Willd. □□
□■

Bis 15 (–25) m; April – Mai; ♄

B: Der heimischen Trauben-Eiche (*Q. petraea* (Matt.) Liebl.) sehr ähnlicher sommergrüner Baum, unterschieden durch dicht graufilzig behaarte Knospen, junge Zweige, Blätter und Fruchtbecher. Ältere Blätter oberseits verkahlend, 4–12 cm lang, verkehrteiförmig, beiderseits 4–7fach buchtig gelappt, mit weniger als 8 Seitennervenpaaren. Blattstiel 5–12 mm lang, nicht grubig. Früchte fast sitzend oder kurz gestielt zwischen den Blättern an diesjährigen Trieben. Schuppen dem Fruchtbecher dicht angedrückt und filzig behaart.

S: Der Charakterbaum der submediterranen, sommergrünen Laubwaldstufe. Bildet lichte, unterwuchsreiche und hohe Wälder.

V: S- und Mitteleuropa, ostwärts bis zur Krim und bis zum Kaukasus, Kleinasien, bis Mitteleuropa nur im äußersten Südwesten und Südosten vordringend.

U: *Q. virgiliana* (Ten.) Ten. sehr ähnlich, Blattstiel aber 15–25 mm lang (S-Europa von Korsika und Sardinien bis zum Schwarzen Meer).

Buchengewächse *Fagaceae*
Ulmengewächse *Ulmaceae*
Maulbeergewächse *Moraceae*

Portugiesische Eiche *Quercus faginea* LAM. (*Q. lusitanica* auct.) *Fagaceae* ■□
Bis 20 m; März – April; ♄ □□
B: Halbimmergrüner Baum oder Strauch. Blätter 8–20 mm lang gestielt, eiförmig, elliptisch oder auch verkehrteiförmig, 4–10 cm lang, buchtig und stumpf gezähnt, mit 5–12 Nervenpaaren, oberseits etwas glänzend und verkahlend, unterseits bleibend filzig. Früchte fast sitzend zwischen den Blättern, im ersten Jahr reif. Fruchtbecher mit breitlanzettlichen oder eiförmigen Schuppen.
S: Wälder im Hügel- und Bergland.
V: Iberische Halbinsel, Balearen, NW-Afrika.

Südlicher Zürgelbaum *Celtis australis* L. *Ulmaceae* □■
Bis 25 m; April – Mai; ♄ □□
B: Sommergrüner Baum oder Strauch mit glatter, grauer Borke. Blätter kurz gestielt, schief eiförmig, lang zugespitzt, keilförmig bis abgerundet an der Basis und 3nervig, am Rande scharf, meist einfach gesägt, oberseits etwas rauh und unterseits weichhaarig, 4–15 × 1,5–6 cm. In den unteren Blattachseln mit den Blättern gleichzeitig erscheinend männliche Blütenstände, in den oberen einzelne Zwitterblüten, deren Stiele sich stark verlängern und zur Reifezeit wohlschmeckende, fleischige, violettbraune, 9–12 mm große Steinfrüchte tragen. Blütenhülle 5teilig, ihre Abschnitte fast bis zum Grunde frei, rotbraun, hinfällig.
S: In lichten Wäldern und Gebüschen, an Weg- und Waldrändern, häufig gepflanzt, besonders in der Flaumeichenstufe.
V: Mittelmeergebiet, Kanaren, SW-Asien.
U: *C. tournefortii* LAM.: Strauch oder kleiner Baum, 1–6 m. Blätter spitz eiförmig, gekerbt gesägt mit breiten stumpflichen Zähnen, 5–7 × 2,5–4 cm. Reife Frucht braungelb (Sizilien, Balkanhalbinsel, SW-Asien).

Weißer Maulbeerbaum *Morus alba* L. *Moraceae* □□
Bis 15 m; April – Mai; ♄ ■□
B: Sommergrüner Kulturbaum mit verschieden geformten, 6–18 cm langen, ungeteilten eiförmig-zugespitzten oder durch stumpfe Buchten 3–5lappigen Blättern, Blattgrund abgerundet oder schief herzförmig, Rand ungleich grob gesägt, Oberseite gewöhnlich glatt, Unterseite kahl oder höchstens auf den Nerven behaart. Blüten unscheinbar, eingeschlechtig, 1- oder 2häusig, 4zählig, kätzchenartig. Fruchtstand brombeerartig, ziemlich schmal, 1–2,5 cm lang und etwa ebenso lang gestielt, weiß, rosa oder purpurviolett, reif mit fadem Geschmack. Verwendung der Blätter als Futter für Seidenraupen.
S,V: Im Mittelmeergebiet seit dem 11. Jh. kultiviert, in SO-Europa öfter eingebürgert. Heimat China.
U: *M. nigra* L.: Größer und robuster als *M. alba* L. Blätter breiteiförmig, oberseits rauh, unterseits behaart. Fruchtstände kürzer gestielt oder fast sitzend, dick, purpurn bis schwärzlich-violett, zur Reifezeit angenehm säuerlich-süß schmeckend. Heimat Asien, seit alters im Mittelmeergebiet wegen der Früchte kultiviert.

Feigenbaum *Ficus carica* L. *Moraceae* □□
2–5 m; Juni – September; ♄ □■
B: Sommergrüner Baum oder Strauch mit glatter, silbergrauer Borke und dicken Zweigen. Blätter verhältnismäßig spät im Jahr erscheinend, bis 20 cm groß, meist handförmig 3–5lappig, oberseits rauh, unterseits mehr oder weniger weich behaart. Viele unscheinbare Blüten an den Innenwänden von fleischigen, krugförmigen Gebilden, die sich zu den gelben oder braunvioletten, 5–7 cm großen, eßbaren Feigen entwickeln. Bei der Wildform komplizierte Bestäubung durch Gallwespen. Die Früchte frisch oder getrocknet als Nahrungsmittel, zu Feigenschnaps oder -wein, medizinisch als Abführmittel.
S: Ursprünglich an Felsen und in Garigues, verbreitet als Kulturbaum.
V: Mittelmeergebiet, bis NW-Indien und bis zu den Kanaren, heute in den warmen Regionen weltweit kultiviert.

Brennesselgewächse *Urticaceae*
Sandelholzgewächse *Santalaceae*

Geschwänzte Brennessel *Urtica dubia* Forsk. (*U. caudata* Vahl, non Burm. fil., *U. membranacea* poir.) *Urticaceae*
15–80 cm; ganzjährig; ⊙
B: Einjährige Pflanze mit Brennhaaren. Blätter gegenständig, eiförmig, am Grunde oft schwach herzförmig, eingeschnitten gesägt, 2–6 cm lang. Blattstiel fast so lang wie die Spreite, 2 kleine Nebenblätter an jedem Knoten. Eingeschlechtige ährenartige Blütenstände in den Blattachseln, die oberen männlich, länger als der Blattstiel, aufrecht-abstehend, die Blüten meist einseitswendig an einer aufgeblasenen Achse, die unteren weiblich, kürzer als der Blattstiel.
S: An stickstoffreichen, feuchten Stellen, besonders im Siedlungsbereich.
V: Mittelmeergebiet, Kanaren, SW-Asien.
U: Ausdauernd ist *U. atrovirens* Req. ex Lois. mit 4 Nebenblättern an jedem Knoten. Männliche und weibliche Blüten im gleichen Blütenstand, ohne aufgeblasene Achse (nur Mallorca, Korsika, Sardinien, Toskana).

Pillen-Brennessel, Römische Nessel *Urtica pilulifera* L. *Urticaceae*
0,3–1 m; April – Oktober; ⊙, ⊙
B: Pflanze mit Brennhaaren. Blätter gegenständig, die Spreite zugespitzt eiförmig, am Grunde gestutzt bis herzförmig, am Rande eingeschnitten gesägt, etwas länger als der Blattstiel, an jedem Knoten mit 4 Nebenblättern. Blütenstände eingeschlechtig, aber auf gleicher Höhe in den Blattachseln, männliche verzweigt, rispig, weibliche in langgestielten, kugeligen Köpfchen (Name!). Blütenhülle der weiblichen Blüten 4teilig, aufgeblasen, mit 2 kurzen äußeren und 2 langen inneren Abschnitten, die dicht mit Borstenhaaren besetzt sind. Früher wegen der öligschleimigen Samen auch kultiviert.
S: Stickstoffreiche, feuchte Unkrautfluren, Wegränder.
V: Mittelmeergebiet, SW-Asien.

Ästiges Glaskraut *Parietaria diffusa* Mert. & Koch (*P. officinalis* auct., non L., *P. judaica* L.) *Urticaceae*
Bis 40 cm; April – Oktober; ♃
B: Stengel niederliegend oder aufsteigend, reich verzweigt und kurz behaart. Blätter wechselständig, eiförmig-rundlich, zugespitzt, am Rande gewimpert, 2–5 cm lang, Stiel der unteren Blätter kürzer als die Spreite. Blütenstände kugelig, aus wenigen unscheinbaren, 4zähligen Blüten in den Blattachseln. Tragblätter am Grunde verwachsen, kürzer als die Blütenhülle zur Fruchtzeit.
S: In meist feuchten, beschatteten Mauerfugen und am Fuße von Mauern.
V: Im ganzen Mittelmeergebiet, W-Europa, SW- bis Zentralasien.
U: *P. officinalis* L. (*P. erecta* Mert. & Koch): Stengel 0,2–1 m, aufrecht, einfach oder nur schwach verzweigt. Blätter eiförmig-lanzettlich, lang zugespitzt, am Grunde verschmälert, 3–12 cm. Tragblätter frei. *P. lusitanica* L. mit Tragblättern, die zur Fruchtzeit so lang oder länger als die Blütenhülle sind. Blätter nur bis 4 cm lang. Zierliche 1jährige Pflanze, 5–30 cm (beide Arten im Mittelmeergebiet und weiter verbreitet).

Honigduftender Rutenstrauch *Osyris alba* L. *Santalaceae*
0,4–1,5 m; April – August; ♄
B: Auf den Wurzeln verschiedener Bäume und Sträucher schmarotzender, meist niedriger, zweihäusiger Strauch mit aufrechten, rutenförmigen, in der Jugend kantigen Ästen. Blätter immergrün, ledrig, lineal-lanzettlich, nur der Mittelnerv deutlich, 1–2 cm lang. Blüten unscheinbar, duftend, mit gelblicher, einfacher, 3teiliger Blütenhülle, die männlichen zu mehreren seitenständig, die weiblichen einzeln, endständig an kurzen Zweigen. Tragblätter blattartig, ausdauernd. Reife Steinfrüchte rot, fleischig, 5–7 mm groß.
S: In lichten Macchien und Wäldern.
V: Mittelmeergebiet.
U: *Osyris quadripartita* Salzm. ex Decne: Blätter breiter, mit gefiederter Nervatur, Tragblätter klein, hinfällig. Bis 2,40 m hoher Strauch (südwestliches Mittelmeergebiet, östlich bis zu den Balearen, Kanaren).

Mistelgewächse *Loranthaceae*
Osterluzeigewächse *Aristolochiaceae*

Wacholdermistel *Arceuthobium oxycedri* (DC.) Bieb. *Loranthaceae* ■□
3–20 cm; Juli – September; ♄ □□
B: Kleiner, dicht verzweigter, gelbgrüner Halbstrauch, der auf den Zweigen verschiedener Wacholder-Arten, besonders *Juniperus oxycedrus* L. schmarotzt. Stengel gegliedert, mit gegenständigen, kleinen schuppenförmigen Blättchen, die paarweise miteinander verbunden sind und eine Scheide um den Stengel bilden. Blüten gelblich, unscheinbar, eingeschlechtig, die männlichen einzeln an den Enden kurzer Seitenzweige sitzend, die weiblichen zu 1–2 end- und achselständig, kurz gestielt. Früchte grün, etwa 2 mm; sie springen bei der Reife auf und schleudern die klebrigen Samen weit fort.
V: NW-Afrika, Spanien, S-Frankreich nur sehr lokal, fehlt im zentralen Mittelmeergebiet, häufiger auf der Balkanhalbinsel, bis SW-Asien.

Guichard-Osterluzei *Aristolochia guichardii* Davis & Khan *Aristolochiaceae* □■
20–30 cm; März – April; ♃ □□
B: Pflanze kurz rauhhaarig, Stengel einfach oder am Grunde verzweigt, niederliegend bis aufsteigend, nicht breiter als 2 mm. Blätter gestielt, etwa so lang wie breit, herzförmig-eiförmig, 3,5–5,5 × 3,5 cm. Blüten („Gleitfallenblume") einzeln in den Blattachseln an bis 2 cm langen, behaarten Stielen. Die unten bauchig erweiterte und U-förmig gebogene Blütenröhre 2–3,5 cm lang, am Ende 1,2 cm im Durchmesser, breit herzförmig oder rundlich, purpurn oder dunkelbraun, innen dicht behaart. Kapsel 2–3 cm.
S: Immergrüne Eichen- und Kiefernwälder.
V: Rhodos, SW-Anatolien, beispielhaft für eine der zahlreichen ähnlichen Osterluzei-Arten, die kleinräumig von Griechenland bis Vorderasien verbreitet sind.
U: U-förmig gebogene Blüten haben auch *A. cretica* Lam.: Blüten sehr groß, 5–12 cm, innen mit langen, weißen Haaren. Blattränder wellig (Kreta, Karpathos). *A. baetica* L.: Blüten 2–5 cm lang, an kahlen Stielen. Pflanze verholzt, oft mehrere Meter kletternd, mit ausdauernden, graugrünen Blättern (Iberische Halbinsel, NW-Afrika). Ebenso *A. sempervirens* L., aber Blütenstiele behaart. Blätter dunkelgrün, ledrig (südliches Mittelmeergebiet).

Pistolochia-Osterluzei *Aristolochia pistolochia* L. *Aristolochiaceae* □□
20–60 cm; April – Juni; ♃ ■□
B: Aufrechte, einfache oder verzweigte, behaarte Pflanze mit zahlreichen länglichen Knollen. Charakteristische, 1–3 cm lange, dunkelgrüne, glänzende Blätter, nur 1–5 mm lang gestielt, eiförmig-dreieckig, am Rand und auf der Unterseite mit feinen knorpeligen Zähnen oder Warzen, am Grunde tief herzförmig. Blüten einzeln in den Blattachseln, 2–5 cm lang, die unten bauchig erweiterte Blütenröhre fast gerade, bräunlich, die Lippe dunkelpurpurn. Kapsel kugelig oder birnförmig, 2–3 cm.
S: Trockene Standorte, auch im Kulturland.
V: SW-Europa, östlich bis Korsika.

Rundknollige Osterluzei *Aristolochia rotunda* L. *Aristolochiaceae* □□
15–60 cm; April – Juni; ♃ □■
B: Häufig verzweigte, aufrechte oder niederliegende, verkahlende Pflanze mit kugeliger oder ovaler Knolle. Blätter eiförmig-rundlich, 2–7 cm, fast sitzend und stengelumfassend. Blüten einzeln in den Blattachseln, 3–5 cm lang, mit gelbgrüner mehr oder weniger gerader, unten bauchig erweiterter Röhre und dunkelbraunroter, an der Spitze stumpfer oder ausgerandeter, breiter Lippe. Kapsel kugelig, 1–2 cm.
S: Wälder, Waldränder, Hecken, auch im Kulturland.
V: S-Europa.
U: Gestielte Blätter haben die beiden untereinander sehr ähnlichen Arten *A. pallida* Willd. mit kugeliger Knolle, Blüten grüngelb oder bräunlich mit dunkleren Streifen, ihre Stiele kürzer als die Blattstiele (S-Europa westlich bis Frankreich, Kleinasien) und *A. longa* L. mit zylindrischer Knolle, Blüten ohne dunklere Streifen, ihre Stiele etwa so lang wie die Blattstiele (S-Europa, NW-Afrika, Kanaren).

Schmarotzerblumengewächse *Rafflesiaceae (Cytinaceae)*
Kolbenträgergewächse *Balanophoraceae*
Knöterichgewächse *Polygonaceae*

Gelber Zistrosenschmarotzer *Cytinus hypocistis* (L.) L. *Rafflesiaceae* ■□
4–10 cm; April – Juni; ♃ □□
B: Schmarotzer mit kurzen fleischigen Trieben, die in kleinen Nestern aus der Erde hervorbrechen. Jeder Stengel mit gelben, orangenen oder scharlachroten schuppenförmigen Blättern und 5–10 von je 2 Hochblättern umgebenen Blüten. Randliche weiblich, zentrale männlich, mit leuchtend gelber, einfacher, 4lappiger Blütenhülle. Einziger Vertreter dieser tropischen Familie in Europa. Mehrere Unterarten, die auf weißblütigen Zistrosen, auf anderen Cistaceen, oder auch auf dem rosablütigen *C. parviflorus* LAM. (s. S. 152) schmarotzen.
V: Mittelmeergebiet, Kanaren.
U: Sehr ähnlich und z. T. nur als Unterart angesehen *C. ruber* (FOURR.) KOMAROV (*C. hypocistis* ssp. *kermesinus* GUSS.), mit weißlicher bis blaßrosa Blütenhülle, auf rosablütigen Zistrosen-Arten (Mittelmeergebiet, im ganzen weniger häufig).

Malteserschwamm *Cynomorium coccineum* L. *Balanophoraceae* □■
10–30 cm; April – Mai; ♃ □□
B: An einen Pilz erinnernde, eigenartige, rotbraune, blattgrünlose Pflanze, die auf den Wurzeln anderer Arten schmarotzt. Aus dem verzweigten unterirdischen Erdsproß erheben sich kolbenartige, fleischige, gerade oder gekrümmte Triebe, die unten dreieckig-lanzettliche Schuppenblätter tragen, der obere Teil, 10–20 × 3–8 cm, mit dichtgedrängt stehenden, männlichen, weiblichen und 2geschlechtigen Blüten, aus denen die einzelnen Staubblätter herausragen, und hinfälligen, dreieckigen Vorblättern. Einziger Vertreter der sonst tropischen Familie. Zur Zeit der Kreuzritter als blutstillendes Mittel verwendet (Name!).
S: Sandküsten, Salzsümpfe.
V: Mittelmeergebiet, besonders im Süden, Kanaren, SW-Asien, insgesamt selten.

Strand-Knöterich *Polygonum maritimum* L. *Polygonaceae* □□
10–50 cm; April – Oktober; ♃ ■□
B: Stengel niederliegend, ästig, mit immergrünen, gräulichen, sitzenden, ovalen bis lanzettlichen, bis 2,5 cm langen, am Rand meist zurückgerollten Blättern. Nebenblattscheiden unten rotbraun, oben durchscheinend silbrig, tief zerschlitzt, mit 8–12 deutlichen, verzweigten Nerven, im Blütenstand länger als die Stengelglieder. Blüten rosa oder weißlich, 3–4 mm groß, einzeln oder zu 2–4 in den Blattachseln. Nüsse 3kantig, glänzend braun, meist etwas länger als die einfache, 5teilige Blütenhülle.
S: Dünen, Kiesstrände, auch im Spülsaum.
V: Küsten des Mittelmeeres, des Schwarzen Meeres und des Atlantiks, nördlich bis zu den Kanal-Inseln, südlich bis zu den Kanaren.
U: An Wegrändern und auf Schuttplätzen *P. equisetiforme* SIBTH. & SM.: Pflanze schachtelhalmartig. Nebenblattscheiden häutig, unten bräunlich, viel kürzer als die verlängerten Stengelabschnitte. Blätter länglich oder lineal, 2–4 cm, bald abfallend. Blüten in endständigen, lockeren, ährenartigen Blütenständen (Mittelmeergebiet, im Norden z. T. fehlend, Kanaren, SW-Asien).

Stierkopf-Ampfer *Rumex bucephalophorus* L. *Polygonaceae* □□
Bis 40 cm; März – September; ⊙ □■
B: Sehr formenreiche Art mit mehreren Unterarten. Stengel einzeln, aufrecht und kräftig oder mehrere, dünn und aufsteigend. Blätter nur 1–2 cm lang, gestielt, spatelig oder eiförmig-lanzettlich. Blüten gewöhnlich zu 2–3 in den Achseln der Nebenblattscheiden, ährenartig angeordnet. Fruchtstiele herabgebogen, 2gestaltig: einige schlank, rund und sehr kurz, andere länger und keulig verbreitert. Die inneren der 6 Blütenhüllblätter zur Fruchtzeit stark vergrößert, beiderseits mit 3–4 deutlichen Zähnen und einer kleinen Schwiele.
S: Kulturland, Brachland, auf sandigen Böden, oft in großen Beständen.
V: Mittelmeergebiet, Kanaren.

Gänsefußgewächse *Chenopodiaceae*

Strauch-Melde *Atriplex halimus* L. ■□
0,5 – 3 m; Juni – Oktober; ♄ □□
B: Einer der wenigen strauchigen Vertreter der Gattung im Mittelmeergebiet, insgesamt silbrigweiß und stark verzweigt. Blätter kurz gestielt, ledrig, bis 6 × 4 cm, eiförmig-rhombisch oder 3ekkig-eiförmig, manchmal spießförmig, die oberen schmaler, lanzettlich, Blüten eingeschlechtig in kleinen, etwas entfernt stehenden Knäulen in langen endständigen, am Grunde beblätterten Scheinrispen. Männliche Blüten mit unscheinbarer 5blättriger, häutiger Blütenhülle, weibliche nur mit 2 zur Fruchtzeit vergrößerten, breiteiförmigen bis fast rundlichen, ganzrandigen bis gezähnelten Vorblättern ohne Anhängsel.
S: Sand- und Felsküsten, Salzböden im Binnenland, häufig auch kultiviert.
V: Mittelmeergebiet, Atlantikküste SW-Europas, Kanaren.

Portulak-Salzmelde *Halimione portulacoides* (L.) AELLEN
(*Obione portulacoides* (L.) MOQ.) □■
20 – 80 cm; Juli – Oktober; ♄ □□
B: Graugrüner, bemehlter Halbstrauch mit niederliegenden oder aufsteigenden, oft wurzelnden Ästen. Untere Blätter gegenständig, büschelig, schmal elliptisch oder verkehrteiförmig, am Grund lang keilförmig verschmälert, meist ganzrandig, fleischig. Unscheinbare Knäuel von eingeschlechtigen Blüten in blattlosen ährigen oder rispigen, gelblichen Blütenständen. Blütenhülle der männlichen Blüten 5(–4)teilig, häutig, weibliche Blüten nur mit 2 sich vergrößernden, bis fast zur Spitze verwachsenen und die Frucht einschließenden, 2,5 – 5 mm langen, an der Spitze gewöhnlich 3lappigen Vorblättern.
S: Salzsümpfe, Salzwiesen, Sandstrände, Binnensalzstellen.
V: Küsten des Mittelmeergebietes, des Schwarzen Meeres, des Atlantiks und der Nordsee nördlich bis Dänemark, Kanaren.

Graue Gliedermelde *Arthrocnemum glaucum* (DELILE) UNG.-STERNB.
(*Salicornia macrostachya* MORIC.) □□
0,3–1 m; Mai – September; ♄ ■□
B: Zuerst graugrüner, später gelblichgrüner oder rötlicher Strauch aus fleischigen kahlen Gliedern. Die schuppenförmigen, kreuzweise gegenständigen Blättchen stengelumfassend und 1 Glied bildend, so daß der Stengel blattlos erscheint. In einem fruchtbaren Glied jeweils zweimal 3 nebeneinanderstehende, aber getrennte, etwa gleich große, unscheinbare Blüten, die nach dem Herausfallen eine einfache Höhlung hinterlassen. Samen schwarz, warzig.
S: Salzsümpfe, vorwiegend an den Küsten, auch auf Salzböden im Binnenland.
V: Mittelmeergebiet.
U: Eine 3teilige Blütenhöhle und grünlichbraune oder graue Samen haben die ebenfalls strauchigen Arten *A. fruticosum* (L.) MOQ., deren Samen kurze konische Haare tragen, und *A. perenne* (MILL.) MOSS: Samen mit gebogenen oder hakenförmigen Haaren; Pflanze mit unterirdischen Ausläufern (beide im Mittelmeergebiet). *Salicornia*-Arten, vor allem an den Küsten des Atlantiks und der Nord- und Ostsee verbreitet, sind 1jährig. Die mittlere der 3 Blüten steht höher als die Seitenblüten, so daß ein Dreieck entsteht.

Kali-Salzkraut *Salsola kali* L. □□
0,1–1 m; Juli – Oktober; ⊙ □■
B: Sehr vielgestaltige, fleischige Pflanze, stark verzweigt mit abstehenden oder aufsteigenden Ästen, graugrün oder gelblich, kahl oder borstig behaart. Nur die unteren Blätter gegenständig, lineal-pfriemlich, stachelspitzig, am Grunde verbreitert und hautrandig, 1– 4 cm lang. Blüten zu 1– 3 in den Blattachseln, die 5 bis zum Grunde getrennten, ungleich breiten Blütenhüllblätter am Rükken mit einem Höcker oder Flügel mit starker Mittelrippe. Die 2 Vorblätter länger als die Blüten, starr, eiförmig-dreieckig, mit langem hellem Dorn. Früher zur Sodagewinnung, die jungen Triebe als Gemüse verwendet.
S: Sandküsten, Schuttplätze, auch gelegentlich im Binnenland.
V: Europa, N-Afrika, Kanaren, Asien.
U: *Salsola soda* L.: Pflanze kahl, oft rötlich. Blätter bis weit hinauf gegenständig, halb stielrund und fast stengelumfassend, mit kurzer, weicher Spitze. Vorblätter etwa so lang wie die Blütenhülle (S-Europa, im Süden fehlend, Asien).

Wunderblumengewächse *Nyctaginaceae*
Kermesbeerengewächse *Phytolaccaceae*
Eiskrautgewächse *Aizoaceae*

Kahle Drillingsblume *Bougainvillea glabra* CHOISY *Nyctaginaceae* ■□
Bis 10 m; fast das ganze Jahr über blühend; ♄ □□
B: Holzige, dornige, kahle oder fast kahle Kletterpflanze, Blätter wechselständig, bis 12 mm lang gestielt, zugespitzt eiförmig oder länglich, ganzrandig, bis 6 × 2,5 cm. Blüten 14–24 mm, röhrenförmig mit kurzem, ausgebreitetem, innen cremefarbenem Saum, außen olivgrün, manchmal purpurn überlaufen, fast kahl. Jeweils 3 Blüten von 3 auffälligen, hell- oder dunkelvioletten, zugespitzt breiteiförmigen Hochblättern umgeben und überragt, die auch nach der Blüte an der Pflanze bleiben und den reifen Früchten (im Gebiet kaum ausgebildet) als Flugorgan dienen.
S, V: Häufig als Zierpflanze in vielen Formen kultiviert, Heimat Brasilien.
U: Ähnlich *B. spectabilis* WILLD.: Blätter unterseits dicht behaart. Blüten 18–30 mm, außen purpurn und dicht behaart. Hochblätter oft auch scharlachrot, rosa oder orange, eiförmig, mehr oder weniger behaart.

Kermesbeere *Phytolacca americana* L. (*P. decandra* L.) *Phytolaccaceae* □■
1–3,5 m; Juli – Oktober; ♃, ♄ □□
B: Nur am Grunde verholzte Staude mit gabelig verzweigten, kahlen Stengeln, häufig rot überlaufen. Blätter eiförmig-lanzettlich, ganzrandig, gestielt, 10–40 cm lang. Blüten in 10–15 cm langen, aufrecht abstehenden, zur Fruchtzeit überhängenden Trauben. Blütenhülle einfach, 5zählig, weißlich, 2,5 mm lang. Früchte beerenartig, meist 10rippig, schwarzpurpurn, zum Färben von Wein verwendet. Häufige Anwendung der Wurzel in der Homöopathie. Außer dem Fruchtfleisch alle Pflanzenteile giftig, einschließlich der Samen.
S, V: Als Zierpflanze, früher auch wegen der Beeren (in Weinbaugebieten) kultiviert und eingebürgert. Heimat N-Amerika.
U: *Phytolacca dioica* L: Gebietsweise häufig gepflanzter Baum mit auffällig breitem Stammfuß. Blütentrauben hängend. Heimat S-Amerika.

Kristall-Mittagsblume, Eiskraut *Mesembryanthemum crystallinum* L.
Aizoaceae □□
Bis 80 cm weit kriechend; März – Juli; ☉ ■□
B: Niederliegende verzweigte Pflanze, dicht mit glitzernden, wassergefüllten Zellen besetzt, die an Eiskristalle erinnern. Blätter spatelförmig oder breit eiförmig, flach und etwas gewellt, fleischig, die längsten 6–12 cm. Blüten nahezu sitzend, 2–3 cm im Durchmesser, die zahlreichen, sehr schmalen, weißlichen oder blaßrosa Kronblätter länger als die Kelchblätter. Narben 5. Gelegentlich als Salat, früher zur Sodagewinnung genutzt.
S: Sandstrände, Küstenfelsen, Salzsteppen.
V: Mittelmeergebiet, Kanaren, S-Afrika.
U: *M. nodiflorum* L.: Zu Trockenzeiten rot überlaufen. Blätter walzlich, fleischig, 2–3 cm lang. Blüten bis 1,5 cm breit, die weißlichen bis gelblichen Kronblätter kürzer als die Kelchblätter (Mittelmeergebiet, Kanaren, S-Afrika).

Rote Mittagsblume, Hottentottenfeige *Carpobrotus acinaciformis* (L.) BOLUS
(*Mesembryanthemum acinaciforme* L.) *Aizoaceae* □□
Bis 2 m lang; März – Juli; ♃ □■
B: Niederliegende, dichte Matten bildende Pflanze. Die paarweise am Grunde verbundenen, gebogenen, fleischigen Blätter im Querschnitt spitz dreieckig, in oder über der Mitte am breitesten, plötzlich in eine kurze Spitze verschmälert, an der oberen Kante glatt, 5–8 cm lang. Blüten 10–12 cm im Durchmesser mit zahlreichen, immer leuchtend karminroten Kronblättern und Staubfäden.
S, V: In Küstennähe als Zierpflanze und zur Befestigung von Böschungen und Dünen gepflanzt und eingebürgert. Heimat S-Afrika.
U: Ähnlich *C. edulis* (L.) N. E. BR.: Blätter im Querschnitt gleichmäßig dreieckig, allmählich zur Spitze hin verschmälert und an der oberen Kante fein gesägt, 8–12 cm lang. Blüten 6–9 cm breit, mit hellgelben, gelblichrosa oder hell purpurnen Blütenblättern und gelben Staubfäden.

Nelkengewächse *Caryophyllaceae*

Castelluccio

Silber-Mauermiere *Paronychia argentea* LAM. ■□
5–30 cm lang; April – Juni; ♃ □□
B: Stengel stark verzweigt, niederliegend, die Stengelabschnitte gewöhnlich so lang wie oder länger als die gegenständigen, 4–8 (–20) mm langen, eiförmigen bis lanzettlichen Blätter mit kurz bewimpertem Rand (Lupe!). Nebenblätter häutig. In den Blattachseln gut abgegrenzte, meist über 8 mm breite Blütenknäuel, mit 4–6 mm langen, spitz eiförmigen, silbrigen Tragblättern. Diese verdecken die unscheinbare Blütenhülle aus 5 etwa gleich langen, kurz begrannten, häutig berandeten Kelchblättern.
S: Gefestigte Dünen, Grasfluren, meist auf Sandböden.
V: Mittelmeergebiet, Kanaren, fehlt auf der nördlichen Balkanhalbinsel.
U: Mehrere Arten, z. T. auch in den Gebirgen, weiter verbreitet *P. capitata* (L.) LAM. mit graugrünen, behaarten Blättern. Die auffälligen Blütenknäuel etwa 10 mm breit, mit 6–10 mm langen Tragblättern, die die grünen, nicht hautrandigen, ungleich langen Kelchblätter verdecken.

Farbiges Leimkraut *Silene colorata* POIR. □■
10–50 cm; April – Juni; ⊙ □□
B: Fein behaarte, verzweigte, niederliegende bis aufrechte Pflanze mit sitzenden, gegenständigen, spatelförmigen Blättern. Hochblätter eines Paares gewöhnlich ungleich groß. Blüten mit kräftig rosa oder weißen, tief geteilten Kronblättern, 1–2 cm lang. Griffel 3. Kelch zylindrisch, 11–17 mm, länger als die Blütenstiele, 10nervig, mit stumpfen, dicht gewimperten Zähnen, zur Fruchtzeit breit keulenförmig. Kapsel 7–9 mm, 6zähnig, durch einen 5–7 mm langen Fruchtträger gestielt. Charakteristische, nierenförmige Samen, die auf dem Rücken eine tiefe Rinne zwischen 2 gewellten Flügeln tragen.
S: Sandstrände, Kulturland.
V: Mittelmeergebiet, Kanaren, SW-Asien, fehlt in Frankreich, Korsika, Balearen.
U: Ähnlich und häufig mit voriger Art verwechselt *S. sericea* ALL.: Blüten einzeln, seltener 2 oder 3 an den Zweigenden. Kelch 12–20 mm, mit spitzen Zähnen. Rückenfurche der Samen ohne gewellte Flügel (westliches Mittelmeergebiet).

Kegel-Leimkraut *Silene conica* L. □□
10–50 cm; April – Juli; ⊙ ■□
B: Ganze Pflanze behaart, der aufsteigende oder aufrechte Stengel mit sitzenden, gegenständigen, länglichen bis lineal-lanzettlichen Blättern. 5–30 Blüten mit rosa, seltener weißen Kronblättern, 13–20 mm lang, ausgerandet oder 2spaltig. Griffel 3. Kelch 8–18 mm, deutlich 30nervig, bis auf etwa $1/3$ der Länge mit schmalen, spitzen Zähnen, kegelig bis eiförmig, später kugelig aufgeblasen. Kapsel 6zähnig, 7–12 mm. Mehrere Unterarten.
S: Sandstrände, auch im Binnenland oft auf Sandböden.
V: Mittelmeergebiet, Kanaren, SO-Europa, SW-Asien, selten in Mitteleuropa, fehlt auf den Balearen, Korsika, Sardinien, W-Europa.
U: Vielgestaltige Gattung mit zahlreichen, z. T. kleinräumig verbreiteten Arten. Allein für die Flora Europas wurden 166 Arten beschrieben, von denen nur wenige nicht im Mittelmeergebiet vorkommen.

Dornnelke *Drypis spinosa* L. □□
8–30 cm; Juni – September; ♃ □■
B: Blaßgrüne rasenbildende Pflanze mit reich verzweigten, vierkantigen, spröden Stengeln. Blühende Triebe aufrecht. Blätter gegenständig, sitzend, lanzettlich-pfriemlich, starr und stechend, auf der Oberseite rinnig. Blütenstände doldenförmig zusammengezogen, umgeben von dornig gezähnten Hüllblättern. Blüten klein, mit 5 weißen oder rosa, 2lappigen, lang genagelten Kronblättern. Staubbeutel bläulich. Bei der ssp. *spinosa* Blütenblätter bis zum Grunde 2lappig, Blüten vom Enddorn der äußeren Hüllblätter weit überragt. Bei der ssp. *jacquiniana* MURB. & WETTST. ex MURB. Blütenblätter bis zur Hälfte 2lappig, äußere Hüllblätter mit ihrem Enddorn kaum die Blüten überragend (Abb.).
S, V: Ssp. *spinosa*: Gebirge Mittelitaliens und der Balkanhalbinsel, ssp. *jacquiniana:* Sand- und Felsküsten der nördlichen Adria.

Nelkengewächse *Caryophyllaceae*
Hahnenfußgewächse *Ranunculaceae*

Samt-Felsennelke *Petrorhagia velutina* (GUSS.) P. W. BALL & HEYW.
(*Tunica velutina* (GUSS). FISCH. & MEY.) *Caryophyllaceae* ■□
10–50 cm; März – April; ⊙ □□
B: Stengel aufrecht, meist unverzweigt, in der Mitte drüsig behaart, mit einer Grundrosette aus wenigen, lineal-lanzettlichen Blättern und paarweise stehenden, am Grunde verbundenen, linealen Stengelblättern, deren Blattscheiden wenigstens 2mal so lang sind wie der Stengel breit. Der endständige, köpfchenförmig zusammengezogene Blütenstand von hellbraun trockenhäutigen, eiförmigen, bespitzten Hochblättern umgeben. Kelch zylindrisch, mit 5 sehr kurzen Zähnen. Kronblätter dunkelrosa, mit langem Nagel und waagrecht abstehender, 2lappiger Platte. Samen nicht größer als 1,3 mm, mit zylindrischen Warzen.
S: Gras- und Felsfluren.
V: Mittelmeergebiet, Kanaren.
U: Drüsenlose Stengel und Blattscheiden, die ungefähr so lang sind wie der Stengel breit, haben *P. prolifera* (L.) P. W. BALL & HEYW. (Mittelmeergebiet, Zentraleuropa) und *P. glumacea* (CHAUB. & BORY) P. W. BALL & HEYW., letztere mit stumpfen Hochblättern (Balkanhalbinsel, Kreta).

Gewimperte Nelke *Dianthus ciliatus* GUSS. *Caryophyllaceae* □■
20–60 cm; Juni – Oktober; ♃ □□
B: Polsterbildende Pflanze, die 1–2 mm breiten, zugespitzten, am Rande gewimperten Grundblätter zur Blütezeit teilweise grün. Blütenstengel mehr oder weniger verzweigt, mit 4–13 Blattpaaren, deren Blattscheiden etwa so lang sind wie der Stengel breit. Die 5 rosa Kronblätter lang genagelt, mit ausgebreiteter, gezähnter oder ganzer, 5–10 mm langer Platte. Kelch 15–23 × 3 mm, kahl, unterhalb der Mitte am breitesten, am Grunde mit gewöhnlich 8 halb so langen, eiförmig zugespitzten Außenkelchblättern. 2 Unterarten.
S: Felsfluren, Grasfluren.
V: Adrialänder.
U: Sehr viele, meist auf kleine Gebiete beschränkte Nelken-Arten.

Korsische Nieswurz *Helleborus lividus* AIT. *Ranunculaceae* □□
20–70 cm; November – April; ♃ ■□
B: Kahle kräftige Staude. Alle Blätter stengelständig, überwinternd, mit 3 eiförmig-lanzettlichen Abschnitten. Blattränder bei der ssp. *corsicus* (WILLD.) TUTIN (s. Abb.) dornig gezähnt, bei der ssp. *lividus* entfernt gezähnt oder ganzrandig. Jugendblätter ungeteilt. Blütenstand einseitswendig, mit lanzettlichen Hochblättern und zahlreichen, 5–6 cm breiten Blüten. Blütenhülle 5blättrig, abstehend, grünlichweiß bis rosa. Balgfrüchte mit langem, geradem Schnabel.
S: Wälder und Gebüsche der Bergstufe.
V: Ssp. *corsicus* auf Korsika und Sardinien, ssp. *lividus* auf den Balearen.
U: Weitere Arten, besonders in der Ostmediterraneis, so z. B. *H. cyclophyllus* BOISS.: Blätter nicht ausdauernd, die grundständigen mit 5–9 Abschnitten. Balgfrüchte am Grunde nicht verwachsen, kurz gestielt (Balkanhalbinsel).

Jungfer im Grünen *Nigella damascena* L. *Ranunculaceae* □□
10–50 cm; Mai – Juli; ⊙ □■
B: Blätter der zierlichen, einfachen oder verzweigten Pflanze 2–3fach gefiedert, mit lineal-lanzettlichen, etwa 1 mm breiten Zipfeln. Blüten einzeln, von einem Kranz aus gefiederten Hochblättern umgeben, mit bläulichen, länglicheiförmigen, 1,5–2 cm langen Blütenblättern und 2lippigen, kleinen Honigblättern. Fruchtblätter in ihrer ganzen Länge miteinander verwachsen und eine kugelige, aufgeblasene Frucht bildend.
S: Kulturland, Brachland, auch als Zierpflanze, gelegentlich verwildert.
V: Mittelmeergebiet, Kanaren, SW-Asien.
U: Ähnlich, aber ohne Hochblatthülle, das Getreideunkraut *N. arvensis* L. mit bis zur Hälfte verwachsenen Fruchtblättern (Mittelmeergebiet, SO-Europa, SW-Asien). *N. sativa* L. mit weißlichen Blüten, Fruchtblätter bis zur Spitze miteinander verwachsen, warzig. Wegen der Verwendung als Brotgewürz früher in SO-Europa und Kleinasien vielfach angebaut und eingebürgert (Heimat W-Asien).

Hahnenfußgewächse *Ranunculaceae*

Fremder Rittersporn *Delphinium peregrinum* L. ■□
30–80 cm; Mai – August; ⊙ □□
B: Stengel aufrecht, ganz oder nur an der Basis fein behaart, ästig verzweigt. Blätter 1–2fach handförmig fiederschnittig mit schmalen Abschnitten, oberste Blätter ungeteilt, lineal-lanzettlich. Blüten in dichten Trauben, blauviolett, 1,5–2 cm lang. Äußere Hüllblätter außen fein behaart, das oberste mit einem gewöhnlich aufwärts gerichteten Sporn, der bis 2mal so lang ist wie der freie Teil, innere seitliche Hüllblätter mit eiförmiger Lippe, die allmählich in einen Nagel verschmälert und kahl ist. 3 getrennte, behaarte oder kahle Balgfrüchtchen, die zahlreiche ringsum beschuppte Samen enthalten.
S: Brachland, Kulturland, Felsfluren.
V: Östliches Mittelmeergebiet, westlich bis Italien und Sizilien.
U: Im westlichen Mittelmeergebiet ähnlich *D. halteratum* Sibth. & Sm. und *D. gracile* DC. Bei beiden Arten ist die Lippe der seitlichen inneren Hüllblattabschnitte plötzlich in den Nagel verschmälert. *D. staphisagria* L.: Sporn nur 3–4 mm lang, sackartig. Wenige große Samen in aufgeblasenen Balgfrüchten (Mittelmeergebiet). Weitere, auf kleinere Gebiete beschränkte Arten.

Apennin-Anemone *Anemone apennina* L. □■
5–30 cm; März – April; ♃ □□
B: Grundblätter wie bei unserem heimischen Buschwindröschen 3teilig, die Abschnitte gestielt, tief gelappt und zugespitzt, unterseits behaart. Stengel 1blütig, mit einem Wirtel aus kurz gestielten, den Grundblättern ähnlichen Hochblättern. 8–14 hellblaue oder weiße (var. *albiflora* Strobl), unterseits flaumhaarige Blütenhüllblätter. Staubbeutel blaßgelb oder weiß. Fruchtstand aufrecht.
S: Laubmischwälder, besonders Buchenwälder, auf die Bergstufe beschränkt.
V: S-Europa, westlich bis Korsika.
U: Ebenfalls blau blüht *Anemone blanda* Schott & Kotschy: Blattabschnitte fast sitzend, abgerundet, unterseits kahl. Blütenhüllblätter zahlreicher, kahl. Fruchtstand nickend (SO-Europa, Kleinasien).

Kronen-Anemone *Anemone coronaria* L. □□
10–45 cm; Februar – April; ♃ ■□
B: Grundblätter 3fach geteilt, die Abschnitte gestielt, tief gelappt. Stengel 1blütig, mit 3 sitzenden, fein zerteilten, wirteligen Hochblättern. Blüten 3,5–6,5 cm im Durchmesser, mit 5–8 elliptischen, auf der Unterseite seidig behaarten Blütenhüllblättern, die leuchtend rot, blau, violett oder weiß gefärbt sind. Staubbeutel blau.
S: Kulturland, auch in offenen Garigues.
V: Mittelmeergebiet, häufig als Zierpflanze in den verschiedensten Farbvarietäten z. T. auch in gefüllten Formen kultiviert und verwildert, in Mitteleuropa im Spätwinter oft als Schnittblume angeboten.
U: *A. palmata* L.: Grundblätter rundlich, 3–5fach gelappt, Hochblätter am Grunde verwachsen. 10–15 gelbe Blütenhüllblätter (SW-Europa, N-Afrika).

Stern-Anemone *Anemone hortensis* L. (*A. stellata* Lam.) □□
20–40 cm; Februar – April; ♃ □■
B: Grundblätter meist handförmig 3teilig mit keilförmigen, vorne zerschlitzten Abschnitten. Stengel 1blütig mit einem Wirtel aus sitzenden, meist ungeteilten, lineallanzettlichen Hochblättern. Blütenblätter 12–19 (gewöhnlich 15), schmallanzettlich, mehr oder weniger purpurn. Staubbeutel blau.
S: Kulturland, Garigues.
V: S-Europa von Frankreich bis Jugoslawien und Albanien.
U: *A. pavonina* Lam.: Blütenhüllblätter 7–12, breiter, scharlachrot, rosa oder purpurn, am Grunde oft gelb (lokal von SW-Frankreich bis zur Türkei).

Hahnenfußgewächse *Ranunculaceae*

Brennende Waldrebe *Clematis flammula* L. ■□
3–5 m; Mai – August; ♄ □□
B: Stengel kletternd, am Grunde mehr oder weniger verholzt. Blätter gegenständig, meist 2fach gefiedert, Fiedern lang gestielt, schmallänglich bis fast rundlich, ganzrandig oder bis 3lappig. Blütenstand rispig, die wohlriechenden Blüten etwa 2 cm im Durchmesser, mit 4 weißen, schmalen und stumpfen, nur außen am Rande dicht filzig behaarten Hüllblättern. Früchte mit bis 2 cm langem, fedrig behaartem Schweif.
S: Macchien, Hecken.
V: Mittelmeergebiet.
U: Weitere kletternde weißblütige *Clematis*-Arten im Mittelmeergebiet sind die auch bei uns vorkommende *C. vitalba* L. mit nur einfach gefiederten Blättern und beiderseits weißfilzigen Blütenhüllblättern und die immergrüne *C. cirrhosa* L.: Blüten gelblichweiß, 4–7 cm im Durchmesser, einzeln, glockenförmig nickend, mit 2lippiger Hülle unter der Blüte (Blütezeit Dezember – April).

Italienische Waldrebe *Clematis viticella* L. □■
3–4 m; Juni – August; ♄ □□
B: Am Grunde verholzte, mit Stengeln und Blättern rankende, sommergrüne Pflanze. Blätter gegenständig, langgestielt, unpaarig gefiedert, Fiedern mit 3 eiförmigen oder 3gelappten Blättchen oder ungeteilt. Die duftenden, 4 cm breiten Blüten meist einzeln an langen Stielen in den Blattachseln, 4 abstehende, vorne breite, blauviolette Blütenhüllblätter. Früchtchen ohne Haarschweif, nur mit kurzem gebogenem, kahlem Griffelrest.
S: Gebüsche, Hecken, feuchte Laubwälder, auch als Zierpflanze.
V: Apenninhalbinsel, Balkanhalbinsel, SW-Asien, sonst aus Kulturen verwildert und eingebürgert.
U: In S-Spanien und Portugal die ähnliche Art *C. campaniflora* Brot.: Blüten blaßviolett, glockenförmig. Fruchtgriffel behaart, verlängert.

Herbst-Adonisröschen *Adonis annua* L. (*A. autumnalis* L.) □□
15–60 cm; April – Juni; ⊙ ■□
B: Stengel aufrecht, verzweigt, mit 3–4fach fiederteiligen, stengelständigen Blättern, die unteren gestielt, die oberen sitzend, ihre Abschnitte schmallineal, spitz. Blüten einzeln, 1,5–3 cm breit, mit 6–10 blutroten, breitovalen, ganzrandigen oder an der Spitze gezähnelten, am Grunde dunkel gefleckten Kronblättern. Kelchblätter 5, etwas kürzer, abstehend oder zurückgebogen, hinfällig. Schiefeiförmige, runzelige, 3,5–5 mm große Früchtchen ohne Höcker am oberen Rand, in eiförmig-länglichen, 1,5–1,8 cm langen Fruchtständen.
S: Kulturland, Brachland.
V: Mittelmeergebiet, SW-Asien, weiter nördlich gelegentlich eingebürgert.
U: *A. microcarpa* DC.: Sehr ähnlich, aber Blüten nur 1 cm breit, Kronblätter rot oder gelb, doppelt so lang wie die Kelchblätter (Mittelmeergebiet, Kanaren). Bis nach Mitteleuropa reicht *A. flammea* Jacq., meist mit behaarten Kelchblättern.

Asiatischer Hahnenfuß *Ranunculus asiaticus* L. □□
10–30 cm; Februar – Mai; ♃ □■
B: Sehr attraktive Hahnenfußart mit aufrechtem, behaartem, einfachem oder schwach verzweigtem Stengel. Grundblätter lang gestielt, gekerbt-gesägt, äußere ungeteilt oder 3lappig, innere 3teilig mit keilförmigen Abschnitten. Abschnitte der Stengelblätter lineal. Blüten einzeln, 3–6 cm im Durchmesser, mit 5 abstehenden oder zurückgeschlagenen Kelchblättern (Unterschied zu *Anemone coronaria* L.) und 5 karminroten, auch weißen, gelben oder purpurnen Kronblättern, Blütenboden kahl. Fruchtstand zylindrisch, 2–4 cm. Zusammengedrückte, eiförmig-rundliche Früchtchen, 2–3 mm, mit langem, hakenförmigem Schnabel.
S: Felsfluren, Kulturland, Macchien, lichte Wälder, als Zierpflanze auch in gefüllten Formen kultiviert.
V: Östliches Mittelmeergebiet, westlich bis Kreta, SW-Asien, N-Afrika.

Hahnenfußgewächse *Ranunculaceae*
Pfingstrosengewächse *Paeoniaceae*
Lorbeergewächse *Lauraceae*

Stachelfrüchtiger Hahnenfuß *Ranunculus muricatus* L. *Ranunculaceae*
10–50 cm; April – Mai; ☉
B: Verzweigte, fast kahle Hahnenfußart. Untere Blätter lang gestielt, rundlich-nierenförmig, tief grob gekerbt, oft 3teilig gelappt, obere kurz gestielt, länglich. Blüten 1–1,5 cm im Durchmesser, die 5 gelben Kronblätter etwas länger als die 5 zurückgebogenen Kelchblätter. Fruchtköpfchen kugelig, im Ganzen abfallend. Früchtchen 7–8 mm, eiförmig, zusammengedrückt, mit 2–3 mm langem Schnabel und glattem, breitem Rand, die Flächen stachelig-warzig.
S: Feuchte Standorte: Gräben, Kulturland, Wegränder.
V: Mittelmeergebiet, Kanaren, SW-Asien.
U: *R. parviflorus* L.: Blüten der behaarten Pflanze 3–6 mm breit. Früchtchen 3 mm, mit kurzem, gekrümmtem Schnabel (S- und W-Europa, N-Afrika).

Blasiger Hahnenfuß *Ranunculus bullatus* L. *Ranunculaceae*
5–20 cm; September – Februar; ♃
B: Blätter dieses Herbstblühers alle grundständig und waagrecht abstehend, breiteiförmig, gekerbt, mehr oder weniger nach oben gewölbt, „aufgeblasen", unterseits rauhhaarig. 1 oder 2 ziemlich große, etwa 2,5 cm im Durchmesser, wohlriechende Blüten auf blattlosem, behaartem, 5–20 cm hohem Stengel. Blütenblätter 5–12, leuchtend gelb, die 5 Kelchblätter grünlich, behaart. Blütenboden kahl, Früchtchen aufgeblasen eiförmig, mit kurzem, gebogenem Schnabel.
S: Felsfluren, Macchien, Baumkulturen.
V: Lokal im Mittelmeergebiet verbreitet, östlich bis Zypern.
U: Die meisten weiteren Hahnenfußarten sind auf kleinere Gebiete beschränkt, im östlichen Mittelmeergebiet u. a. *R. millefoliatus* VAHL mit fein zerteilten, schafgarbenähnlichen Blättern.

Großblättrige Pfingstrose *Paeonia mascula* (L.) MILL.
(*P. corallina* RETZ.) *Paeoniaceae*
60–90 cm; März – Juni; ♃
B: Stengel aufrecht, mit sehr großen, doppelt 3teiligen Blättern. Einige Fiedern manchmal noch weiter geteilt, insgesamt 9–16, länglich-lanzettlich oder eiförmig bis breitelliptisch, 5–10 cm breit, ganzrandig, oberseits dunkelgrün glänzend, unterseits hellgrün. Blüten einzeln, 8–14 cm im Durchmesser, mit 5–8 roten Kronblättern. Gewöhnlich 3–5 filzig behaarte, 2,5–4 cm lange Balgfrüchte. 3 Unterarten in S-Europa.
S: Laubwälder, Gebüsche, in der Bergstufe.
V: S-Europa von Frankreich, Korsika, Sardinien östl. bis Palästina, NW-Afrika.
U: *P. officinalis* L.: Untere Blätter mit 17–30 schmalelliptischen bis lanzettlichen Abschnitten, Blattstiel auf der Oberseite tief gekielt. 2–3 Balgfrüchte, weißfilzig bis verkahlend (S-Europa). *P. peregrina* MILL.: 17–30 Blattfiedern, oberseits entlang der Hauptnerven mit winzigen Borsten, Endfiedern kurz, breit 3eckig, zu 1/5 oder 1/6 eingeschnitten gesägt (östliches Mittelmeergebiet, westlich bis Italien). Weiße Blüten haben die beiden endemischen Arten *P. rhodia* W. T. STEARN (Rhodos) und *P. clusii* F. C. STERN (Kreta, Karpathos).

Lorbeerbaum *Laurus nobilis* L. *Lauraceae*
2–20 m; März – April; ♄
B: Immergrüner Baum oder Strauch, die wechselständigen, ledrigen und kahlen Blätter 5–10 × 2–4 cm, länglich-lanzettlich, an beiden Enden zugespitzt und am Rand schwach gewellt. Blüten 2häusig, mit kleiner gelblicher, 4blättriger, am Grunde verwachsener Blütenhülle zu 4–6 in rispigen Blütenständen in den Blattachseln. Frucht eine 1–1,5 cm große, zur Reifezeit schwarze Steinfrucht (Lorbeere). Seit dem Altertum verehrt und zu Siegeskränzen verwendet, haben die Blätter heute vor allem als Küchengewürz Bedeutung. Einziger europäischer Vertreter der im Tertiär auch bei uns weiter verbreiteten tropischen Familie der Lorbeergewächse.
S: Schattige und feuchte Wälder in Küstennähe, auch als Zier- und Gewürzbaum.
V: Mittelmeergebiet, im Westen seltener.

Mohngewächse *Papaveraceae*

Gelber Hornmohn *Glaucium flavum* Crantz ■□
20–90 cm; April – September; ♃, ⊙ □□
B: Graugrüne, spärlich behaarte Pflanze mit gelbem Milchsaft. Stengel aufrecht oder aufsteigend, reich verzweigt. Grundblätter gestielt, 15–35 cm lang, leierförmig fiederspaltig, mit gezähnten oder gelappten Abschnitten, Stengelblätter kleiner, die oberen eiförmig und gelappt, stengelumfassend. Blüten einzeln, end- oder achselständig, gestielt, mit 4 gelben 3–4 cm großen Kronblättern, die beiden Kelchblätter mehr oder weniger behaart. 15–30 cm lange, oft hornförmig gebogene, glatte oder knotig-rauhe Schoten.
S: Sandige und steinige Küsten, Schuttplätze, Wegränder.
V: Mittelmeer-, Schwarzmeer- und Atlantikküste, seltener Nordseeküste, Kanaren. Im Binnenland, auch in Mitteleuropa, verschleppt.
U: Ähnlich *G. leiocarpum* Boiss: Kronblätter dunkelgelb. Schoten nicht länger als 10 cm und zwischen den Samen leicht eingeschnürt (östliches Mittelmeergebiet). Auf Schuttplätzen gelegentlich die distelartige, aus Amerika eingebürgerte *Argemone mexicana* L.: Kronblätter 2–3 cm, blaßgelb bis orange. Früchte keine Schoten, sondern dornige, elliptische Kapseln (Mittelmeergebiet, Kanaren).

Roter Hornmohn *Glaucium corniculatum* (L.) Rudolph □■
20–40 cm; April – Juni; ⊙, ⊙ □□
B: Pflanze mit gelbem Milchsaft. Stengel aufrecht oder aufsteigend, wenig verzweigt, abstehend behaart. Blätter tief fiederschnittig mit entfernt gezähnten Abschnitten, untere gestielt, bis 25 cm lang, obere sitzend und kleiner, Blüten einzeln, mehr oder weniger gestielt in den Blattachseln oder endständig, die 4 Kronblätter bis 3 cm lang, scharlachrot oder orangegelb, am Grunde meist mit dunklem, hell umrandetem Fleck. 2 behaarte, bald abfallende Kelchblätter. Frucht eine bis 20 cm lange, lineale, angedrückt oder abstehend borstig behaarte und fast gerade Schote.
S: Kulturland, Brachland.
V: Mittelmeergebiet, SO-Europa, SW-Asien, Kanaren, in Mitteleuropa gelegentlich eingebürgert.

Niederliegende Lappenblume *Hypecoum procumbens* L. □□
5–15 cm; März – Juni; ⊙ ■□
B: Graugrüne, kahle Pflanze mit ausgebreiteten, gerieften Stengeln. Blätter sehr fein, 2–3fach gefiedert, mit linealen bis lanzettlichen Abschnitten. Blüten bis 1,5 cm im Durchmesser, trugdoldig angeordnet, mit 4 gelben dreizipfeligen Kronblättern, die seitlichen Zipfel der zwei äußeren, größeren Kronblätter kürzer als der mittlere. Früchte 4–6 cm lange, aufrechte, gebogene und gegliederte Schoten.
S: Kulturland, Brachland, auf Sand, meist in Küstennähe.
V: Mittelmeergebiet.
U: Ähnlich *Hypecoum imberbe* Sibth. & Sm. mit aufsteigendem bis aufrechtem Stengel. Seitenzipfel der beiden äußeren, orangegelben Kronblätter so lang oder länger als die mittleren (S-Europa, SW-Asien). *H. pendulum* L. mit glattem Stengel. Kronblätter blaßgelb, die äußeren ganzrandig. Früchte hängend (Mittelmeergebiet, SW-Asien).

Rankender Erdrauch *Fumaria capreolata* L. □□
0,2–1 m; Mai – September; ⊙ □■
B: Kahle, blaugrüne, schlaffe Pflanze, mit niederliegendem bis aufrechtem, zum Teil kletterndem Stengel. Blätter gestielt, doppelt gefiedert, die Endabschnitte länglich oder eiförmig, meist unregelmäßig gekerbt. Bis 20blütige lockere Trauben, die kürzer sind als ihr Stiel. Kronblätter vier, 10–14 mm lang, weißlich oder rosa, vorne dunkelpurpurrot, das obere gespornt. Die beiden hinfälligen Kelchblätter stumpf oder wenig spitz, mehr oder weniger gezähnt, 4–6 × 2–3 mm. Kugelige, auch getrocknet glatte, 2 mm große Früchte an zurückgebogenen Stielen.
S: Kulturland, Schuttplätze, Mauern.
V: Mittelmeergebiet, W-Europa, selten und unbeständig in Mitteleuropa.
U: Ähnlich *F. flabellata* Gaspar.: Trauben 10–30blütig, die so lang wie oder länger sind als ihr Stiel. Die trockenen Früchte dicht warzig (S-Europa von den Balearen bis Kreta, NW-Afrika, Kanaren).

Kaperngewächse *Capparidaceae*
Kreuzblütler *Brassicaceae (Cruciferae)*

Kapernstrauch *Capparis ovata* Desf. *Capparidaceae* ■□
0,3–1 m; April – September; ♄ □□
B: Niederliegender Strauch mit langen, auf dem Boden ausgebreiteten, häufig auch von Mauern herabhängenden Zweigen. Wechselständige, etwas fleischige, manchmal behaarte, gestielte Blätter, länglich bis elliptisch, spitz oder zugespitzt, gewöhnlich mit einer deutlichen, kleinen Stachelspitze, am Grunde mit 2 Nebenblattdornen. In den Blattachseln einzelne, langgestielte, 4–5 cm breite Blüten. 4 Kelchblätter und 4 weiße Kronblätter, die unteren länger als die oberen. Zahlreiche violette oder weiße Staubfäden und ein langgestielter, herausragender Fruchtknoten. Kapern sind die in Essig eingelegten Blütenknospen.
S: Felsen und Mauern, häufig auch kultiviert.
V: Mittelmeergebiet, SW-Asien.
U: Ähnlich *C. spinosa* L. mit kahlen, mehr rundlichen, an der Spitze z. T. eingebuchteten Blättern, meist ohne Stachelspitze. Blüten 5–7 cm groß, die Kronblätter fast gleich (Mittelmeergebiet).

Flügel-Zackenschötchen, Zackensenf *Bunias erucago* L. *Brassicaceae* □■
30–60 cm; Mai – Juli; ⊙, ⊙ □□
B: Stengel aufrecht, ästig, mit Drüsenhöckern, im unteren Teil rauhhaarig. Untere Blätter schrotsägeförmig, obere lineal-lanzettlich, ganzrandig oder gezähnt. Blüten in lockeren, armblütigen Trauben, auf drüsigem Stiel, mit 4 gelben, 8–13 mm langen Kronblättern. Die charakteristischen Früchte 10–12 mm, drüsig, geschnäbelt und mit je 2 dreieckig gezackten Flügeln an den 4 Kanten.
S: Kulturland, Schuttplätze, Wegränder.
V: S-Europa, NW-Afrika, W-Anatolien. In Mitteleuropa selten eingeschleppt.

Strand-Levkoje *Matthiola sinuata* (L.) R. Br. *Brassicaceae* □□
8–60 cm; Mai – September; meist ⊙ ■□
B: Dicht weißfilzig-wollige, am Grunde verholzte Strandpflanze. Grundblätter buchtig gezähnt bis fiederspaltig, mit länglichen, abgerundeten Lappen, obere Stengelblätter ganzrandig. Blüten in lockeren Trauben, die unteren zur Fruchtzeit 4–15 mm lang gestielt, die 4 Kronblätter bis 25 mm lang und 8 mm breit, blaßviolett. Kelchblätter aufrecht, 8–12 mm, die seitlichen sackförmig ausgebuchtet. Schoten 5–15 cm lang, bis 5 mm breit, aufrecht-abstehend, mit auffälligen, großen gestielten gelben oder schwarzen Drüsen, am Ende ohne deutliche Hörner.
S: Sandstrände, auch an Felsküsten.
V: S- und W-Europa, NW-Afrika.
U: Ähnlich die früher im Jahr blühende, ausdauernde *M. incana* (L.) R. Br. mit weißfilzigen bis fast kahlen, meist ganzrandigen, schmal-lanzettlichen Blättern. Die drüsenlosen, sternhaarigen Schoten ebenfalls ohne deutliche Hörner (Mittelmeergebiet, W-Europa, auch als Zierpflanze).

Trübe Levkoje *Matthiola fruticulosa* (L.) Maire (*M. tristis* R. Br.)
Brassicaceae □□
5–60 cm; April – Juli; ♃, ♄ □■
B: Graufilzig bis spärlich behaarte, an der Basis verholzte Pflanze. Am Grunde meist eine Rosette aus linealischen, fiederspaltigen oder ungeteilten Blättern. Blüten ganz oder fast sitzend in lockeren Trauben, die 4 Kronblätter länglich, gewellt, 12–28 mm lang, violett, rostfarben oder gelblich. Kelchblätter aufrecht, 6–14 mm lang, die seitlichen sackförmig ausgebuchtet. Kurz gestielte, 2,5–12 cm lange und 1–3 mm breite, zylindrische, drüsenlose oder drüsig behaarte Schoten, am Ende zum Teil mit 2–3 mm langen geraden Hörnern. Vielgestaltige Art mit mehreren Unterarten.
S: Garigues, Felsfluren, auch auf Sandböden.
V: Mittelmeergebiet, Kanaren.
U: *M. longipetala* (Vent.) DC.: Sehr ähnlich, aber meist 1jährig, formenreich. Am Schotenende zwei 2–10 mm lange Hörner und ein viel kürzeres (östliches Mittelmeergebiet, N-Afrika). Ebenfalls 1jährig ist *M. tricuspidata* (L.) R. Br., kenntlich an den 3 gleich langen Hörnern, alle über 2 mm (Mittelmeergebiet).

Goldlack *Cheiranthus cheiri* L. ■□
20–80 cm; März – Juni; ♃ □□
B: Aufrecht verzweigter Halbstrauch. Blätter länglich-lanzettlich, ganzrandig oder schwach gezähnt, die unteren allmählich in einen Stiel verschmälert und einander genähert, die oberen sitzend, alle besonders auf der Unterseite mit angedrückten, 2schenkeligen Haaren. Nach Veilchen duftende, goldgelbe, bei Kultursorten auch orangefarbene bis rote oder braune Blüten in dichter Traube. Die 4 Kronblätter 1,5–2,5 cm lang, vorne gestutzt oder ausgerandet und plötzlich in einen langen Nagel zusammengezogen. Narbe tief 2lappig, spreizend. Kelchblätter aufrecht, 9–11 mm, die seitlichen sackförmig ausgebuchtet. Schoten auf 5–15 mm langen, aufrecht-abstehenden Stielen, 2,5–7,5 cm lang und 2–4 mm breit, zusammengedrückt. Im Altertum zum Schmücken von Altären und Weingefäßen, als Heilpflanze mit herzwirksamen Glykosiden heute wieder in einigen Arzneimitteln enthalten.
S: Felsspalten, alte Mauern.
V: Ursprünglich in S-Griechenland und der S-Ägäis, weit verbreitet in vielen Sorten kultiviert und von alters her verwildert und eingebürgert.

Frühlings-Gänsekresse *Arabis verna* (L.) R. Br. □■
5–40 cm; März – Mai; ⊙ □□
B: Kleine Pflanze mit Grundrosette aus ovalen, grob gesägten, in einen kurzen Stiel verschmälerten Blättern. Stengel einzeln oder zu mehreren meist unverzweigt, mit gewöhnlich nur 1–2 am Grunde herzförmigen Blättern. Wenige (1–10) Blüten mit 4 violetten, am Grunde gelblichen oder weißen, 5–8 mm langen Kronblättern. Blütenstiel kürzer als der abstehend behaarte Kelch. Schoten aufrecht-abstehend, 4,5–6 cm lang und bis 2 mm breit.
S: Schattige Felsfluren, Brachland, Grasfluren, bis in die Bergstufe.
V: Mittelmeergebiet.

Blaukissen *Aubrieta columnae* Guss. □□
5–20 cm; April – Juni; ♃ ■□
B: Rasen bis dichte Polster bildende, dünnstengelige, zierliche Pflanze. Blätter je nach Unterart breit verkehrteiförmig oder spatelförmig, ganzrandig oder mit 2 (–4) Zähnen, von den Blütentrauben nur wenig überragt. Blüten mit vier 11–18 mm langen, rotvioletten, lang genagelten Kronblättern, die Kelchblätter aufrecht, zusammenschließend, die seitlichen gesackt. Früchte nur mit Sternhaaren, gewöhnlich netznervig, 5–16 × 2–4,5 mm, 4mal so lang wie breit, Griffel 3–10 mm. 3 Unterarten, abgebildet ist die ssp. *italica* (Boiss.) Mattf. vom Monte Gargano.
S: Felsspalten, Mauern.
V: Zentral- und S-Italien, Kroatien bis Montenegro, Südkarpaten.
U: *A. deltoidea* (L.) DC.: Blätter von den Blütentrauben weit überragt. Kronblätter 12–28 mm lang. Früchte mit Sternhaaren und langen unverzweigten Haaren (Sizilien bis W-Anatolien, in S- und W-Europa eingebürgert). Gartenformen mit Mischung der Merkmale beider Arten.

Strandkresse, Weißes Schildkraut *Lobularia maritima* (L.) Desv. □□
10–40 cm; April – September, auch im Winter; ♃ □■
B: Sehr häufige Art mit aufsteigenden oder aufrechten, am Grunde vielfach verzweigten Ästen. Blätter schmal, lineal-lanzettlich, 2–3 mm breit, zugespitzt oder stumpf, durch angedrückte Gabelhaare mehr oder weniger graugrün. Die weißen oder schwach rosafarbigen, nach Honig duftenden Blüten in Trauben, die sich während der Fruchtzeit stark verlängern. Die 4 Kronblätter etwa 3 mm lang, abgerundet, Kelchblätter abstehend. Schötchen 2–3,5 mm lang, eiförmig-spitz, jedes der 2 Fächer mit einem scharf schmeckenden Samen.
S: Fels- und Sandküsten, Wegränder, Felder, Mauern.
V: Mittelmeergebiet, Kanaren, auch in Mitteleuropa als 1jährige Rabattenpflanze kultiviert und gelegentlich verwildert.
U: *L. libyca* (Viv.) Webb & Berth.: Ähnlich, aber 1jährig. Schötchen 3–7 mm, jedes Fach mit 4–5 Samen (Südliches Mittelmeergebiet, Kanaren).

Kreuzblütler *Brassicaceae (Cruciferae)*
Resedengewächse *Resedaceae*

Einjähriges Brillenschötchen *Biscutella didyma* L. (*B. apula* L.)
Brassicaceae ■□
10–60 cm; Februar – Mai; ⊙ □□
B: Der abstehend behaarte, einfache oder verzweigte Stengel beblättert und am Grunde meist mit einer Rosette aus verkehrteiförmig keilförmigen, gezähnten, bis 2,5 cm langen Blättern. Blütentrauben dicht, die 4zähligen Blüten an aufrecht-abstehenden Stielen, mit 4 mm langen, zum Grunde allmählich verschmälerten, nicht geöhrten Kronblättern und 2 mm langen Kelchblättern. Schötchen brillenförmig, 4,5–7 × 9–12,5 mm, bei der Reife in 2 einsamige, fast kreisrunde, am Rande behaarte Hälften zerfallend.
S: Felsfluren, offene Grasfluren, Garigues.
V: Mittelmeergebiet, östlich bis in den Iran, fehlt in Spanien, Frankreich und auf den Balearen.
U: Einjährig sind auch die nur 15–30 cm hohe *B. eriocarpa* DC. mit 4 × 6–8 mm großen Schötchen und *B. lyrata* L., deren dichte Grundrosette aus leierförmig gefiederten Blättern mit breiteiförmigem Endabschnitt besteht. Pflanze 10–60 cm hoch (beide Arten zentrales Mittelmeergebiet). Außerdem eine Vielzahl ausdauernder Arten, vorwiegend in höheren Lagen der Westmediterraneis.

Acker-Moricandie *Moricandia arvensis* (L.) DC. *Brassicaceae* □■
20–60 cm; März – Juni; ⊙ bis ♃ □□
B: Kahle, aufrechte und verzweigte, vielgestaltige Pflanze mit blaugrünen, etwas fleischigen Blättern, die unteren verkehrt-eiförmig, geschweift gezähnt, die oberen ganzrandig, mit breitem herzförmigen Grund stengelumfassend. 10–20 (–25) Blüten in langer Traube, die 4 Kronblätter etwa 2 cm lang, violett. Schoten 3–8 cm lang und 2–3 mm schmal, zusammengedrückt vierkantig, Fruchtklappen mit einem deutlichen Nerv. Samen etwa 1 mm groß, zweireihig angeordnet.
S: Brachland, Wegränder, Felsen, vor allem auf Kalk.
V: S-Europa, NW-Afrika, Kanaren.
U: *M. moricandioides* (Boiss.) Heyw. mit reichblütigeren Trauben und *M. foetida* Bourgeau ex Cosson mit vom Grunde an reich verzweigtem Stengel (beide S-Spanien).

Europäischer Meersenf *Cakile maritima* Scop. *Brassicaceae* □□
15–60 cm; Mai – Oktober; ⊙ ■□
B: Stengel stark ästig verzweigt, niederliegend oder aufsteigend. Blätter kahl und graugrün, fleischig, sehr unterschiedlich, ungeteilt bis fiederschnittig. Die duftenden 4zähligen Blüten mit 4–14 mm langen, violetten, seltener weißen, genagelten Kronblättern in tragblattlosen, zur Fruchtzeit verlängerten Trauben. Früchte fast waagerecht abstehend, 1–2,5 cm lang, an kurzen dicken Stielen, zweigliedrig, in jedem Abschnitt ein Same. Unterer Abschnitt am Ende mit zwei deutlichen seitlichen Vorsprüngen, die der Frucht ein spießförmiges Aussehen verleihen. 4 Unterarten in Europa, fast im ganzen Mittelmeergebiet die ssp. *aegyptiaca* (Willd) Nym.
S: Spülsäume der Meere.
V: Küsten des Mittelmeergebietes, W- und N-Europas, Kanaren, SW-Asien.

Weiße Resede *Reseda alba* L. *Resedaceae* □□
30–90 cm; April – September; ⊙, ⊙ oder ♃ □■
B: Stengel der aufrechten, im oberen Teil oft ästigen Pflanze bis zum Blütenstand beblättert. Blätter etwas graugrün, kammartig fiederschnittig, mit 5–15 am Rande rauhen Lappen auf jeder Seite. Blüten in reichblütigen, dichten Trauben, 5 (6)zählig, Kronblätter weiß, bis 6 mm, länger als die lanzettlichen Kelchblätter, am Ende in 3 schmale Zipfel zerteilt, die seitlichen oft noch weiter geteilt. Staubfäden bis zur Fruchtreife ausdauernd, Fruchtblätter 4. Kapsel 8–15 mm, länglich-elliptisch, vierkantig, aufrecht.
S: Wegränder, Schuttplätze, Ruinen.
V: Mittelmeergebiet, SW-Asien, in Mitteleuropa gelegentlich als Zierpflanze kultiviert und verwildert. Weitere, meist kleinräumig verbreitete Arten, besonders im westlichen Mittelmeergebiet.

Dickblattgewächse *Crassulaceae*
Klebsamengewächse *Pittosporaceae*
Platanengewächse *Platanaceae*

Hängendes Nabelkraut, Venusnabel *Umbilicus rupestris* (SALISB.) DANDY (*U. pendulinus* DC.) *Crassulaceae* ■□ □□
10–50 cm; Mai – Juli; ♃
B: Grundblätter schildförmig, fleischig, am Stielansatz oben nabelförmig eingesenkt, gekerbt. Stengelblätter nach oben zu kleiner werdend, nierenförmig bis lineal. Der einzige, aufrechte Stengel mehr als zur Hälfte der Länge dicht mit Blüten besetzt, manchmal am Grunde verzweigt. Blüten 3–9 mm lang gestielt, hängend, Kronblätter 6–10 mm, grünlichweiß, gelb oder rosa, auch gefleckt, verwachsen, Röhre etwa 4mal so lang wie die eiförmigen, stachelspitzigen Kronzipfel.
S: Schattige Felsspalten, Mauern.
V: Mittelmeergebiet, W-Europa.
U: *U. horizontalis* (GUSS.) DC.: Stengel nicht mehr als zur Hälfte mit Blüten besetzt, diese waagerecht, fast sitzend, etwas schmaler und kürzer. Kronzipfel lanzettlich, zugespitzt (Mittelmeergebiet, Kanaren, fehlt Frankreich, Korsika).

Nizza-Fetthenne *Sedum sediforme* (JACQ.) PAU (*S. nicaeense* ALL.) *Crassulaceae* □■ □□
15–60 cm; Mai – August; ♃
B: Kräftige, am Grunde verholzte Fetthennen-Art. Blätter fleischig, länglich, auf der Oberseite abgeflacht, etwa 4 mm breit und 1–2 cm lang, mit feiner Spitze und kurz gespornt, an nichtblühenden Sprossen dicht dachziegelig. Blütentriebe aufrecht, mit entfernten Blättern, der Blütenstand aufrecht, zuerst fast kugelig, zur Fruchtzeit konkav. Zahlreiche sehr kurz gestielte Blüten mit 5–8 ausgebreiteten, grünlichweißen oder strohfarbenen 4–7 mm langen Kronblättern. Kelchblätter 2,5 mm, kahl. Früchte aufrecht.
S: Felsfluren, Garigues.
V: Mittelmeergebiet.
U: *S. ochroleucum* CHAIX: Ähnlich, aber nur 15 – 30 cm hoch. Blätter deutlich gespornt. Kelchblätter 5–7 mm, drüsig behaart (S-Europa, Kleinasien).

Pechsamenstrauch, Chinesischer Klebsame *Pittosporum tobira* (THUNB.) AIT. f. *Pittosporaceae* □□ ■□
2–3 m; März – August; ♄
B: Immergrüner Strauch, die ledrigen, dunkelgrün glänzenden Blätter verkehrteiförmig, in einen Stiel verschmälert, etwa 5 × 3 cm, kahl und am Rande etwas nach unten gebogen, gehäuft an den Zweigenden sitzend. Stark duftende Blüten in endständigen Doldentrauben, die 5 stumpflichen Blütenblätter zunächst weiß, später gelblich, etwa 1 cm lang. Frucht eine ledrige, gelblichbraune Kapsel, die Samen in eine klebrige Flüssigkeit gebettet.
S, V: Als Zierstrauch im Mittelmeergebiet häufig gepflanzt, Heimat China, Japan.
U: Kultiviert wird auch *P. undulatum* VENT., Baum mit lanzettlichen, kahlen, am Rand gewellten Blättern und mit spitzen Blütenblättern (Heimat Australien).

Morgenländische Platane *Platanus orientalis* L. *Platanaceae* □□ □■
Bis 30 m; April – Mai; ♄
B: Sommergrüner, einhäusiger Baum mit plattig abspringender Borke. Blätter lang gestielt, am Grunde meist keilförmig, bis über die Mitte 5–7fach handförmig gelappt, der Mittelabschnitt viel länger als an der Basis breit, insgesamt buchtig gezähnt, seltener ganzrandig. Blüten 4zählig, die weiblichen purpurrot, in dichten kugeligen Köpfchen, jeweils 3–6 an einer hängenden Achse.
S: Auenwälder, Flußufer, als Zier- und Schattenbaum gepflanzt.
V: Östliches Mittelmeergebiet bis zum Himalaya, westlich bis Jugoslawien.
U: *Platanus hybrida* BROT.: Blätter am Grunde gestutzt bis schwach herzförmig, bis höchstens zur Mitte 3–5lappig, Mittellappen nur wenig länger als am Grunde breit. Blütenköpfchen meist zu 2. Herkunft unbekannt, als Bastard zwischen *P. orientalis* und der früher öfter kultivierten nordamerikanischen *P. occidentalis* L. oder als Kulturform der ersteren angesehen. Widerstandsfähiger gegen Frost und daher bevorzugt auch in Mitteleuropa gepflanzt.

Rosengewächse *Rosaceae*

Immergrüne Rose *Rosa sempervirens* L. ■□
5–10 m; Mai – Juni; ♄ □□
B: Kletternde, immergrüne Rose. Stacheln zerstreut, leicht gebogen und an der Basis herablaufend. Blätter kahl, ledrig und glänzend, meist 5zählig gefiedert, die Blättchen scharf gesägt, eiförmig-lanzettlich, besonders das Endblättchen lang zugespitzt. Je Blütenstand 3–7 Blüten mit fünf 1–2 cm langen, weißen Kronblättern, die Griffel zu einer meist behaarten Griffelsäule verwachsen. Kelchblätter eiförmig mit langer, aufgesetzter Spitze, gewöhnlich ganzrandig, wie die langen Blütenstiele mit Stieldrüsen besetzt. Scheinfrucht oval oder kugelig, rot, etwa 1 cm groß.
S: Macchien, lichte Wälder, Hecken.
V: Mittelmeergebiet, hier die einzige weit verbreitete Art.

Dornige Bibernelle *Sarcopoterium spinosum* (L.) SPACH
(*Poterium spinosum* L.) □■
30–60 cm; März – Mai; ♄ □□
B: Niedriger, stark verzweigter Kugelbusch mit jung dicht graufilzigen Zweigen und blattlosen, winkelig verzweigten, dornigen Seitentrieben. Blätter unpaarig gefiedert, mit 9–15 schmalen, oft fein gesägten, unterseits dicht behaarten Blättchen, die bald abfallen. Blüten ohne Kronblätter in kugeligen oder länglichen, bis 3 cm großen Köpfchen, die oberen meist weiblich mit auffallenden, roten fedrigen Narben, die unteren männlich mit 10–30 langen, gelben Staubblättern. Rötliche beerenartige Früchte.
S: Garigues, oft große Bestände bildend.
V: Östliches Mittelmeergebiet, westlich bis Sardinien.

Mandelblättrige Birne *Pyrus amygdaliformis* VILL. □□
1–6 m; April – Mai; ♄ ■□
B: Sommergrüner Strauch oder kleiner Baum, sparrig verzweigt und häufig dornig, junge Triebe behaart. Blätter bis 2–5 cm lang gestielt, 2,5–8 × 1–3 cm, schmallanzettlich bis verkehrteiförmig, ganzrandig oder zur Spitze hin undeutlich gezähnt, in der Jugend behaart, später unterseits verkahlend und fein warzig. Blüten doldig zu 8–12 an filzig behaarten Stielen, mit je 5 elliptischen, an der Spitze gewöhnlich ausgerandeten, 7–8 mm langen Kronblättern. Früchte kugelig, 1,5–3 cm, gelbbraun, an ebenso langen kräftigen Stielen, mit bleibendem Kelch.
S: Offene Wälder, Gebüsche, Felsfluren.
V: S-Europa, Kleinasien.

Japanische Mispel, Wollmispel *Eriobotrya japonica* (THUNB.) LINDLEY □□
2–10 m; Oktober – Februar; ♄ □■
B: Kleiner immergrüner Baum. Blätter kurz gestielt, länglich-lanzettlich mit grob gezähntem Rand und kräftiger Nervatur, dunkelgrün und glänzend auf der Oberseite, bräunlich oder gelbwollig-filzig auf der Unterseite, 12–25 cm lang. Blüten etwa 1 cm im Durchmesser, gelblichweiß, 5zählig, duftend, in braun behaarten, dichten rispigen Blütenständen, Kelchblätter bleibend. Die 3–6 cm großen birnenförmigen, goldgelben Früchte (Nespoli, Loquates) sind im Frühjahr reif. Fruchtfleisch erfrischend säuerlich, mit 2–3 ungenießbaren, großen, dunkelbraunen Samen. Nur kurze Zeit haltbar, daher vorwiegend auf den Märkten der Anbaugebiete.
S, V: Heimat SO-Asien, im Mittelmeergebiet und entsprechenden Klimabereichen als Frucht- und Zierbaum kultiviert, gelegentlich eingebürgert.
U: Auf südlichen Märkten trifft man im Herbst gelegentlich die Früchte der Deutschen Mispel, *Mespilus germanica* L., die in reifem Zustand bräunlich sind und erst bei beginnender Fäulnis weich und genießbar werden. Blätter des sommergrünen Strauches oder kleinen Baumes lanzettlich, 5–12 cm, ganzrandig oder fein gesägt. Blüten einzeln, 3–4 cm breit. Früchte 2–3 cm (östliches Mittelmeergebiet, sonst kultiviert und teilweise eingebürgert).

Rosengewächse *Rosaceae*
Johannisbrotgewächse *Caesalpiniaceae*

Feuerdorn *Pyracantha coccinea* M. J. Roem. *Rosaceae*
1–2 m (in Kultur bis 6 m); Mai – Juni; ♄
B: Immergrüner, sparrig verzweigter Dornstrauch mit ledrigen, oberseits dunkelgrün glänzenden, unterseits helleren, elliptischen bis eiförmig-elliptischen, spitzen, fein gekerbt-gesägten, 2–6 cm langen Blättern. Junge Triebe, Blätter und Blattstiel locker behaart. Blüten in aufrechten Trugdolden, 0,5–1 cm breit, mit 5 weißen oder gelblichweißen Kronblättern. Früchte erbsengroß, feuerrot, seltener orange oder gelb, häufig den Winter über am Strauch bleibend.
S: Hecken, Gebüsche, auch als Zierpflanze kultiviert und verwildert.
V: S-Europa, Kleinasien, östlich bis in den Iran.

Mandelbaum *Prunus dulcis* (Mill.) D. A. Webb. (*P. amygdalus* Patsch) *Rosaceae*
Bis 8 m; Februar – April; ♄
B: Kleiner Baum oder Strauch, bei verwilderten Pflanzen mit verdornenden Zweigen. Blätter kahl, schmal-lanzettlich, 4–12 cm lang und bis 3 cm breit, am Rand drüsig gesägt, mit 1,2–2,5 cm langem Blattstiel. Blüten meist zu 2 fast sitzend, mit 5 rosa, während der Blütezeit verblassenden, ca. 2 cm langen Kronblättern, vor den Laubblättern erscheinend. Frucht 3,5–6 cm, filzig behaart, mit ledrigem Fruchtfleisch, das bei der Reife aufspringt. Verwendung der Mandeln vor allem in der Bäckerei und zur Herstellung des teuren Mandelöls für medizinische, kosmetische und technische Zwecke. Bittere Mandeln enthalten das giftige Blausäureglykosid Amygdalin.
S, V: Heimat SW-Asien, im Mittelmeergebiet als Frucht- und Zierbaum seit alters kultiviert und eingebürgert.
U: Häufig auch *P. persica* (L.) Batsch, Pfirsich: Blätter lanzettlich, Blattstiel nur 1–1,5 cm lang. Blüten gewöhnlich einzeln, bleibend lebhaft rosa (Heimat China) und *P. armeniaca* L., Aprikose: Blätter breit-eiförmig, am Grunde häufig etwas herzförmig. Blüten meist einzeln, weiß, oder nur schwach rosa (Heimat SO-Asien).

Judasbaum *Cercis siliquastrum* L. *Caesalpiniaceae*
Bis 10 m; März – April; ♄
B: Sommergrüner Baum oder Strauch. Blätter erscheinen in der Regel nach den Blüten, langgestielt, rundlich, an der Spitze stumpf oder ausgerandet, mit herzförmigem Grund, 7–12 cm, ganz kahl. Sehr zahlreiche, rosarote, bis 2 cm große Blüten, die in kurzen Trauben direkt älteren Zweigen entspringen, schmetterlingsblütenähnlich, die 3 oberen Kronblätter jedoch kleiner als die 2 unteren, das oberste von den 2 seitlichen eingeschlossen. 10 freie Staubblätter. Hülsen 6–15 cm lang, zusammengedrückt, rotbraun und kahl. Nach der Überlieferung soll sich Judas an diesem Baum erhängt haben.
S: Auenwälder, Macchien, auch felsige Hänge, Zierbaum.
V: Ursprünglich im östlichen Mittelmeergebiet und SW-Asien, heute in der ganzen Mediterraneis kultiviert und gelegentlich verwildert.

Johannisbrotbaum *Ceratonia siliqua* L. *Caesalpiniaceae*
4–10 m; vor allem August – Oktober; ♄
B: Zweihäusiger, immergrüner, langsamwüchsiger Baum mit ausladenden dicht belaubten Ästen. Blätter paarig gefiedert mit je 4–10 kurz gestielten, verkehrteiförmigen, stumpfen oder ausgerandeten, dunkelgrün glänzenden, ledrigen und leicht gewellten Teilblättchen. Die unscheinbaren, grünlichen, kronblattlosen Blüten direkt an Stamm und Ästen. Hülsen 10–30 cm lang, flach zusammengedrückt, braunviolett, ledrig. Die zuckerhaltigen Früchte (Karoben) werden heute hauptsächlich als Viehfutter verwendet, sind aber auch für den Menschen genießbar. Daneben zur Herstellung von Fruchtsäften (Kaftan) und vergorenen Getränken, bei der Behandlung von Verdauungsstörungen von Kindern, geröstet als Kaffee-Ersatz. Die getrockneten Samen wegen ihres konstanten Gewichtes früher als Juwelen- und Goldgewichte (Karat).
S: An Felsen in Küstennähe, auch in Macchien, als Frucht- und Schattenbaum gepflanzt.
V: Mittelmeergebiet, besonders im Süden, ursprüngliche Verbreitung unsicher.

Akaziengewächse *Mimosaceae*

Schreckliche Akazie *Acacia karoo* Hayne (*A. horrida* auct., non Willd.) ■□
1–4 m; August – September; ♄ □□
B: Durch die kräftigen, weißen, 5–10 cm langen Nebenblattdornen auch vor dem Blattaustrieb unverwechselbarer Strauch. Blätter doppelt gefiedert, beiderseits grün. Fiederpaare 2–7, Fiederchen 5–14 Paare, 6–10 × 2–4 mm. Schwach duftende Blüten in 1 cm großen kugeligen Köpfchen, die zu 4–6 in den Achseln der oberen Blätter stehen. Köpfchenstiele kahl, bis 2,5 cm lang. Früchte flach, 8–13 cm lang und 6–8 mm breit, sichelförmig, zwischen den Samen leicht eingeschnürt.
S, V: Im südwestlichen Mittelmeergebiet als Zier- und Heckenpflanze kultiviert und gelegentlich eingebürgert, Heimat S-Afrika.
U: *A. farnesiana* (L.) Willd.: Ebenfalls strauchig und sommergrün, Nebenblattdornen 2,5 cm lang. Fiederblättchen 10–25 Paare, sehr klein, 3–5 × 1–1,5 mm. Stiele der duftenden Blütenköpfchen 1–2 cm lang, behaart. Früchte zylindrisch, 50–90 × 10–15 mm. Als Zierstrauch und zur Parfümgewinnung in SW-Europa kultiviert (Heimat Mittelamerika).

Silber-Akazie *Acacia dealbata* Link □■
Bis 30 m; Februar – April; ♄ □□
B: Baum mit weißfilzigen jungen Zweigen und Blättern. Letztere immergrün, etwas bläulich, doppelt gefiedert, am Ansatzpunkt der 8–20 Fiederpaare mit Drüsen. Fiederchen 30–50 Paare, 3–4 mm lang. Nebenblattdornen fehlend. 5–6 mm breite, kugelige Blütenköpfchen in reichen, rispigen Trauben, die länger als die Blätter sind. Hülsen 4–10 cm lang, 1–1,2 cm breit, zusammengedrückt, zwischen den Samen kaum eingeschnürt. Zweige als „Mimosen" bei uns im Blumenhandel.
S, V: Im Mittelmeergebiet häufig als Zierbaum, zur Bodenbefestigung und Holznutzung gepflanzt und teilweise verwildert, Heimat Australien.
U: *A. mearnsii* De Wild: Zweige und junge Blätter gelblich-zottig, Hülsen zwischen den Samen deutlich eingeschnürt (besonders im westlichen Mittelmeergebiet gepflanzt, Heimat Australien).

Kätzchen-Akazie *Acacia longifolia* (Andrews) Willd. □□
Bis 8 m; Februar – April; ♄ ■□
B: Strauch oder kleiner Baum mit kahlen Zweigen. Blätter zu verbreiterten Blattstielen (Phyllodien) reduziert, 7–15 cm lang, bis 3 cm breit, lanzettlich, 2–4nervig. In den Achseln hellgelbe, 2–6 cm lange, kätzchenartige Blütenstände, die aus kleinen Blütenköpfchen zusammengesetzt sind. Hülsen 7–15 cm lang, bis 5 mm breit, walzlich, zwischen den Samen eingeschnürt. Zweige als „Mimosen" bei uns im Blumenhandel.
S, V: Als Zierbaum und zur Dünenbefestigung besonders im westlichen Mittelmeergebiet gepflanzt und verwildert, Heimat Australien.

Immerblühende Akazie *Acacia retinodes* Schlecht. (*A. floribunda* auct., non Willd.) □□
Bis 10 m; kann zu jeder Jahreszeit blühen; ♄ □■
B: Kleiner Baum, die schlanken Zweige gewöhnlich braun, nicht hängend. Die blattartig verbreiterten Blattstiele (Phyllodien) lanzettlich, ziemlich gerade, mit nur einem Mittelnerv, 6–15 × 0,4–1,8 cm, grün. Die blaßgelben Blütenköpfchen 4–6 mm im Durchmesser, zu 5–10 locker traubig in den Achseln. Hülsen flach, zwischen den Samen höchstens leicht eingeschnürt. Samen vom roten Stiel umschlungen.
S, V: An den Mittelmeerküsten als Zierbaum gepflanzt, bisweilen eingebürgert, Heimat Australien.
U: Weitere australische ähnliche Arten, u. a. *A. cyanophylla* Lindley: Zweige hängend, Phyllodien blaugrün und etwas größer. Blütenköpfchen ziemlich groß, zu 2–6, 10–15 mm im Durchmesser. Hülse zwischen den Samen deutlich eingeschnürt, Samenstiel kurz, weißlich. *A. pycnantha* Bentham: Phyllodien stark sichelförmig. 8–10 mm breite dunkelgelbe Blütenköpfchen in langen, dichten, 10–20blütigen Trauben.

Schmetterlingsblütler *Fabaceae (Papilionaceae)*

Behaarter Dornginster *Calicotome villosa* (Poir.) Link ■□
0,5 – 2 m; Januar – Juni; ♄ □□
B: Sparrig verzweigter Dornstrauch. Junge Zweige, Unterseite der Blätter und Kelch mehr oder weniger dicht seidig oder wollig behaart. Blätter gestielt, 3zählig, bis zum Sommer meist abgefallen. Blüten goldgelb, 12 – 18 mm, gewöhnlich büschelig zu 2 – 15, oder in blattlosen Trauben. Der obere Teil des Kelches beim Aufblühen emporgehoben und vom unteren getrennt (lateinischer Gattungsname!). Hülse dicht zottig oder seidig behaart, 2 – 4 cm lang, mit deutlich verdickter Naht.
S: Macchien, nach Kahlschlag von Wäldern gebietsweise vorherrschend.
V: Mittelmeergebiet, fehlt in Frankreich und auf den Balearen.
U: Sehr ähnlich *C. spinosa* (L.) Link: Dornen kräftiger, Behaarung insgesamt spärlicher. Blüten meist einzeln, gelegentlich in Büscheln. Hülse kahl oder fast so, mit kaum verdickter Naht (westl. Mittelmeergebiet, östlich bis Italien).

Italienischer Geißklee *Cytisus sessilifolius* L. □■
0,5 – 2 m; April – Juni; ♄ □□
B: Dornenloser, stark verzweigter, kahler Strauch mit 3zähligen, lebhaft grünen Blättern, mehr oder weniger sitzend an blütentragenden Trieben, sonst auch gestielt. Teilblättchen breiteiförmig bis rundlich, kurz bespitzt, das mittlere größer. Blüten zu 3 – 12 in laubblattlosen, kurzen, endständigen Trauben. Krone goldgelb mit 11 mm langer, rundlicher Fahne und stark aufwärts gekrümmtem, geschnäbeltem Schiffchen. Kelch kurz glockig, 2lippig. Hülse 2,5 – 4 cm lang und bis 1 cm breit, über dem stark verschmälerten Grund gebogen.
S: Sommergrüne Wälder und Gebüsche, bis in die Bergstufe, gelegentlich kultiviert.
V: SW-Europa, östlich bis Italien, fehlt auf den Inseln.

Dreiblütiger Geißklee *Cytisus villosus* Pourr. (*C. triflorus* L'Hér.) □□
1–2 m; März – Mai; ♄ ■□
B: Dornenloser, aufrechter Strauch. Junge Zweige 5kantig, am Ende behaart. Blätter 2 – 10 mm lang gestielt, 3zählig, mit länglich-elliptischen, 1 – 3 cm langen, ganzrandigen, oberseits kahlen und unterseits anliegend behaarten Blättchen, das mittlere länger als die beiden seitlichen. Blüten einzeln oder 2 – 3 auf 5 – 10 mm langen, behaarten Stielen in den oberen Blattachseln, einen langen, beblätterten, traubigen Blütenstand bildend. Kronblätter gelb, Fahne 15 – 18 mm lang, am Grunde rotbraun gestreift, kürzer als das Schiffchen. Kelch kurz glockig, behaart, 2lippig, Kelchzähne kürzer als die Röhre. Hülse 2 – 4,5 cm lang und bis 7 mm breit, lang behaart, verkahlend.
S: Macchien, Wälder, besonders auf saurem Gestein.
V: S-Europa, NW-Afrika.
U: Zahlreiche weitere gelbblütige Arten, meist auf kleine Gebiete der Westmediterraneis beschränkt, weißblütig nur *C. multiflorus* (L'Hér.) Sweet (nördliche Iberische Halbinsel).

Korsischer Ginster *Genista corsica* (Lois.) DC. □□
20 – 60 cm; März – Juni; ♄ □■
B: Aufrechter Dornstrauch, die Zweige wechselständig, sparrig. Untere Blätter 3zählig, obere einfach, fast sitzend, schmal verkehrteiförmig oder länglich, 3 – 11 × 1,5 – 2 mm, spärlich behaart, bald abfallend. Kräftige, etwas rückwärts gekrümmte und manchmal verzweigte achselständige Dornen. Blüten mit kleinen Hochblättern einzeln oder in kleinen Blütenständen zu 2 – 6, 2 – 5 mm lang gestielt. Kronblätter gelb, kahl, 7 – 12 mm, alle gleich lang. Kelch wie bei allen *Genista*-Arten 2lippig, Oberlippe tief 2teilig, Unterlippe 3zähnig, hier die Lippen so lang wie die Röhre. Hülse länglich, 12 – 20 mm, kahl, Samen 2 – 8.
S: Garigues, Macchien.
V: Korsika, Sardinien.
U: *G. scorpius* (L.) DC.: Blüten an den seitlichen Dornen. Kelchlippen kürzer als die Röhre. Hülse 15 – 40 mm (westliches Mittelmeergebiet). Besonders im westlichen Mittelmeergebiet zahlreiche weitere, im Habitus sehr unterschiedliche *Genista*-Arten, auch viele Gebirgspflanzen.

Schmetterlingsblütler *Fabaceae (Papilionaceae)*

Dorniger Ginster *Genista acanthoclada* DC. ■□
0,3–1 m; März – Juni; ♄ □□
B: Niedriger Strauch mit dichten, gegenständigen, in Dornen endenden Zweigen, die älteren mit auffälligen verdickten Blattbasen. Blätter 3zählig mit schmal-lanzettlichen, 5–10 × 1–3 mm großen Blättchen. Blüten einzeln in den Achseln von 3teiligen oder einfachen Hochblättern an den Enden der Zweige. Kronblätter gelb, Fahne seidenhaarig, 7–14 mm, kürzer als das Schiffchen. Der 2lippige Kelch 2,5–5 mm lang, behaart, mit 3zähniger Unter- und tief 2teiliger Oberlippe, die Lippen fast so lang wie die Röhre. Hülse etwa 9 mm, eiförmig zugespitzt, seidenhaarig, mit 1 Samen.
S: Garigues, Macchien, Kiefernwälder.
V: Östliches Mittelmeergebiet.

Gewöhnliche Retama *Lygos sphaerocarpa* (L.) Heyw. □■
(*Retama sphaerocarpa* (L.) Boiss.) □□
1–2 (–3,5) m; Mai – Juni; ♄
B: Rutenstrauch, jung mit aufrechten, später mit überhängenden, gerillten, von ferne silbrig schimmernden Zweigen. Blätter lineal bis lanzettlich, seidig behaart, bald abfallend. Blüten in kleinen, seitenständigen Trauben mit 5–8 mm langer gelber Krone. Kelch 3 mm mit 2zähniger Ober- und 3zähniger Unterlippe. Frucht eine glatte, aufgeblasene, gewöhnlich 1samige Hülse, 7–13 mm groß, die sich nicht öffnet.
S: Weideland.
V: Mittlere und südliche Iberische Halbinsel, NW-Afrika.
U: 2 weißblütige Arten mit überhängenden Ästen auf Sand: *L. monosperma* (L.) Heyw., Krone 10–12 mm, Hülse 12–16 mm, mit kurzer Spitze (südwestliches Mittelmeergebiet, Kanaren) und *L. raetam* (Forsk.) Heyw., Krone 15–17 mm, Hülse 10–20 mm, lang geschnäbelt (Sizilien, N-Afrika, Kanaren, SW-Asien).

Pfriemenginster, Spanischer Ginster *Spartium junceum* L. □□
1–3 (–5) m; April – Juli; ♄ ■□
B: Hoher Rutenstrauch mit graugrünen, kahlen, aufrechten Ästen und nur einzelnen hinfälligen, ungeteilten, 1–3 cm langen, lineal-lanzettlichen, unterseits seidig behaarten Blättchen. Blüten meist einzeln in aufrechten, endständigen Trauben, leuchtend gelb, 2–2,5 cm groß, duftend. Flügel kürzer als die fast rundliche Fahne und das Schiffchen. Kelch häutig, oben zerteilt, mit 5 kurzen Zähnen. Hülsen flach, 4–8 cm lang, seidig behaart, später verkahlend und schwarz-braun, mit 10–18 rötlich-gelben, glänzenden Samen. Giftig durch das Alkaloid Spartein. Früher als Heilpflanze verwendet, die Triebe auch zum Flechten von Körben.
S: Garigues, Macchien, bevorzugt auf Kalk, häufig als Zierstrauch, zum Teil mit gefüllten Blüten kultiviert.
V: Mittelmeergebiet, Kanaren.

Kleinblütiger Stechginster *Ulex parviflorus* Pourr. □□
0,4–1,5 m; April – Mai; ♄ □■
B: Alle Blätter, auch Tragblätter des stark verzweigten Strauches sowie die mehr oder weniger kraus behaarten Kurz- und Langsprosse in Dornen umgewandelt. Gelbe Blüten achselständig an den Enden der Zweige, 6–12 mm, Fahne und Schiffchen ungefähr so lang wie der für Stechginster-Arten charakteristische, 2klappige, gelbliche Kelch, Flügel kürzer. Vorblätter so schmal wie der Blütenstiel. Hülse eiförmig, 10–15 mm, braun oder schwärzlich, Samen 1–3. Formenreiche Art mit mehreren Unterarten.
S: Garigues, lichte Wälder, besonders auf saurem Gestein.
V: Iberische Halbinsel, Frankreich, NW-Afrika.
U: Mehrere westeuropäisch-atlantische Arten, besonders in Portugal, weiter verbreitet ist nur *U. europaeus* L.: Blüten 15–20 mm, der mehr oder weniger abstehend behaarte Kelch nur $^2/_3$ so lang. Vorblätter viel breiter als die Blütenstiele (W-Europa, östlich bis Italien, Kanaren, auch kultiviert und verwildert).

Schmetterlingsblütler *Fabaceae (Papilionaceae)*

Schmalblättrige Lupine *Lupinus angustifolius* L. ■□
20–80 cm; April – Juli; ⊙ □□
B: Blätter gefingert mit 5–9 linealen, an der Spitze abgerundeten, bis 5 cm langen und 2–5 mm breiten Blättchen, oberseits kahl, unterseits etwas behaart. Blaue, 11–13 mm lange Schmetterlingsblüten, wechselständig in 10–20 cm langen Trauben. Früchte kurz behaart, mit 4–7 Samen. Giftig.
S: Kulturland, Brachland, Garigues, auf sauren, oft sandigen Böden.
V: Mittelmeergebiet, Kanaren, in Mitteleuropa gelegentlich verwildert.
U: Quirlständige Blüten und beidseitig behaarte Blätter haben *L. micranthus* Guss. mit 5–15 mm breiten Teilblättchen und *L. varius* L. mit 6–9 mm breiten Blättchen und größeren, 15–17 mm langen Blüten (beide Arten: Mittelmeergebiet).

Silberhülse, Silberklee *Argyrolobium zanonii* (Turra) Ball □■
(*A. linnaeanum* Walp., *Cytisus argenteus* L.) □□
10–30 cm; April – Juli; ♄
B: Kleiner, am Grunde verholzter Halbstrauch mit aufsteigenden, seidenhaarigen Stengeln. Blätter gestielt, 3zählig, die fast sitzenden Teilblättchen elliptisch, weiter oben lanzettlich, oberseits fast kahl, dunkelgrün, unterseits anliegend dicht seidig behaart. 2 kleine, lanzettliche, freie Nebenblätter. 9–12 mm lange, goldgelbe Blüten in 1–4blütigen Trauben an den Zweigenden, Fahne außen behaart, wie auch die Flügel länger als das Schiffchen. Der seidenhaarige Kelch länger als die halbe Krone, 2lippig, die 5 Zähne länger als die Kelchröhre. Hülse 1,5–3,5 cm lang, flach, etwas gekrümmt, dicht seidenhaarig.
S: Felsfluren, Grasfluren, Kiefernwälder, besonders auf Kalkgestein.
V: Westliches Mittelmeergebiet, östlich bis Albanien.

Gewöhnlicher Blasenstrauch *Colutea arborescens* L. □□
1–6 m; Mai – August; ♄ ■□
B: Sommergrüner Strauch mit zuerst anliegend behaarten, später verkahlenden Zweigen. Blätter unpaarig 7–11zählig gefiedert, Blättchen kurz gestielt, bis 3 × 2 cm, breitelliptisch, auch verkehrteiförmig oder eiförmig. Achselständige, aufrechte, gestielte Trauben, die kürzer sind als das zugehörige Laubblatt, mit 2–8 nickenden, 16–20 mm langen Blüten. Fahne rundlich, häufig rötlichbraun gestreift, etwa so lang wie das stumpfe Schiffchen. Kelch weit glockig, schwach 2lippig. Hülse stark aufgeblasen, zur Reifezeit mit hellbraunen, pergamentartigen Wänden, 5–7 × 3 cm, Samen bis 4 × 3,5 mm.
S: Submediterrane Laubwälder, Gebüsche, Kiefernwälder, vorwiegend auf Kalk.
V: Mittelmeergebiet, nördlich bis zum Oberrhein, weiter als Zierstrauch kultiviert und verwildert.
U: *C. orientalis* Mill.: Blüten 11–13 mm, orangerot, das Schiffchen mit kleinem Schnabel. Hülse 4 × 2 cm, an der Spitze gespalten, Samen bis 2,5 mm (oft als Zierstrauch gepflanzt und verwildert, Herkunft Kaukasusländer). Der Bastard beider Arten (*C.* × *media* Willd.) ebenfalls kultiviert und gelegentlich verwildert.

Marseille-Tragant *Astragalus massiliensis* (Mill.) Lam.
(*A. tragacantha* L. p. p.) □□
10–30 cm; April – Juni; ♄ □■
B: Dornige Polster bildender Strauch. Blätter 2–7 cm lang, mit 6–12 Fiederpaaren, Blattspindel kräftig, in einem Dorn endend. Die bald abfallenden Blättchen schmal, 4–6 mm lang, unterseits dicht behaart, Haare in der Mitte angeheftet (Lupe!). Blütentrauben aus 3–8 weißen Schmetterlingsblüten, mit 13–17 mm langer Fahne. Kelch angedrückt behaart, die Zähne $^1/_5$–$^1/_4$ so lang wie die Röhre. Hülse 9–10 mm, länglich, spitz, dicht angedrückt behaart, kaum geschnäbelt.
S: Küstengarigues.
V: SW-Europa, östlich bis Korsika, Sardinien.
U: *A. balearicus* Chat.: Blätter mit 3–5 Fiederpaaren. Blüten weiß bis rosa, 11–12 mm lang (Balearen). *A. sirinicus* Ten.: Blüten gelblich, violett überlaufen, 14–19 mm lang. Haare an Kelch und Hülse abstehend (zentrales Mittelmeergebiet). Beispiele einer umfangreichen Gattung, die im Mittelmeergebiet mit zahlreichen krautigen, 1jährigen und ausdauernden und strauchigen Dornpolsterbüschen vertreten ist. Verbreitungsschwerpunkt in SW- bis Zentralasien, in Kleinasien 372 Arten.

Schmetterlingsblütler *Fabaceae (Papilionaceae)*

Harzklee, Pechklee *Psoralea bituminosa* L. ■□
0,2–1 m; April – August; ♄ □□
B: Formenreiche Art mit mehr oder weniger behaarten, durchdringend nach Teer riechenden Stengeln. Blätter lang gestielt, 3zählig, Teilblättchen lineal-lanzettlich bis breiteiförmig, ganzrandig, drüsig punktiert, 1–6 × 0,3–2 cm. Blütenköpfchen bis 30 cm lang gestielt, aus 7–30 schmutzigvioletten, bisweilen weißen, 15–20 mm langen Einzelblüten, am Grunde umgeben von 2–3zähnigen Hochblättern. Frucht mit 6–10 mm langem, schwertförmigem Schnabel.
S: Wegränder, Unkrautfluren, Brachland.
V: Mittelmeergebiet, Kanaren.
U: *Psoralea americana* L. mit gezähnten Fiederblättchen und weißlich-violetten Blüten in traubigen Blütenständen (südwestliches Mittelmeergebiet, Kanaren).

Bastard-Wicke *Vicia hybrida* L. □■
20–60 cm; April – Juni; ⊙ □□
B: Weich behaarte oder fast kahle, niederliegende, aufsteigende oder kletternde Wicke. Blätter mit 3–8 Fiederpaaren und endständiger Ranke, Blättchen verkehrteiförmig-elliptisch, an der Spitze ausgerandet oder stumpf, mit aufgesetzter Spitze. Blüten an kurzen Stielen einzeln in den oberen Blattachseln, mit 18–30 mm langer, blaßgelber, manchmal purpurn geaderter Krone, Fahne auf dem Rücken seidig behaart, Kelchzähne ungleich lang. Hülse flach, 2,5–4 cm lang, bräunlich, behaart.
S: Kulturland, Wegränder, Grasfluren.
V: Mittelmeergebiet, SW-Asien.
U: *V. lutea* L.: Blüten zu 1–3, 20–35 mm lang, blaßgelb, oft purpurn geadert, Fahne kahl (Mittelmeergebiet, W-Europa, Kanaren). *V. melanops* Sibth. & Sm.: Blüten zu 1–4, 15–22 mm lang, Fahne grünlichgelb, kahl, Flügel mit schwärzlichen Spitzen, Schiffchen purpurn (S-Europa, westlich bis S-Frankreich, Kleinasien). Zahlreiche weitere gelb, violett oder blau blühende Arten.

Breitblättrige Platterbse, Bukett-Wicke *Lathyrus latifolius* L. □□
0,6–3 m; Juni – August; ♃ ■□
B: Auffällige, kräftige Platterbsenart mit niederliegenden, aufsteigenden oder rankenden, breit geflügelten Stengeln. Alle Blätter nur mit zwei 5nervigen, 4–15 cm langen, oval- bis lineallanzettlichen Fiedern und geflügeltem Blattstiel. Nebenblätter 3–6 cm lang, halbspießförmig, mehr als halb so breit wie der Stengel. Blütentrauben länger als die Tragblätter, mit 5–15 karminroten, 2–3 cm großen Blüten. Kelchzähne sehr ungleich, der unterste Zahn wenigstens 2mal so lang wie die beiden oberen. Hülsen 5–11 cm lang und bis 1 cm breit, braun, kahl.
S: Gebüsche, Wegränder, Grasfluren, auch als Zierpflanze.
V: S- und Zentraleuropa, NW-Afrika, sonst gelegentlich verwildert.
U: Die in fast ganz Europa vorkommende, nahe verwandte Wilde Platterbse (*L. sylvestris* L.) hat Nebenblätter, die weniger als halb so breit wie der Stengel sind. Blattfiedern 3nervig.

Purpur-Platterbse *Lathyrus clymenum* L. □□
0.3–1 m; März – Juni; ⊙ □■
B: Kahle, rankende Pflanze mit geflügeltem Stengel. Untere Blätter bis auf den verbreiterten Blattstiel zurückgebildet, obere mit 2–4 Paaren von linealen bis lanzettlichen oder elliptischen, 3–11 mm breiten und 2–6 cm langen Fiederblättchen, die breiter als die geflügelte Blattspindel sind. Blüten mit violetten Flügeln und purpurroter, ausgerandeter Fahne zu 1–5 an einem langen Stiel, bis 2 cm groß. Kelchzähne gleich lang, kürzer als die Röhre. Hülse 3–7 cm lang, braun, mit gefurchter Rückennaht.
S: Kulturland, Brachland, Wegränder, früher als Futterpflanze angebaut.
V: Mittelmeergebiet, Kanaren.
U: Sehr ähnlich und nicht immer leicht zu unterscheiden *Lathyrus articulatus* L. mit schmaleren Blättchen, Blüten mit weißen oder rosa Flügeln und bespitzter Fahne. Rückennaht der Hülse nicht gefurcht (Mittelmeergebiet, Kanaren).

Schmetterlingsblütler *Fabaceae (Papilionaceae)*

Rote Platterbse, Kleine Kicher *Lathyrus cicera* L. ■□
10–60 cm; März – Juni; ⊙ □□
B: Pflanze zierlich, mit schmal geflügeltem Stengel. Blätter meist nur mit 1 Paar von linealen bis lanzettlichen, bis 9 cm langen und 1–6 mm breiten Fiedern, die unteren mit Granne, die oberen mit einfacher oder verzweigter Ranke. Nebenblätter halbspießförmig, 1–2 cm, etwa so lang oder etwas länger als der schmal geflügelte Blattstiel. Blüten einzeln an 1–3 cm langen Stielen, mit 10–14 mm langer purpurroter Krone. Kelchzähne fast gleich, 2–3mal so lang wie die Röhre. Hülse 20–40 × 5–10 mm, kahl, mit 2 Kielen auf der Rückennaht. Samen 2–6, kantig.
S: Kulturland, Brachland, Grasfluren.
V: Mittelmeergebiet, Kanaren, SW-Asien.
U: Von den im Mittelmeergebiet verbreiteten Arten sind ähnlich *L. inconspicuus* L.: Stengel ungeflügelt, Blätter meist ohne Ranken, Fiederblätter 25–40 × 1–4 mm. Blüten 4–9 mm, blaßpurpurn, 2–5 mm lang gestielt. Junge Hülsen dicht behaart, später verkahlend, 30–60 × 2–5 mm, mit 5–14 glatten Samen. *L. setifolius* L.: Stengel schmal geflügelt, Fiederblätter 20–90 × 0,5–3 mm. Blüten 8–11 mm, orangerot, 1–4 cm lang gestielt. Hülse verkahlend, auf der Rückennaht bleibend behaart, 15–30 × 7–11 mm, mit 2–3 fein warzigen Samen. Insgesamt kräftiger die als Futterpflanze angebaute und verwilderte Saat-Platterbse *L. sativus* L.: Stengel breit geflügelt, Fiederblätter 2,5–15 cm × 2–7 (–9) mm. Blüten 12–24 mm, weiß, rosa oder bläulich, 3–6 cm lang gestielt. Hülsen 10–18 mm breit, kahl, mit 2 Flügeln auf der Rückennaht, 2–4samig.

Einjährige Platterbse *Lathyrus annuus* L. □■
0,4–1,5 m; April – Juni; ⊙ □□
B: Stengel, kräftig, kahl, oben geflügelt. Blätter mit 1 Paar lineallanzettlicher, 5–15 cm langer und 4–18 mm breiter Fiedern und einer häufig stark verzweigten Ranke. Nebenblätter weniger als 1 mm breit, halbspießförmig. Blüten lang gestielt zu 1–3, mit 12–18 mm langer, gelber Krone. Kelchzähne gleich, so lang oder etwas länger als die Röhre. Frucht gerade, 3–8 cm lang und 7–12 mm breit, kahl, mit 7–8 warzigen Samen.
S: Kulturland, Brachland.
V: Mittelmeergebiet, Kanaren, SW-Asien.
U: Ähnlich *L. hierosolymitanus* Boiss.: Krone nur 7–12 mm lang, rosagelb, Hülse 5–7 mm breit. *L. gorgoni* Parl.: Krone 18–25 mm lang, rötlichgelb, Kelchzähne 2–3mal so lang wie die Röhre (beide Arten im östlichen Mittelmeergebiet).

Flügel-Platterbse *Lathyrus ochrus* (L.) DC. □□
20–60 cm; März – Juni; ⊙ ■□
B: Kahle, kletternde, blaugrüne Pflanze mit geflügeltem Stengel und Blättern, die aus dem blattartig verbreiterten, eiförmig-länglichen Blattstiel bestehen, die unteren nur mit Ranken, die oberen auch mit 1–2 Paaren eiförmiger Fiederblättchen. Blüten blaßgelb, 16–18 mm lang, zu 1–2, ihr Stiel kürzer als die Blätter. Kelchzähne ungleich, etwa so lang wie die Röhre. Hülse 4–6 cm lang und etwa 1 cm breit, mit 2 Flügeln auf der Rückennaht.
S: Kulturland, besonders in Getreidefeldern.
V: Mittelmeergebiet, Kanaren, früher gebietsweise als Futterpflanze angebaut.

Ranken-Platterbse *Lathyrus aphaca* L. □□
30–80 cm; April – Juli; ⊙ □■
B: Dünne, aufsteigende oder kletternde, 4kantige, aber flügellose, völlig kahle Stengel. Blätter nur aus einer einfachen oder verzweigten Ranke bestehend, selten die unteren mit einzelnen elliptisch-lanzettlichen Blättchen. Die beiden gegenüberstehenden Nebenblätter groß, bis 5 × 4 cm, breiteiförmig, am Grunde mit 2 spreizenden Öhrchen, Blüten meist einzeln, selten 2, langgestielt, mit hellgelber, 6–18 mm langer Krone. Kelchzähne 2–3mal so lang wie die Röhre, fast gleich. Hülse aufrecht abstehend, 2–3,5 cm lang und 3–8 mm breit, flach, mit 4–8 hervortretenden Samen.
S: Kulturland, besonders in Getreidefeldern, Wegränder.
V: Mittelmeergebiet, Kanaren, SW-Asien, nördlich der Alpen selten eingeschleppt.

Schmetterlingsblütler *Fabaceae (Papilionaceae)*

Gelbe Hauhechel *Ononis natrix* L. ■□
0,2–1 m; April – Juli; ♃ □□
B: Reich verzweigte, aufrechte bis aufsteigende, in allen Teilen dicht drüsenhaarige und dadurch klebrige Pflanze, im unteren Teil mehr oder weniger verholzt. Blätter bis auf die obersten 3zählig, Teilblättchen bis 2 cm lang, eiförmig bis lanzettlich, meist gezähnt. Blüten einzeln an gegliederten Stielen in lockeren, beblätterten, traubigen Blütenständen. Krone gelb mit roten oder violetten Adern, 6–20 mm lang. Zylindrische, 10–25 mm lange, behaarte, hängende Hülsen. Sehr variable Art mit mehreren Unterarten.
S: Brachland, Wegränder, Unkrautfluren, Garigues, besonders auf Kalk.
V: Mittelmeergebiet, Kanaren.
U: Zahlreiche gelb oder rot blühende, ausdauernde oder 1jährige Arten, besonders im westlichen Mittelmeergebiet.

Bunte Hauhechel *Ononis variegata* L. □■
10–30 cm; April – Juni; ⊙ □□
B: Stengel vom Grunde an verzweigt, niederliegend oder aufsteigend, mit Drüsen- und einfachen Haaren. Blätter sehr kurz gestielt, fast alle nur 1blättrig, gefaltet, verkehrteiförmig, scharf gezähnt und mit stark hervortretenden Nerven, 5–10 mm lang. Große eiförmige Nebenblätter. Blüten einzeln an kurzen, nicht gegliederten Stielen in den oberen Blattachseln, mit 12–14 mm langer, gelber Krone, die den glockenförmigen Kelch weit überragt, Fahne außen behaart. Hülse aufrecht-abstehend, etwa 8 mm lang, behaart. Samen 10–14, rötlichbraun, glatt.
S: Sandstrände.
V: Zerstreut im ganzen Mittelmeergebiet, Kanaren.
U: An Sand- oder Felsküsten des Mittelmeergebietes auch die beiden rosablütigen 1jährigen Arten: *O. diffusa* Ten., Stengel drüsig behaart, Blätter 3zählig, die obersten Hochblätter meist einfach. Blüten einzeln, fast sitzend in den Blattachseln, einen dichten, ährenartigen Blütenstand bildend, Krone 9–11 mm, und ähnlich *O. mitissima* L., aber Stengel filzig oder fast kahl. Blütenkelch mit stark hervortretenden, weißen Nerven.

Gefurchter Steinklee *Melilotus sulcata* Desf. □□
10–40 cm; April – Juni; ⊙ ■□
B: Stengel verzweigt oder einfach, aufrecht, mit lang gestielten 3zähligen Blättern. Teilblättchen gestielt, länglich-keilförmig, gezähnt. Nebenblätter der mittleren Blätter kräftig gezähnt. Blüten in 8–25blütigen Trauben, die zur Fruchtzeit so lang wie oder länger als die Tragblätter sind. Fahne der 3–4 mm langen Schmetterlingsblüte kürzer als der Kiel. Charakteristisch die rundlichen, 3–4 mm großen, konzentrisch gerippten Hülsen.
S: Kulturland, Brachland, Wegränder.
V: Mittelmeergebiet, Kanaren.
U: Mehrere weitere gelbblühende *Melilotus*-Arten im Mittelmeergebiet, u. a. *M. indica* (L.) All.: Nebenblätter fast ganzrandig. Krone blaßgelb, nur 2–3 mm lang. Hülse 1,5–3 mm, rundlich, deutlich netznervig. *M. messanensis* (L.) All.: Blütentrauben viel kürzer als die Tragblätter, 3–10blütig, Krone 4–5 mm. Hülse 5–8 mm, schiefeiförmig, zugespitzt, konzentrisch gerippt.

Strauch-Schneckenklee *Medicago arborea* L. □□
1–4 m; März – August; ♄ □■
B: Dicht belaubter Strauch, junge Zweige seidenhaarig weiß. Blätter 3zählig, Teilblättchen verkehrteiförmig, am Grunde keilig, ganzrandig oder an der Spitze gezähnt, besonders die jungen Blätter unterseits seidig behaart. Blüten zu 4–10 in köpfchenartigen Blütentrauben, Blütenkrone 12–15 mm lang, goldgelb. Früchte 1–1,5mal spiralig gedreht, in der Mitte ein Loch freilassend, flach zusammengedrückt und auf der Oberfläche netznervig, 12–15 mm im Durchmesser. Im Mittelmeergebiet einziger strauchförmiger Vertreter der Gattung *Medicago*, die dort ihr Entfaltungszentrum hat.
S: Felsküsten, auch häufig als Zierpflanze.
V: Südliches Mittelmeergebiet, weiter nördlich z. T. eingebürgert.

Scheiben-Schneckenklee *Medicago orbicularis* (L.) Bartal. ■□
10–80 cm; April – Juni; ⊙ □□
B: An ihren Früchten leicht kenntliche, niederliegende kahle oder zerstreut behaarte Schneckenklee-Art. Abschnitte der gestielten, 3zähligen Blätter verkehrteiförmig keilförmig, im oberen Teil gezähnelt. Blüten in kleinen, anfangs kürzer als die Blätter gestielten Trauben zu 1–5, mit 2–5 mm langer gelber Krone. Hülse eine flache, hellgrüne, später hellbraune, leicht gewölbte, stachellose und kahle oder etwas drüsig behaarte Scheibe mit 4–6 Windungen, 10–17 mm im Durchmesser, Nerven undeutlich.
S: Kulturland, Brachland, Wegränder.
V: Mittelmeergebiet, Kanaren, SW-Asien.
U: *M. scutellata* (L.) Mill.: Pflanze mehr oder weniger drüsenhaarig. Blütenkrone 6–7 mm lang. Frucht schüsselförmig aus 4–8 dachziegelig angelegten Windungen (Mittelmeergebiet). Über 30 weitere ausdauernde und 1jährige Arten mit interessanten Fruchtformen, nicht immer ganz leicht zu unterscheiden.

Rippen-Schneckenklee *Medicago rugosa* Desr. (*M. elegans* Jacq. ex Willd.) □■
10–50 cm; März – Juni; ⊙ □□
B: Niederliegende Pflanze mit einfachen und Drüsenhaaren. Blätter gestielt, 3zähnig, Blättchen verkehrt-eiförmig bis verkehrt-lanzettlich, im oberen Teil gezähnt. Blütentrauben kürzer gestielt als die Blätter, 1–5blütig, Krone 2–4 mm, gelb. Frucht schneckenförmig, stachellos und verkahlend, 6–10 mm im Durchmesser. Die 2–3 Windungen mit 15–30 verdickten, radialen Nerven.
S: Kulturland, Brachland.
V: Mittelmeergebiet, in SW-Europa nur eingebürgert.

Strand-Schneckenklee *Medicago marina* L. □□
20–50 cm; April – Juni; ♃ ■□
B: Auf dem Sand kriechende bis aufsteigende, an allen Teilen dicht silbrig-weiß behaarte und dadurch leicht kenntliche Art. Blätter gestielt, 3zählig, Teilblättchen verkehrt-eiförmig keilförmig, zur Spitze hin gezähnt, Nebenblätter fast ganzrandig. Blaßgelbe bis orangegelbe Blüten, 7–10 mm lang, in 5–12blütigen Köpfchen, die etwa so lang gestielt sind wie die Blätter. Früchte 5–7 mm im Durchmesser, schneckenförmig mit 2–3 Windungen, die in der Mitte ein kleines Loch freilassen, auf dem Rücken meist mit 2 Reihen bis 2 mm langer Stacheln, die noch aus der dichten Behaarung herausragen.
S: Sandstrände, Dünen.
V: Mittelmeerküste, Schwarzmeerküste, Atlantikküste nördlich bis zur Bretagne, Kanaren.

Rauher Schneckenklee *Medicago polymorpha* L. (*M. hispida* Gaertn., *M. polycarpa* Willd.) □□
10–60 cm; April – Juni; ⊙ □■
B: Niederliegende kahle oder spärlich behaarte Pflanze. Blätter gestielt, 3zählig, die Blättchen aus keilförmigem Grund verkehrt-herzförmig bis -eiförmig, vorne gezähnelt. Blüten in kleinen gestielten Trauben zu 1–5 (–8), mit 3–4,5 mm langer, gelber Krone. Frucht schneckenförmig mit 1,5–6 Windungen, meist kahl, zuletzt dunkelbraun, 4–10 mm im Durchmesser. Neben der Rückennaht je ein paralleler Nerv, von dem der äußere Schenkel der in 2 Reihen stehenden, oft hakig gekrümmten Stacheln ausgeht, so daß die einzelnen Stacheln gerillt sind. Stacheln auch fehlend. Radialnerven netzig verbunden.
S: Kulturland, Brachland, Grasfluren.
V: Mittelmeergebiet, W-Europa, Kanaren, SW-Asien, weiter verschleppt, u. a. mit Wolle.
U: Viele ähnliche Arten im Mittelmeergebiet, z. B. *M. arabica* (L.) Huds.: Blättchen fast immer mit einem dunklen Fleck. *M. coronata* (L.) Bartal.: Frucht 2–4 mm, behaart, mit 2 Windungen. Rückennaht breit und flach, mit einer aufwärts und einer abwärts gerichteten Stachelreihe.

Schmetterlingsblütler *Fabaceae (Papilionaceae)*

Filziger Klee *Trifolium tomentosum* L.
5–15 cm; März – Juni; ⊙
B: Am Grunde verzweigte, niedrige, sehr formenreiche Klee-Art. Blätter gestielt, 3zählig mit verkehrteiförmigen, am Grunde keiligen, scharf gezähnten Teilblättchen. Blüten gedreht, so daß die Fahne nach unten und das Schiffchen nach oben gerichtet ist, rosa, in blattachselständigen, kugeligen Köpfchen, die sich zur Fruchtzeit auf 7–14 mm vergrößern und fast sitzen. Kelch weißfilzig, die Oberlippe bald kugelig aufgeblasen, ihre Zähne meist verdeckt.
S: Grasfluren, Wegränder.
V: Mittelmeergebiet, Kanaren, SW-Asien.

Stern-Klee *Trifolium stellatum* L.
5–25 cm; März – Juli; ⊙
B: Stengel einfach oder vom Grunde an verzweigt, weich abstehend behaart, mit lang gestielten, 3zähligen, verkehrt-herzförmigen, zur Spitze hin gezähnten Teilblättchen und großen, eiförmigen, häutigen und grünnervigen, gezähnten Nebenblättern. Blüten in rundlichen bis eiförmigen, 15–25 mm großen, 3–10 cm lang gestielten, einzelnen Köpfchen. Charakteristisch die lang zugespitzten 3nervigen Kelchzähne, die, 2mal so lang wie die Röhre, zunächst aufrecht, zur Fruchtzeit aber weit sternförmig abstehend und innen auffällig rotbraun gefärbt sind. Daneben unscheinbar die 8–12 mm langen, meist rosa Blüten, die kaum länger sind als der außen seidenhaarige, 10nervige Kelch.
S: Kulturland, Wegränder, offene Stellen in Garigues.
V: Mittelmeergebiet, Kanaren, SW-Asien.
U: Im östlichen Mittelmeergebiet ähnlich *T. dasyurum* Presl.: Oberste Blätter fast gegenständig, ganzrandig. Blütenköpfchen 20–35 mm, oft zu 2. Kelchzähne 2- bis 4mal so lang wie die Röhre.

Cherlers Klee *Trifolium cherleri* L.
5–25 cm; April – Juni; ⊙
B: Stengel niederliegend oder aufsteigend, ziemlich dick und behaart, mit gestielten, 3zähligen Blättern. Teilblättchen verkehrt-herzförmig mit keilförmigem Grund, schwach gezähnelt. Nebenblätter länglich-eiförmig, kurz zugespitzt. Köpfchen sitzend, kugelig, umgeben von Blättern mit rundlichen, hochblattartig vergrößerten Nebenblättern. Blüten 6–8 mm, weiß oder rosa, höchstens so lang wie der behaarte Kelch. Kelchzähne borstlich, gleich, zur Fruchtzeit aufrecht. Fruchtköpfchen im Ganzen abfallend.
S: Grasfluren, gefestigte Dünen, Felsfluren.
V: Mittelmeergebiet, Kanaren, SW-Asien.
U: Ähnlich *Trifolium hirtum* All.: Nebenblätter lanzettlich, in eine lange, gerade Spitze verschmälert. Krone rot, länger als der Kelch. Fruchtköpfchen nicht abfallend (Mittelmeergebiet, Kanaren).

Schmalblättriger Klee *Trifolium angustifolium* L.
10–60 cm; April – Juli; ⊙
B: Stengel anliegend behaart, aufrecht, am Grunde verzweigt, die seitlichen Triebe aufsteigend und kürzer. Blätter gestielt, 3zählig, mit 2–8 cm langen und nur 2–4 mm breiten, spitzen, ganzrandigen Teilblättchen. Blütenköpfchen 2–8 cm lang, schmal-eiförmig bis zylindrisch, einzeln auf 2–4 cm langen Stielen. Blüten sich alle zur selben Zeit öffnend, rosa, 10–12 mm lang, den Kelch nicht oder kaum überragend. Kelchzähne borstlich-pfriemlich, bewimpert, zur Fruchtzeit sternförmig ausgebreitet.
S: Kulturland, Brachland, Wegränder, Garigues, kalkmeidend.
V: Mittelmeergebiet, Kanaren, SW-Asien.
U: *Trifolium purpureum* Loisel.: Ähnlich, aber Blüten sich von unten nach oben öffnend. Krone 16–25 mm lang, leuchtend rot, die sehr ungleichen Kelchzähne weit überragend (vorwiegend östliches Mittelmeergebiet). Zahlreiche weitere, zum Teil verbreitete, zum Teil kleinräumig endemische Arten. Leicht kenntlich ist u. a. *Trifolium uniflorum* L. mit nur 1–3blütigen Köpfchen, Blütenkrone 15–20 mm, weiß, purpurn oder zweifarbig (östliches Mittelmeergebiet, westlich bis Sizilien, S-Italien).

Schmetterlingsblütler *Fabaceae (Papilionaceae)*

Behaarter Backenklee *Dorycnium hirsutum* (L.) Ser. ■□
20–50 cm; April – Juli; ♄ □□
B: Am Grunde verholzter Halbstrauch, meist dicht abstehend behaart. Blätter sitzend, 5zählig gefiedert, mit sehr kurzer oder fehlender Blattspindel, Teilblättchen verkehrteiförmig, länglich, bis 2,5 cm. Blüten zu 4–10 in kurz gestielten Köpfchen, Blütenkrone 1–2 cm lang, Fahne und Flügel weiß bis rosa, Schiffchen mit dunkelroter oder schwarzer, stumpfer Spitze, Flügel mit einer taschenförmigen Längsfalte. Hülsen klein, 6–12 mm, kaum länger als der Kelch.
S: Garigues, Macchien, lichte Wälder.
V: Mittelmeergebiet.
U: Angedrückt behaart ist *D. rectum* (L.) Ser.: Blätter mit 5–10 mm langer Blattspindel. Blüten 5–6 mm, in Köpfchen zu 20–40 (Mittelmeergebiet). Die formenreiche Art *D. pentaphyllum* Scop. hat sehr schmale Teilblättchen und 3–6 mm lange Blüten in Köpfchen zu 5–25. Kelchzähne ungleich (Mittelmeergebiet, auch bis Mitteleuropa).

Eßbarer Hornklee *Lotus edulis* L. □■
10–40 cm; Februar – Juni; ⊙ □□
B: Niederliegende bis aufsteigende, schwach behaarte Pflanze mit 5zähligen Blättern. Wie bei den anderen Arten dieser Gattung die unteren beiden Blättchen nebenblattartig an den Stengel herangerückt und deutlich von den 3 übrigen entfernt, hier kleiner und spitz. Blüten zu 1–2, mit 10–16 mm langer, gelber Krone, am Grunde mit einem 3zähligen, sitzenden Hochblatt, der Stiel 2–3mal länger als das zugehörige Laubblatt. Kelch mit 5 gleichen, lineal-lanzettlichen Zähnen, die länger als die Kelchröhre sind. Hülse auffällig, 2–4 cm lang und 4–8 mm dick, in der Jugend fleischig, etwas aufwärts gebogen und am Rücken gefurcht.
S: Kulturland, Brachland, Grasfluren.
V: Mittelmeergebiet.

Geißkleeartiger Hornklee *Lotus cytisoides* L. □□
20–30 cm; März – Juni; ♃ ■□
B: Häufig in großen Beständen anzutreffender Hornklee mit niederliegenden bis aufsteigenden Trieben. Blätter mehr oder weniger behaart, oft fleischig, mit 5 lanzettlichen bis eiförmigen Fiederblättchen, die beiden unteren viel kleiner, etwa so lang wie die Blattspindel. Blüten in 2–6blütigen Köpfchen, deren Stiele 2–4mal so lang sind wie die zugehörigen Blätter. Krone gelb, 8–14 mm, Fahne ausgerandet, Schiffchen kürzer als die Flügel, mit kurzem gebogenen, manchmal purpurnen Schnabel. Kelch 2lippig, die oberen 2 Zähne aufwärts gebogen, die 2 seitlichen stumpf und kürzer als die oberen. Hülse zylindrisch, gerade oder leicht gekrümmt, 2–5 cm lang.
S: Meist an Felsküsten.
V: Mittelmeergebiet.
U: Ähnlich *L. creticus* L.: Blätter dicht silbrig behaart, Blattspindel nur 1/4 bis 1/2 so lang wie die untersten Fiederblättchen. Blüten 12–18 mm lang, Fahne ganzrandig, Schiffchen mit langem, geradem, purpurnem Schnabel, seitliche Kelchzähne spitzer. Vorwiegend an Sandstränden (Mittelmeergebiet, Kanaren, gebietsweise fehlend).

Vogelfußähnlicher Hornklee *Lotus ornithopodioides* L. □□
10–50 cm; April – Juni; ⊙ □■
B: Aufrechte oder aufsteigende, verzweigte, behaarte Pflanze. Blätter 5zählig gefiedert, die oberen Blättchen verkehrteiförmig bis rhombisch, die unteren gewöhnlich viel kleiner, 3eckig oder rhombisch-kreisförmig. Köpfchen 2–5blütig, umgeben von 3 sitzenden Hochblättern, zur Fruchtzeit meist länger gestielt als das Tragblatt. Krone gelb, 7–10 mm. Kelch deutlich 2lippig, die seitlichen Zähne viel kürzer als die übrigen und abgerundet. Leicht gekrümmte, hängende, lineale Hülsen, 2–5 cm lang und 2–3 mm breit, flach und zwischen den Samen eingeschnürt.
S: Gras- und Felsfluren, Wegränder.
V: Mittelmeergebiet, Kanaren.
U: Ähnlich *L. peregrinus* L.: Blütenstand 2–3blütig, der Stiel dick und kürzer als das zugehörige Blatt. Hülse zylindrisch, gerade, kaum eingeschnürt (östliches Mittelmeergebiet). Weitere Arten meist auf kleinere Gebiete beschränkt.

Rote Spargelbohne *Tetragonolobus purpureus* Moench
(*Lotus tetragonolobus* L.)
10–40 cm; März – Juni; ⊙
B: Weich abstehend behaarte, aufsteigende bis aufrechte Pflanze. Blätter wie bei Hornklee-Arten 5zählig, die Endblättchen breit verkehrt-eiförmig bis rhombisch, die 2 unteren kleiner, zugespitzt eiförmig, nebenblattartig. Blüten einzeln oder zu zweien, 15–22 mm lang, scharlachrot, am Grunde mit einem 3zähligen, sitzenden Blättchen, ihr Stiel kürzer bis etwa so lang wie das zugehörige Laubblatt. Kelchzähne 1–2mal so lang wie die Kelchröhre. Hülse 3–9 cm × 6–8 mm, kahl, mit 4 wenigstens 2 mm breiten Flügeln.
S: Kulturland, Wegränder, Grasfluren, früher wegen der eßbaren Früchte oder als Grünfutter gelegentlich angebaut.
V: Mittelmeergebiet, Kanaren.
U: Stiel des Blütenstandes kürzer bis so lang wie die Blätter auch bei *T. requienii* (Mauri ex Sanguin.) Sanguin.: Pflanze 1jährig, Blüten zu 1–2, Krone 13–15 mm lang, rot, gelb oder 2farbig. Hülse mit nur 2 Flügeln auf der Oberseite (südliches Mittelmeergebiet). Stiel der Blüte oder des Blütenstandes wenigstens 2mal so lang wie die Blätter bei *T. maritimus* (L.) Roth: Pflanze ausdauernd, Blüten einzeln mit blaßgelber, 25–30 mm langer Krone. Kelchzähne kürzer als die Kelchröhre. Hülse nahezu kahl, mit 4 Flügeln (an Feuchtstellen, Mittelmeergebiet, im Süden selten, nördlich bis S-Schweden) und *T. biflorus* (Desr.) Ser.: Pflanze 1jährig, Blüten zu 1–4, mit orangegelber 17–25 mm langer Krone. Hülse behaart, mit 4 Flügeln (südliches Mittelmeergebiet).

Pfennigklee *Hymenocarpos circinnatus* (L.) Savi
10–50 cm; März – Mai; ⊙
B: Stengel abstehend weich behaart, niederliegend oder aufsteigend bis aufrecht. Untere Blätter ungeteilt, verkehrteiförmig-länglich, obere mit 2–4 Fiederpaaren und größerer Endfieder. Blüten zu 2–8 in gestielten Köpfchen, gelb, 5–7 mm lang, am Grunde mit einem Hochblatt. Kelch 5–6 mm, die Kelchzipfel schmallineal, viel länger als die Röhre. Pflanze leicht kenntlich an der flach nierenförmigen, im Durchmesser 1–2 cm großen Hülse mit geflügeltem, oft gezähntem Rand.
S: Brachland, Grasfluren.
V: Mittelmeergebiet, fehlt der Iberischen Halbinsel und den Balearen.

Ruten-Wundklee *Anthyllis cytisoides* L.
30–80 cm; April – Juni; ♄
B: Dornenloser Halbstrauch mit aufrechten, fast rutenförmigen, weiß- oder graufilzigen Zweigen. Untere Blätter einfach, obere 3zählig, das Endblättchen schmal-elliptisch, sehr viel größer als die beiden seitlichen. Blüten einzeln oder zu 2–3 in den Achseln von einfachen breiteiförmigen, zugespitzten Tragblättern, einen langen, ährenförmigen Blütenstand bildend. Kronblätter blaßgelb, 5–8 mm lang. Der zottig behaarte Kelch 4,5–7 mm lang mit 5 gleichen Zähnen, die kürzer als die Röhre sind. Hülse kahl, 1samig.
S: Garigues, besonders in Küstennähe.
V: Spanien, Balearen, S-Frankreich, NW-Afrika.
U: Ähnlich *A. terniflora* (Lag.) Pau: Alle Blätter ungeteilt, länglich oder schmal-elliptisch. Kelch nur 3–4,5 mm lang. Pflanze insgesamt weniger kräftig, fein seidig behaart (Spanien, Marokko).

Dorniger Wundklee *Anthyllis hermanniae* L.
10–50 cm; April – Juli; ♄
B: Niedriger, sparrig verzweigter Dornstrauch mit gedrehten, holzigen Zweigen, die älteren in einem Dorn endend, anfangs behaart, später mehr oder weniger kahl. Blätter einfach oder 3zählig mit schmalen länglichen, häufig gefalteten, besonders unterseits seidenhaarigen, 1–2 cm langen Fiedern. Blüten zu 2–5, seltener einzeln, mit 6–9 mm langer, gelber, gekrümmter Krone in den Blattachseln, einen langen, unterbrochenen Blütenstand bildend. Kelch 3–5 mm, mit 5 etwa gleich langen Zähnen, die kürzer als die seidenhaarige Kelchröhre sind. Frucht eiförmig, 2–3 mm, 1samig, kahl.
S: Garigues.
V: S-Europa, Kleinasien, fehlt auf der Iberischen Halbinsel und in Frankreich.

Jupiterbart *Anthyllis barba-jovis* L. ■□
0,5–1,5(–2) m; April– Juni; ♄ □□
B: Durch seine silbrige Behaarung auffallender, schöner Strauch mit unpaarig gefiederten Blättern, die 13–19 schmal-elliptischen bis schmal verkehrteiförmigen Teilblättchen fast gleich, auf der Oberseite grünseidig, auf der Unterseite silbrig schimmernd. 10 und mehr blaßgelbe, 9–10 mm lange Blüten in endständigen Köpfchen, getragen von einem in fingerförmige Abschnitte geteilten Hochblatt. Kelch behaart, 4–6 mm lang, mit 5 etwa gleich langen Zähnen, die kürzer als die Röhre sind. Hülse 1samig.
S: Küstenfelsen, in Gärten auch als Zierpflanze.
V: Von O-Spanien bis zur Balkanhalbinsel, NW-Afrika.
U: Nahe verwandt ist *A. aegaea* TURRILL: Blätter schmalelliptisch bis lineal. Köpfchen nur mit 5–9 Blüten, Kelch 6–9 mm (Kreta, Kykladen).

Roter Wundklee *Anthyllis vulneraria* L. ssp. *praepropera* (A. KERNER) BORNM. (*A. spruneri* (BOISS.) G. BECK) □■
10–40 cm; März – Juli; ⊙, ♃ □□
B: Krautige, aufsteigende bis aufrechte, angedrückt seidenhaarige Pflanze. Unterste Blätter häufig nur aus einem eiförmigen Blättchen bestehend, die obersten mit 7–13 gleichen, schmalen Fiederblättchen. Blüten rot, in 1–2 dichten endständigen Köpfchen, die am Grunde von 2 stark zerteilten hochblattartigen Laubblättern umhüllt werden. Kelch 12–13,5 mm lang, ungleich 5zähnig, mit schiefer Mündung, die Spitzen purpurn, während der Blütezeit aufgeblasen. Hülse 1(2)samig.
S: Grasfluren, Felsfluren, Garigues.
V: S-Europa, fehlt in Spanien und Teilen von Italien, Kleinasien.
U: Die abgebildete Unterart ist im Mittelmeergebiet eine der verbreitetsten der gelb, weißlich, orange, rot oder mehrfarben blühenden 30 Unterarten des Gemeinen Wundklees. Mehrere, schwierig bestimmbare, rotblühende Sippen sind auf die Iberische Halbinsel beschränkt.

Blasen-Wundklee *Anthyllis tetraphylla* L. (*Physanthyllis tetraphylla* (L.) BOISS.) □□
Bis 50 cm lang kriechend; März – Juni; ⊙ ■□
B: Niederliegende Pflanze mit behaarten Stengeln und Blättern, diese unpaarig gefiedert mit höchstens 5 Blättchen, wobei das mehr oder weniger verkehrt-eiförmige Endblättchen wesentlich größer ist als die seitlichen. Blüten bis zu 7 büschelig gehäuft in den Blattachseln, Krone hellgelb, das Schiffchen der Schmetterlingsblüte häufig an der Spitze rot gefärbt. Charakteristisch der 12–15 mm lange, zur Fruchtzeit bis 12 mm breit aufgeblasene, dicht seidig behaarte Kelch mit gerader Mündung, der nur wenig kürzer als die Blüte ist und 5 fast gleiche, spitze Zähne hat. Hülse gewöhnlich 2samig, zwischen den Samen eingeschnürt.
S: Wegränder, Kulturland, Brachland, Garigues.
V: Mittelmeergebiet.

Flachhülsige Serradella *Ornithopus compressus* L. □□
10–50 cm; Februar – Mai; ⊙ □■
B: Vom Grunde an verzweigte, niederliegende bis aufsteigende, behaarte Pflanze. Blätter unpaarig gefiedert, mit 15–37 elliptischen oder länglich-lanzettlichen, fein bespitzten Blättchen. Blüten gelb, 5–8 mm lang, zu 2–5 köpfchenförmig auf langem Stiel in den Blattachseln, von einem gefiederten, 7–9 blättrigen Hochblatt umgeben. Kelchzähne zuletzt etwa halb so lang wie die Kelchröhre. Hülse 2–5 cm lang, gebogen und seitlich mehr oder weniger zusammengedrückt, zwischen den 5–8 Abschnitten nicht oder nur leicht eingeschnürt, am Ende mit 7 mm langem oder längerem, hakig gekrümmten Schnabel.
S: Kulturland, Weiden, offene Wälder.
V: Mittelmeergebiet, Kanaren.
U: *O. pinnatus* (MILL.) DRUCE: Pflanze kahl oder spärlich behaart. Blättchen nur 7–15, lineal bis lanzettlich. Köpfchen ohne gefiedertes Hochblatt. Hülse 2–3,5 cm lang, gebogen, walzlich, mit 8–12 Abschnitten. Schnabel nicht länger als 5 mm (Mittelmeergebiet, W-Europa, Kanaren).

Schmetterlingsblütler *Fabaceae (Papilionaceae)*

Strauchige Kronwicke *Coronilla emerus* L. ■□
1–2 m; April – Juni; ♄ □□
B: Sommergrüner Strauch mit kantigen grünen Zweigen und grünen, gefiederten Blättern, kahl, nur die jungen Triebe, Blütenstiele und Kelche zerstreut behaart. Die 5–9 Teilblättchen etwa gleich groß, verkehrteiförmig, 1–2 cm lang, nicht fleischig. Blüten meist zu mehreren, nickend, mit 14–22 mm langer Fahne, Nagel der Kronblätter 2–3 mal so lang wie der Kelch, charakteristisch für diese Art. Hülsen hängend, gerade und mehr oder weniger walzlich, 5–11 cm lang, nur wenig eingeschnürt, mit 3–12 Gliedern. Bei der ssp. *emerus* Köpfchen 1–5blütig, Stengel des Blütenstandes ungefähr so lang wie die Blätter, bei der ssp. *emeroides* (Boiss. & Sprun.) Hay. Köpfchen bis 8blütig, Stengel des Blütenstandes länger als die Blätter.
S: Gebüsche, Waldränder, lichte Wälder, auch kultiviert.
V: S-Europa, nördlich vereinzelt bis Norwegen und Schweden, in S-Italien, Balkanhalbinsel, SW-Asien die ssp. *emeroides*, im Übergangsgebiet Zwischenformen.

Binsen-Kronwicke *Coronilla juncea* L. □■
Bis 1 m; April – Juni; ♄ □□
B: Halbstrauch mit binsenartigen, gefurchten, grünen Zweigen. Stengelglieder verlängert, die Blätter hinfällig, unpaarig gefiedert, mit 3–7 etwa gleich großen, schmalen, fleischigen, 5–25 mm langen Blättchen. Blüten zu 5–12 kronenförmig auf langem Stiel. Kronblätter gelb, 6–12 mm lang. Früchte 1–5 cm lange, nur wenig gekrümmte, herabhängende, gegliederte Hülsen, 4kantig, mit 2–11 Abschnitten.
S: Küstengarigues, Standfelsen.
V: Westliches Mittelmeergebiet, östlich bis W-Jugoslawien.
U: *C. valentina* L.: Pflanze blaugrün, Blätter nicht fleischig, immergrün, mit 5–15 elliptischen bis verkehrteiförmigen, an der Spitze ausgerandeten Fiedern. Blüten zu 4–12 mit 7–12 mm langer Krone. Früchte etwas zusammengedrückt, stumpf 2kantig (S-Europa, NW-Afrika).

Skorpionskraut, Skorpions-Kronwicke *Coronilla scorpioides* (L.) Koch □□
10–40 cm; März – Juni; ⊙ ■□
B: Kahle, aufsteigende bis aufrechte, bläulichgrüne 1jährige Kronwicke. Blätter sitzend, etwas fleischig, nur die unteren einfach, die übrigen 3zählig, das Endblatt 1–4 cm lang, elliptisch, oder fast rundlich, viel größer als die beiden seitlichen, rundlichen Fiedern. Nebenblätter klein, häutig und verwachsen. Blüten zu 2–5 kronenartig auf etwa blattlangem Stiel in den Blattachseln, Kronblätter hellgelb, 4–8 mm lang. Hülsen 2–6 cm, dünn, stark gekrümmt, die 2–11 Glieder gerade, mit 4–6 stumpfen Kanten.
S: Kulturland, Brachland, Garigues.
V: Mittelmeergebiet, SW-Asien.
U: Ähnlich *C. repanda* (Poir.) Guss., obere Blätter jedoch unpaarig gefiedert, mit 5–7 fast gleich großen, länglichen, an der Spitze stumpfen oder ausgerandeten Blättchen. Glieder der Hülse deutlich gebogen (südliches Mittelmeergebiet).

Einhülsiger Hufeisenklee *Hippocrepis unisiliquosa* L. □□
5–40 cm; März – Juni; ⊙ □■
B: Kleine niederliegende bis aufsteigende Pflanze. Blätter mit 7–15 linealen bis verkehrteiförmigen, 2–12 mm langen Fiederchen. Die 4–7 mm großen, gelben Blüten gewöhnlich einzeln, seltener zu 2 oder 3, sehr kurz gestielt (unter 5 mm) in den oberen Blattachseln. Frucht seitlich zusammengedrückt, nur wenig gekrümmt, 1,5–4 cm lang, mit hufeisenförmigen Einschnürungen, kahl oder spärlich warzig.
S: Kulturland, Weiden, Garigues.
V: Mittelmeergebiet, SW-Asien.
U: Zwei weitere 1jährige Arten sind im Mittelmeergebiet verbreitet: *H. multisiliquosa* L., Blüten 5–8 mm lang, in 2–6 blütigen Köpfchen, deren Stiele etwa so lang wie die Blätter. Früchte gekrümmt, 2–4 cm lang, kahl oder mit wenigen kleinen Warzen. *H. ciliata* Willd., Köpfchen ebenfalls 2–6 blütig und gestielt. Krone nur 3–5 mm lang. Früchte gekrümmt, 1,5–2,5 cm lang, an den Samenausbuchtungen mit Warzen.

Schmetterlingsblütler *Fabaceae (Papilionaceae)*

Skorpionsschwanz *Scorpiurus muricatus* L. ■□
5–60 cm; April – Juni; ⊙ □□
B: Stengel niederliegend bis aufsteigend, mehr oder weniger behaart. Blätter einfach, spatelig, in den Stiel lang verschmälert, mit 3–5 parallelen Nerven, 3–10 cm lang. Blüten gewöhnlich zu 2–5 in langgestielten Köpfchen, Krone gelb, 5–10 mm lang. Charakteristische, spiralig gedrehte Hülsen, häufig mit Höckern oder Stacheln auf den äußeren Rippen, sehr variabel, erklären den Gattungsnamen. Samen halbmondförmig. Formenreiche Art.
S: Kulturland, Brachland, Wegränder.
V: Mittelmeergebiet, Kanaren, SW-Asien.
U: Ähnlich *S. vermiculatus* L., mit meist einzelnen, selten 2, 10–20 mm großen Blüten. Äußere Rippen der Hülsen mit kräftigen köpfchenförmigen Höckern. Samen elliptisch (westliches Mittelmeergebiet, Kanaren).

Kronen-Süßklee *Hedysarum coronarium* L. □■
0,3–1 m; April – Juni; ⊙, ⊙, ♃ □□
B: Kräftige krautige, zerstreut anliegend behaarte, aufsteigende bis aufrechte Pflanze. Blätter mit 5–11 breiteiförmigen, 1,5–3,5 cm langen, oberseits nahezu kahlen, unterseits angedrückt behaarten Fiedern, Nebenblätter frei. Die 12–15 mm langen, leuchtend karminroten Schmetterlingsblüten zu 10–35 einen auffälligen, lang gestielten und aufrecht-abstehenden, dichten länglichen Blütenstand bildend. Kelch spärlich bis dicht behaart, die 5 Zähne ungefähr so lang wie die Kelchröhre. Hülse flach, zwischen den 2–4 Samen eingeschnürt, mit kleinen Dornen besetzt oder kahl.
S: Kulturland, Brachland, Wegränder, auch als Futter- und Zierpflanze angebaut und verwildert.
V: Mittelmeergebiet, gebietsweise nur eingebürgert.

Dorniger Süßklee *Hedysarum spinosissimum* L. □□
10–40 cm; April – Mai; ⊙ ■□
B: Niederliegende, angedrückt behaarte, zierliche Pflanze. Blätter mit (5–)9–17 schmalen, 5–12 mm langen, fast kahlen oder behaarten Fiedern. Blüten zu 2–10 in lang gestielten, köpfchenförmigen Trauben. Krone weiß bis blaßrosa, 8–11 mm lang, 1,5–2mal so lang wie der Kelch. Kelch 4–6 mm, Kelchzähne so lang wie oder länger als die Röhre. Hülse flach, zwischen den 2–4 Samen eingeschnürt, wollig behaart und mit hakig gekrümmten Stacheln besetzt.
S: Garigues, Steppen.
V: Mittelmeergebiet.
U: Ähnlich *H. glomeratum* Dietr. (*H. capitatum* Desf.), ebenfalls 1jährig, Fiederblättchen 17–21, elliptisch bis verkehrteiförmig. Blütenstand köpfchenförmig, bis 3 cm breit. Blüten mit rosaroter, 14–20 mm langer Krone, 2,5 bis 5mal so lang wie der Kelch. Hülse meist mit 2 Samen (S-Europa, NW-Afrika).

Hahnenkamm-Esparsette *Onobrychis caput-galli* (L.) Lam. □□
10–90 cm; April – Juli; ⊙ □■
B: Kahle oder spärlich behaarte, niederliegende bis aufrechte, schlanke Pflanze. Blätter unpaarig gefiedert, die 9–17 Blättchen schmal-länglich, 4–20 × 2–6 mm. Blüten in kleinen Trauben zu 2–5, deren Stiele zur Blütezeit ungefähr so lang wie die Blätter. Krone purpurn, 5–8 mm, nur wenig länger als der Kelch, Kelchzähne 2–4mal so lang wie die Röhre. Frucht eine halbkreisförmige, flache, 6–10 mm große, behaarte Hülse, am Rande mit einem Kamm aus zahlreichen pfriemlichen, 2–5 mm langen Zähnen, die beiden Seitenflächen mit einer Netzleiste und Zähnen ähnlich den randständigen, 1 Same.
S: Kulturland, Brachland, Wegränder.
V: Mittelmeergebiet, fehlt auf den Balearen, Korsika und Sardinien.
U: Ähnlich *O. aequidentata* (Sibth. & Sm.) D'Urv., aber Stiele der Blütenstände viel länger als die Blätter. Blütenkrone größer, 10–14 mm. Hülse am Rand mit 4–7 breit dreieckigen Zähnen, viel größer als die auf den Seitenflächen (S-Europa, Vorderasien).

Sauerkleegewächse *Oxalidaceae*
Storchschnabelgewächse *Geraniaceae*
Jochblattgewächse *Zygophyllaceae*

Nickender Sauerklee *Oxalis pes-caprae* L. (*O. cernua* THUNB.) *Oxalidaceae* ■□ □□
10–50 cm; Dezember – Mai; ♃
B: Am Ende eines brüchigen, mit Brutknöllchen besetzten Erdsprosses eine Rosette aus bis 20 cm lang gestielten, kleeblattartigen Blättern, Teilblättchen tief verkehrt-herzförmig. Der langgestielte Blütenstand mit 6–12 doldenförmig angeordneten, in der Knospe nickenden, trichterförmigen Blüten. Fünf 2–2,5 cm lange, zitronengelbe Kronblätter. Fruchtkapseln werden kaum ausgebildet, da von den 3 möglichen Blütenformen mit verschieden langen Griffeln bzw. Staubblättern nur eine bis ins Mittelmeergebiet gelangt ist, und damit eine Bestäubung unmöglich wird. Die Vermehrung erfolgt im Gebiet ausschließlich über Brutknöllchen.
S: Im Kulturland, vor allem unter Baumkulturen, zur Blütezeit gebietsweise das Landschaftsbild bestimmend; gelegentlich auch mit gefüllten Blüten kultiviert und verwildert.
V: Heimat S-Afrika, im Mittelmeergebiet und weiter seit dem 18. Jahrhundert eingeschleppt und eingebürgert.

Malvenblättriger Reiherschnabel *Erodium malacoides* (L.) L'HÉR.
Geraniaceae □■ □□
10–60 cm; Februar – Juni; ⊙, ⊙
B: Stengel ausgebreitet bis aufrecht, mit zurückgebogenen, oft auch drüsigen Haaren. Blätter gestielt, eiförmig bis länglich mit herzförmigem Grund, gekerbt-gesägt oder schwach eingeschnitten gelappt, 2–10 × 1–5 cm. Blüten doldenförmig zu 3–10 an langen, drüsig behaarten Stielen, am Grunde mehrere eiförmig-rundliche, weißliche Hochblätter. 5 rosa, 5–9 mm lange, nicht ausgerandete Kronblätter und 5–7 mm lange, drüsig behaarte Kelchblätter. Teilfrüchtchen 5 mm, weiß oder bräunlich behaart, an der Ansatzstelle des Schnabels eine Grube und darunter eine tiefe, ringförmige Einschnürung, beide mit winzigen Drüsen besetzt. Schnabel nur 2–3 cm lang, nach Loslösung von der Achse korkenzieherartig gewunden.
S: Brachland, Wegränder, Grasfluren.
V: Mittelmeergebiet, Kanaren, SW-Asien.
U: *E. chium* (L.) WILLD.: Sehr ähnlich, aber Hochblätter braun, eiförmig-spitz. Früchtchen 3,5–4,5 mm, an der Spitze ohne ringförmige Einschnürung unter der Grube, Schnabel 3–4 cm (Mittelmeergebiet, Kanaren).

Kretische Fagonie *Fagonia cretica* L. *Zygophyllaceae* □□ ■□
10–40 cm; April – Juni; ♃
B: Niederliegende, ausgebreitet verzweigte, steife Pflanze mit gegenständigen, gestielten, 3teiligen Blättern. Teilblättchen ledrig, lanzettlich, dornig bespitzt, asymmetrisch, 5–15 mm lang. Nebenblätter dornig, kürzer als die Blattstiele. Die ansehnlichen Blüten einzeln gestielt in den Blattachseln, 1–2 cm breit, mit 5 genagelten, rotvioletten Kronblättern und 5 hinfälligen Kelchblättern. Früchte mit dem ausdauernden Griffel etwa 1 cm lang, aus 5 scharfwinkligen Fächern mit gewimperten Kanten zusammengesetzt.
S: Garigues, Felsfluren.
V: Südliches Europa, N-Afrika, Kanaren.

Bohnen-Jochblatt *Zygophyllum fabago* L. *Zygophyllaceae* □□ □■
0,3–1 m; Mai – August; ♃
B: Aufrechte kahle Pflanze. Blätter gegenständig mit je einem Paar verkehrteiförmiger bis elliptischer, asymmetrischer, fleischiger Blättchen, zwischen ihnen oft ein kleiner Fortsatz der Blattspindel. Blüten einzeln in den Blattachseln, mit 5 weiß berandeten Kelch- und 5 länglicheiförmigen, oben weißlichen und unten rot-orangenen Kronblättern. 10 weit herausragende, orangefarbene Staubbeutel. Frucht eine 2–3,5 cm lange, hängende, zylindrische und kantige Kapsel. Die in Essig eingelegten Blütenknospen wurden früher wie Kapern verwendet.
S: Schuttplätze, Wegränder.
V: Östliches Mittelmeergebiet, nördlich bis Rumänien, S-Rußland, SW-Asien bis Ägypten, im Westen gebietsweise eingebürgert.

Jochblattgewächse *Zygophyllaceae*
Leingewächse *Linaceae*
Wolfsmilchgewächse *Euphorbiaceae*

Erd-Burzeldorn, Erdsternchen *Tribulus terrestris* L. *Zygophyllaceae* ■□ □□
10–60 cm; Mai – September; ⊙
B: Niederliegende, mehr oder weniger stark behaarte Pflanze. Blätter gegenständig, oft ungleich groß, mit 5–8 Fiederpaaren. Blättchen schief eiförmig-länglich, 0,6–1,2 cm. Blüten 5zählig, 4–5 mm, gelb, einzeln in den Blattachseln auf 2–4 mm langen Stielen. Frucht mit 5 sternförmig angeordneten, 3seitigen Teilfrüchtchen, die auf dem Rücken in Borsten endende Warzen tragen und auf den beiden Seiten meist je 2 kräftige, dornige Auswüchse. Mehrere Unterarten.
S: Kulturland, Brachland, Wegränder, oft auf sandigem Boden.
V: Mittelmeergebiet, Kanaren, SO-Europa, weltweit in wärmere Gebiete verschleppt.

Strand-Lein *Linum maritimum* L. *Linaceae* □■ □□
20–80 cm; Mai – September; ♃
B: Hohe, meist kahle Pflanze mit mehreren aufrechten bis aufsteigenden, schlanken, fein gerillten Stengeln. Blätter sitzend, schmal-elliptisch bis lanzettlich, 2–4 mm breit, die unteren gegenständig und am Grunde 3nervig, die mittleren und oberen wechselständig, 1nervig. 5zählige Blüten in lokkeren, rispigen Blütenständen. Kronblätter gelb, 8–15 mm lang, Kelchblätter eiförmig spitz, 3 mm lang, am Rande undeutlich gewimpert. Narben keulenförmig. Kapsel etwa so lang wie die Kelchblätter.
S: Salzsümpfe, in Küstennähe.
V: Mittelmeergebiet, im Osten gebietsweise fehlend.
U: Ebenfalls gelbblütig sind die beiden 1jährigen, niedrigeren und meist früher im Jahr blühenden Arten *L. strictum* L.: Alle Blätter wechselständig, am Rande fein gesägt, oft eingerollt. Kronblätter 6–12 mm, Kelchblätter 4–6 mm, Narben kopfig, und *L. trigynum* L. (*L. gallicum* L.): Alle Blätter wechselständig, am Rande glatt. Kronblätter 4–6 mm, Kelchblätter 3–4 mm, Narben lineal (beide fast im ganzen Mittelmeergebiet).

Lackmuskraut *Chrozophora tinctoria* (L.) A. JUSS.
(*Croton tinctorium* L.) *Euphorbiaceae* □□ ■□
10–50 cm; Mai – Oktober; ⊙
B: Ästige, graugrüne, sternhaarige Pflanze ohne Milchsaft. Blätter gestielt, 2–9 cm lang, eiförmig bis rhombisch, am Grunde keilförmig, ganzrandig oder geschweift. Blüten einhäusig und unscheinbar, die männlichen mit 9–11 Staubblättern zu mehreren in kleinen aufrechten Trauben, die weiblichen einzeln oder bis zu 4, lang gestielt am Grunde des Blütenstandes. Früher zur Gewinnung eines Farbstoffes verwendet.
S: Kulturland, Brachland, oft in Küstennähe.
V: Mittelmeergebiet, SW-Asien.
U: *C. obliqua* (VAHL) A. JUSS. ex SPRENG.: Weißliche, dicht sternhaarig-filzige Pflanze. Blätter am Grunde gestutzt oder fast herzförmig. Staubblätter 4–5 (südliches Mittelmeergebiet, SW-Asien).

Rizinus, Wunderbaum *Ricinus communis* L. *Euphorbiaceae* □□ □■
0,5–4m; Februar – Oktober; ⊙ bis ♄
B: Schnellwüchsige, bis baumgroße, 1häusige Pflanze. Blätter 5–9fach handförmig gelappt. Blütenstände in aufrechten Rispen, männliche Blüten mit verzweigten gelben Staubblättern, weibliche mit auffälligen roten Narben, Blütenblätter unscheinbar. Früchte 3fächerige, bis 2 cm große Kapseln, meist stachelig, mit 3 bohnenförmigen, glänzenden, marmorierten Samen. Das aus den Samen gewonnene fette Öl hat große technische Bedeutung als Schmiermittel, von den giftigen Eiweißstoffen befreit wird es auch für medizinische (Abführmittel) und kosmetische Zwecke verwendet. 5–20 Samen sind für den Menschen tödlich.
S: Zierpflanze, auch verwildert an Straßenrändern und Schuttplätzen.
V: Im Mittelmeergebiet eingebürgert, in Subtropen und Tropen vielfach angebaut, Heimat tropisches Afrika.

Wolfsmilchgewächse *Euphorbiaceae*

Sumpfquendel-Wolfsmilch *Euphorbia peplis* L. ■□
5–40 cm lang ausgebreitet; Mai – Oktober; ⊙ □□
B: Etwas fleischige, kahle Pflanze mit gewöhnlich 4 niederliegenden Ästen. Gegenständige, 2–3 mm lang gestielte, blaugrüne Blätter, eigenartig asymmetrisch, eiförmig bis länglich-sichelförmig, am Ende abgestumpft oder ausgerandet, 0,5–1,5 cm lang. Unscheinbare, pfriemliche Nebenblätter. Scheinblüten einzeln in den Blattachseln. Drüsen halbrund, rötlichbraun, mit kleinen, blasseren Anhängseln. Kapsel kahl, 3–5 mm, Samen etwa 3 mm groß, eiförmig, glatt.
S: Sandstrände, selten im Binnenland.
V: Küsten des Mittelmeergebietes, W-Europas, der Kanaren, des Schwarzen und Kaspischen Meeres.
U: *E. chamaesyce* L. Zwerg-Wolfsmilch, mit sehr kleinen, rundlichen, etwas asymmetrischen, gegenständigen Blättern. Kapsel kahl oder dicht abstehend behaart, 2 mm. Samen runzelig, 1,2 mm, 4kantig (Mittelmeergebiet, S- und Zentralrußland, SW-Asien).

Baumartige Wolfsmilch *Euphorbia dendroides* L. □■
0,5–2 (–3) m; April – Juni; ♄ □□
B: Hoher kahler Kugelbusch mit oft armdickem Stamm und regelmäßiger gabeliger Verzweigung. Blätter vom Herbst bis etwa Mai an den Zweigenden, bei Eintritt der Trockenzeit abfallend, länglich-lanzettlich, stumpf mit aufgesetzter Spitze, 25–65 × 3–8 mm. Hüllblätter am Grunde des 5–8 (–10) strahligen doldenartigen Blütenstandes etwas breiter und kürzer. Honigdrüsen rundlich, unregelmäßig gelappt. Fruchtkapsel 5–6 mm, 3 kantig, Samen 3 mm, seitlich zusammengedrückt, glatt, grau.
S: Auf Felsen in Küstennähe, oft bestandbildend, vorwiegend auf Kalk.
V: Lokal im ganzen Mittelmeergebiet.
U: Ähnliche baumförmige Wolfsmilch-Arten erst auf den Kanaren und in Afrika.

Dornbusch-Wolfsmilch *Euphorbia acanthothamnos* Heldr. & Sart. ex Boiss. □□
10–35 cm; März – Mai; ♄ ■□
B: Niedrige, kugelige Polster bildender, sparrig verzweigter, kahler Strauch, stark dornig durch die vorjährigen, abgestorbenen, stechenden Doldenstrahlen. Blätter frisch grün, elliptisch, 0,5–2 cm lang und 2–5 mm breit, Hüllblätter am Grunde des Blütenstandes wie die Stengelblätter. Dolden meist 3strahlig, Strahlen oft 2–3mal gegabelt. Tragblätter verkehrteiförmig gelblich. Kapseln 3–4 mm, mit kurzen zylindrischen Warzen. Samen 2 mm, braun, glatt.
S: Garigues.
V: Griechenland mit Inseln, W-Anatolien.
U: An das Verbreitungsgebiet von *E. acanthothamnos* im Westen anschließend *E. spinosa* L.: Abgestorbene Doldenstrahlen bleibend, aber nicht stechend. Blätter blaugrün, lanzettlich, 5–15 mm lang. Hüllblätter verkehrteiförmig, viel breiter als die Stengelblätter und ungefähr so lang wie die 1–5 Doldenstrahlen mit meist je einer Scheinblüte. Kapsel 3–4 mm, mit oft langen, kegelförmigen Warzen. Samen 2–3 mm, glatt (hauptsächlich in der montanen und subalpinen Stufe, S-Europa von S-Frankreich bis Albanien).

Myrten-Wolfsmilch *Euphorbia myrsinites* L. □□
Bis 40 cm; März – August; ♃ □■
B: Kräftige, kahle, blaugrüne, fleischige Pflanze mit einfachen, niederliegenden oder aufsteigenden, sehr dicht beblätterten Stengeln. Blätter verkehrteiförmig bis spatelförmig, zugespitzt. Der doldenartige Blütenstand mit 5–12 Strahlen, deren Hüllblätter breit-eiförmig bis rundlich mit aufgesetzter Spitze. Honigdrüsen mit kurzen, verbreiterten Hörnern. Kapsel kahl, glatt oder mit winzigen Warzen, Samen meist rauh. Formenreiche Art.
S: Felstriften, Garigues, Wegränder, lichte Wälder, auch als Zierpflanze.
V: S-Europa von den Balearen bis zur Krim, Kleinasien und zum Persischen Golf.
U: *Euphorbia rigida* Bieb. (*E. biglandulosa* Desf.): Stengel am Grunde verholzt, aufsteigend bis aufrecht, mit helleren graugrünen, lanzettlichen, spitzen Blättern. Samen glatt (südliches und östliches Mittelmeergebiet).

Wolfsmilchgewächse *Euphorbiaceae*

Doppeldolden-Wolfsmilch *Euphorbia biumbellata* POIR. ■□
30–80 cm; April – Juni; ♃ □□
B: Aufrechte, gelegentlich am Grunde verzweigte, kahle Wolfsmilchart, auffällig durch 2, selten 3 übereinanderstehende, 8–21strahlige doldenartige Blütenstände, die durch blattlose Stengelabschnitte getrennt sind. Blätter zahlreich, lineal bis lineal-lanzettlich mit kleiner aufgesetzter Spitze, Hüllblätter am Grunde des Blütenstandes lanzettlich bis eiförmig-dreieckig. Tragblätter nierenförmig. Honigdrüsen mit langen, am Ende keulenförmig verbreiterten Hörnern. Kapsel 3–4 mm, fein warzig, Samen fein runzelig.
S: Fels- und Sandstandorte in Küstennähe, auch lichte Wälder und Gebüsche.
V: Westliches Mittelmeergebiet bis Italien und Sizilien.

Pithyusen-Wolfsmilch *Euphorbia pithyusa* L. □■
20–70 cm; Mai – September; ♃, ♄ □□
B: Blaugrüne, an der Basis verzweigte und oft holzige, fein warzige (Lupe!) Pflanze mit aufsteigenden oder aufrechten Trieben, die bis zu 20 blattachselständige, gelegentlich einen Quirl bildende Seitenäste tragen. Blätter sehr zahlreich, dachziegelartig angeordnet, 5–28 mm lang, lineal-lanzettlich, zugespitzt, im unteren Teil der Stengel zurückgebogen. Hüllblätter am Grunde der 5–8strahligen doldenartigen Blütenstände eiförmig mit aufgesetzter Spitze, ganzrandig oder unregelmäßig gesägt. Tragblätter quer eiförmig bis fast rundlich. Honigdrüsen teilweise mit Hörnern. Kapsel fein warzig.
S, V: Ssp. *pithyusa:* Sandstrände und Küstenfelsen im westlichen Mittelmeergebiet von den Balearen bis Italien und ssp. *cupanii* (GUSS. ex BERTOL.) A. R. SM.: Buschige und steinige Orte im Inland. Inseln des westlichen Mittelmeergebietes bis Sizilien.

Strand-Wolfsmilch *Euphorbia paralias* L. □□
20–70 cm; Mai – September; ♃ ■□
B: Steif aufrechte, am Grunde verzweigte, blaugrüne, etwas fleischige, kahle Pflanze. Die sehr zahlreichen, dachziegelartig angeordneten Blätter 0,3–3 cm lang, länglich-elliptisch, die oberen wie die Hüllblätter des doldenartigen Blütenstandes eiförmig. Dieser 3–6strahlig, darunter blattachselständig noch bis zu 9 Seitenäste. Tragblätter nierenförmig. Honigdrüsen ausgerandet, mit kurzen Hörnern. Kapsel 4,5–6 mm breit, kahl, fein warzig. Samen 2,5–3,5 mm, glatt.
S: Sand- und Kiesstrände.
V: Küsten des Mittelmeergebietes, des Schwarzen Meeres, W-Europas und der Kanaren.

Palisaden-Wolfsmilch *Euphorbia characias* L. □□
0,3–0,8 (–1,8) m; Februar – Juli; ♃, ♄ □■
B: Stattliche, meist behaarte Wolfsmilch-Art, am Grunde verholzt und mit kräftigen aufrechten, unverzweigten Stengeln. Blätter im oberen Teil der Stengel dicht gedrängt und teilweise abwärts geneigt, bis 13 cm lang und 1 cm breit, lineal bis lanzettlich, ganzrandig. Langer Blütenstand mit 10–20 (–40) strahliger Enddolde und 13–40 blattachselständigen Strahlen. Hüllblätter am Grunde der Dolde wie die oberen Stengelblätter, Tragblätter rundlich-3eckig, schüsselförmig verwachsen. Fruchtkapsel 5–7 mm, glatt, weichhaarig, Samen 2,5–3,8 mm, eiförmig, silbergrau. Die abgebildete ssp. *characias* mit dunkelrotbraunen Honigdrüsen und kurzen Hörnern, Pflanze etwa 80 cm hoch, die ssp. *wulfenii* (HOPPE EX KOCH) A. R. SM. mit gelblichen Honigdrüsen und meist langen Hörnern. Pflanze ingesamt kräftiger, bis 1,80 m.
S: Macchien, lichte Wälder, Weiderasen, Wegränder.
V: Ssp. *characias:* von Portugal bis Jugoslawien, Marokko, Cyrenaica, ssp. *wulfenii:* von Italien bis Kleinasien.

Rautengewächse *Rutaceae*
Zwergölbaumgewächse *Cneoraceae*

Gefranste Raute *Ruta chalepensis* L. (*R. bracteosa* DC.) *Rutaceae* ■□
20–60 cm; April – Juli; ♃, ♄ □□
B: Stark aromatische, meist kahle, am Grunde verholzte Pflanze. Blätter doppelt gefiedert, mit länglichen oder verkehrteiförmigen, stumpfen Abschnitten. Hochblätter breiter als der zugehörige Stengel. Blütenstand fast immer drüsenlos, trugdoldig, meist mit einer zentralen 5zähligen Blüte umgeben von 4zähligen. Kronblätter gelbgrün, am Rand gefranst.
S: Garigues, Felsfluren, Wegränder, auch als Zierpflanze.
V: Mittelmeergebiet, Kanaren, östlich bis Arabien.
U: *R. angustifolia* Pers.: Kronblätter gefranst, Blütenstand drüsig. Hochblätter kaum breiter als der zugehörige Stengel (Mittelmeergebiet, östl. bis NW-Jugoslawien). *R. montana* (L.) L.: Kronblätter ganzrandig, gewellt, Blütenstand drüsig. Blattabschnitte lineal (Mittelmeergebiet, lokal. Blütezeit Sommer).

Zitrone *Citrus limon* (L.) Burm. f. *Rutaceae* □■
2–7 m; ganzjährig; ♄ □□
B: Niedriger immergrüner Baum, in den Achseln junger Zweige kräftige Dornen. Blätter breitelliptisch, zugespitzt, unregelmäßig gekerbt-gesägt. Blattstiel nur schwach geflügelt, deutlich von der Spreite abgesetzt. Blüten einzeln oder in wenigblütigen Trauben, mit meist 5 weißen, außen rötlich überlaufenen Kronblättern und 25–40 Staubblättern. Reife Früchte mit zitzenförmigem Fortsatz, relativ dünnschalig, mit saurem Fruchtfleisch.
S, V: Im Mittelmeergebiet und entsprechenden Klimabereichen kultiviert, Heimat SO-Asien.
U: *C. medica* L., Zitronat-Zitrone: Blattstiel ungeflügelt, undeutlich von der Spreite abgesetzt. Früchte größer, mit sehr dicker, runzeliger Schale.

Orange, Apfelsine *Citrus sinensis* (L.) Osb. *Rutaceae* □□
2–5 m; April – Oktober; ♄ ■□
B: Kleiner immergrüner Baum mit runder Krone, in den Achseln junger Zweige einzelne dünne Dornen. Blätter dunkelgrün, breitelliptisch, zugespitzt, am Grunde abgerundet, undeutlich gekerbt. Stiel schmal geflügelt, kaum mit Seitennerven, im Umriß verkehrtlanzettlich. Blüten einzeln oder zu wenigen mit meist 5 dicklichen, weißen, stark duftenden Kronblättern und etwa 20 Staubblättern.
S, V: Im Mittelmeergebiet seit dem 16. Jahrhundert kultiviert, Heimat China.
U: Aus SO-Asien stammen auch *C. aurantium* L., Pomeranze, Bitterorange: Blattstiel breiter geflügelt, Flügel oft mit Seitennerven. Frucht orangenähnlich, aber mit dickerer, warziger, bitterer Schale, Fruchtfleisch sauer. Zur Herstellung von Orangeat und Orangenmarmelade, das ätherische Öl der Blüten und der Schale in der pharmazeutischen Industrie und zur Parfümherstellung. *C. deliciosa* Ten., Mandarine: Blätter schmalelliptisch, nur 4–5 × 1–2 cm groß. Schale dünn, dem Fruchtfleisch locker aufsitzend. *C. bergamia* Risso & Poit., Bergamotte: ungenießbare, glatte, blaßgelbe, birnförmige Früchte, kultiviert in Sizilien und Kalabrien wegen des wohlriechenden ätherischen Öles. Sehr breite verkehrtherzförmig geflügelte Blattstiele haben *C. paradisi* Macf., Grapefruit, und *C. grandis* (L.) Osb., Pomelo.

Dreibeeriger Zeiland, Zwergölbaum *Cneorum tricoccon* L. *Cneoraceae* □□
0,3–1,3 m; März – Juni; ♄ □■
B: Kleiner, kahler, immergrüner Strauch mit derben, 1–3 cm langen und 3–7 mm breiten, am Ende abgerundeten und an der Basis verschmälerten, sitzenden Blättern, Seitennerven undeutlich. Blüten kurz gestielt, einzeln oder zu 2–3 in den oberen Blattachseln mit 3, manchmal 4, gelblichen, 5 mm langen Kronblättern. Auffällig die in 3 (4) etwa 5 mm große kugelige Teile zerfallende, rote, später schwarze Spaltfrucht.
S: Macchien, immergrüne Wälder, oft auf Kalkböden.
V: S-Europa von Spanien bis Mittelitalien, fehlt auf Korsika.

Kreuzblumengewächse *Polygalaceae*
Gerberstrauchgewächse *Coriariaceae*
Sumachgewächse *Anacardiaceae*

Nizza-Kreuzblume *Polygala nicaeensis* Risso ex Koch *Polygalaceae* ■□
15–40 cm; April – Juli; ♃ □□
B: Stengel meist aufsteigend, am Grunde verholzt. Untere Blätter verkehrteiförmig lanzettlich, mittlere und obere lineal-lanzettlich, länger als die unteren. 8–40 rosa, seltener blaue oder weiße Blüten in 3–15 cm langen, lockeren, endständigen Trauben. Hochblätter die Blütenknospen ein wenig überragend, hinfällig. 2 der 5 Kelchblätter blumenblattartig (Flügel), groß, 8–11 mm, 3–5nervig. Kronblattröhre etwa halb so lang wie die Flügel, kürzer als der freie Teil der Kronblätter. Fruchtkapsel kürzer als die Flügel. Formenreiche Art mit zahlreichen Unterarten.
S: Garigues, Macchien, lichte Wälder.
V: S- und SO-Europa, NW-Afrika, fehlt jedoch auf den Balearen, Sardinien, Sizilien und Kreta.

Gerberstrauch *Coriaria myrtifolia* L. *Coriariaceae* □■
1–3 m; April – Juli; ♄ □□
B: Kahler Strauch mit aufrechten, 4kantigen Zweigen. Blätter gegenständig, seltener zu 3–4, fast sitzend, ledrig, eilanzettlich, zugespitzt, 3–6 cm lang, mit 3 Hauptnerven (*Myrtus communis* L. s. S. 162 hat 1 Hauptnerv und helle Drüsenpunkte). Blüten in kurzen Trauben, 5zählig. Kronblätter grünlich, kürzer als die Kelchblätter, beide zur Fruchtzeit vergrößert, dunkel rotbraun und fleischig, zwischen die radiär angeordneten Fruchtblätter gedrängt. Frucht beerenartig, gerippt, zuletzt schwarz glänzend, sehr giftig. Verwendung der Blätter früher zum Gerben und Färben.
S: Lichte Wälder, Gebüsche, Hecken.
V: Westliches Mittelmeergebiet bis N-Italien, nicht auf Korsika und Sardinien.

Gerber-Sumach *Rhus coriaria* L. *Anacardiaceae* □□
1–3 m; Mai – August; ♄ ■□
B: Milchsaftführender Strauch oder kleiner Baum mit fein behaarten Zweigen und gefiederten 10–20 cm langen Blättern, die 7–21 sitzenden Fiedern 1–5 cm lang, eiförmig-lanzettlich, grob gekerbt-gesägt, weichhaarig. Blattspindel wenigstens am oberen Ende geflügelt. Blüten 5zählig, in 10–20 cm langen, dichten und aufrechten, behaarten Rispen, Blütenblätter weißlich, etwa 2mal so lang wie der Kelch. Früchte braunrot, behaart, in frischem Zustand giftig. Früher zum Gerben und Färben verwendet.
S: Im Unterwuchs lichter Wälder und Gebüsche, vorwiegend auf Kalk, auch gepflanzt und verwildert.
V: Mittelmeergebiet, SW-Asien, Kanaren, nicht auf den Balearen, Korsika, Sardinien.
U: Von N-Afrika bis nach Sizilien reichen 2 Arten mit fingerförmigen Blättern: *R. pentaphylla* Jacq.) Desf., 3–5zählig und *R. tripartita* (Ucria) Grande, immer 3zählig. Der auch bei uns häufig gepflanzte Essigbaum, *R. typhina* L., in S-Europa stellenweise eingebürgert (Heimat N-Amerika).

Perückenstrauch *Cotinus coggygria* Scop. (*Rhus cotinus* L.) *Anacardiaceae* □□
1–3 (–5) m; Mai – Juli; ♄ □■
B: Aromatischer, kahler Strauch. Die lang gestielten, eiförmig-rundlichen, ganzrandigen, 3–8 cm langen Blätter unterseits bläulichgrün, im Herbst mit prächtiger dunkelroter Farbe. Kleine 5zählige, gelbgrüne Blüten in 15–20 cm langen, reich verzweigten, aufrechten endständigen Rispen, darunter viele unfruchtbare Blütenstiele, die, zur Fruchtzeit verlängert und mit fedrigen, violetten Haaren besetzt, dem Fruchtstand ein perückenartiges Aussehen verleihen. Die sehr gerbstoffreiche Pflanze früher zum Gerben, Färben, als Gurgelmittel und zum Blutstillen.
S: Lichte Wälder und Gebüsche, bevorzugt auf Kalk, häufig als Zierpflanze.
V: S-Europa, von SO-Frankreich bis SW-Asien.

Sumachgewächse *Anacardiaceae*
Ahorngewächse *Aceraceae*

Terpentin-Pistazie *Pistacia terebinthus* L. *Anacardiaceae* ■□
2–5 m; April – Juli; ♄ □□
B: Sommergrüner aromatischer Strauch oder kleiner Baum mit unpaarig gefiederten Blättern, die 3–9 Teilblättchen oval, 2–8,5 cm lang, mit aufgesetzter kleiner Spitze. Blattspindel nicht geflügelt. Blüten zweihäusig in langen Rispen, bräunlich. Früchte 5–7 mm, anfangs rot, später bräunlich.
S: Offene Wälder, Macchien, bis in die Bergstufe ansteigend, meist auf Kalk.
V: Mittelmeergebiet, im östlichen Teil die ssp. *palaestina* (Boiss.) Engl.
U: Sommergrüne Bäume sind: *P. vera* L., Echte Pistazie, mit dünnen, 1–3zähligen Blättern, Blattstiel behaart. Wegen der eßbaren, bis 25 mm großen Samen (Pistazien, Grüne Mandeln) kultiviert (Heimat Asien). *P. atlantica* Desf.: Blätter 5–11zählig, Teilblättchen länglich, ohne aufgesetzte Spitze. Blattstiel behaart, Spindel schmal geflügelt (N-Afrika, östliches Mittelmeergebiet bis Pakistan, Kanaren).

Mastixstrauch *Pistacia lentiscus* L. *Anacardiaceae* □■
1–3 (–8) m; März – Juni; ♄ □□
B: Auch im Sommer zur Zeit der größten Trockenheit noch dunkelgrüner Strauch, seltener kleiner Baum mit immergrünen, paarig gefiederten Blättern. 8–12 elliptisch-lanzettliche, bis 5 cm lange, stumpfe Teilblättchen mit kleiner aufgesetzter Spitze. Blattspindel breit geflügelt. Blüten zweihäusig in kurzen dichten Blütenständen in den Blattachseln, die männlichen auffällig durch dunkelrote Staubbeutel, weibliche grünlich. Früchte etwa 4 mm groß, rot, später schwarz. Das aus kultivierten Bäumen vor allem auf der Insel Chios gewonnene Harz, Mastix, findet technische Verwendung als Kitt oder Klebemittel, zum Befestigen von Wundverbänden, im östlichen Mittelmeergebiet als Kauharz.
S: Häufig in Garigues, Macchien und Wäldern.
V: Mittelmeergebiet, Kanaren.
U: *P. ×saportae* Burnat *(P. lentiscus × terebinthus):* Immergrüner Bastard der beiden Arten, in mehreren Ländern beobachtet.

Peruanischer Pfefferbaum *Schinus molle* L. *Anacardiaceae* □□
4–8 m; April – August; ♄ ■□
B: Immergrüner Baum oder Strauch mit schlanken, überhängenden Zweigen. Lange, schmale, aromatische Blätter, mit 15–27 lineal-lanzettlichen, ganzrandigen oder gesägten, 2,5–6 cm langen und 3–8 mm breiten, sitzenden Fiedern. Blattspindel ungeflügelt. Blüten klein, gelblich-weiß, 5zählig, in reich verzweigten, hängenden Rispen. Rosa Steinfrüchte, 6–7 mm im Durchmesser, den Winter über am Baum bleibend, mit pfefferartigem Geschmack.
S, V: Als Zierbaum häufig gepflanzt, gelegentlich eingebürgert, Herkunft M- und S-Amerika.
U: An *Pistacia terebinthus* L. erinnernd *S. terebinthifolia* Raddi: Zweige nicht hängend. Blätter nur mit 2–4 Fiederpaaren, Blättchen 1–2 cm breit, Blattspindel im oberen Teil geflügelt. Früchte leuchtend rot (in SW-Europa gepflanzt und stellenweise eingebürgert, Heimat S-Amerika).

Französischer Ahorn *Acer monspessulanum* L. *Aceraceae* □□
Bis 6 (–12) m; April – Mai; ♄ □■
B: Sommergrüner Strauch oder Baum. Die 2–6 cm lang gestielten, derben, oberseits glänzenden, unterseits etwas graugrünen, weichhaarigen, verkahlenden Blätter bis zur Mitte in 3 meist ganzrandige Lappen zerteilt, 3–8 cm lang. Blüten in zuerst aufrechten, später etwas hängenden, wenigblütigen Doldentrauben. Die 5 Kronblätter gelbgrün, 4–5 mm lang. Früchte verkahlend, mit fast parallelen Flügeln.
S: Sommergrüne Wälder, Gebüsche.
V: Mittelmeergebiet (fehlt auf den Balearen und Kreta), selten bis Mitteleuropa; SW-Asien.
U: Ähnlich die immergrüne Art *A. sempervirens* L.: Blätter nur 1 cm lang gestielt, mit 2–5 cm großer 3lappiger bis ungeteilter, am Rand wellig gekerbter, unterseits grüner, kahler Spreite. Blüten in aufrechten Doldentrauben. Fruchtflügel fast parallel oder spitzwinkelig auseinandergehend (Griechenland bis S-Anatolien).

Buchsbaumgewächse *Buxaceae*
Kreuzdorngewächse *Rhamnaceae*

Immergrüner Buchsbaum *Buxus sempervirens* L. *Buxaceae* ■□
2–5 (–8) m; März – April; ♄ □□
B: Immergrüner Strauch oder kleiner Baum. Die gegenständigen, kurz gestielten ledrigen Blätter oberseits glänzend dunkelgrün, unterseits heller, am Rand etwas umgebogen, 1,5–3 cm lang. Blüten in blattachselständigen Knäueln aus einer endständigen, meist 5 oder 6zähligen, weißlichen weiblichen Blüte und mehreren sitzenden, 4zähligen, grünlichgelben männlichen. Durchmesser des Blütenstandes etwa 5 mm. Griffel weniger als halb so lang wie die zuletzt schwarz-braune Kapsel. Die Pflanze enthält giftige Alkaloide.
S: Immergrüne und sommergrüne Laubwälder, seit alters in vielen Gartenformen kultiviert.
V: Mittelmeergebiet, bis nach W- und Mitteleuropa, SW-Asien, sonst gelegentlich verwildert.
U: *B. balearica* Lam.: Zweige kräftiger, Blätter 2,5–4 cm lang, oberseits weniger glänzend und heller grün. Blütenstand etwa 10 mm im Durchmesser, männliche Blüten gestielt. Griffel fast so lang wie die Kapsel (Sardinien, Balearen, vereinzelt in S- und O-Spanien, NW-Afrika).

Christusdorn, Stechdorn *Paliurus spina-christi* Mill. *Rhamnaceae* □■
2–3 m; Mai – September; ♄ □□
B: Sommergrüner Strauch mit teilweise überhängenden, zickzackförmig gebogenen, in der Jugend behaarten Zweigen. Wechselständige, fast 2zeilig gestellte, kurz gestielte Blätter mit 2–4 cm langer, schief eiförmiger, undeutlich gekerbt-gesägter, 3nerviger, hellgrüner Spreite. Von den beiden zu Dornen umgewandelten Nebenblättern der eine länger und gerade, der andere kürzer und gekrümmt. Blüten grünlichgelb, 5zählig, etwa 2 mm breit, in kleinen blattachselständigen Trauben. Unverwechselbare Früchte, gelbbraun, trocken, rundherum mit einem häutigen, gewellten Rand, 1,5–3 cm im Durchmesser. Möglicherweise für die Dornenkrone Christi verwendet.
S: Laubwälder, Gebüsche, Hecken.
V: Mittelmeergebiet (fehlt auf den großen Inseln), östlich bis nach Zentralasien.

Zickzackdorn *Ziziphus lotus* (L.) Lam. *Rhamnaceae* □□
0,5–2,5 m; April – August; ♄ ■□
B: Sommergrüner undurchdringlicher Dornstrauch mit zickzackförmig gebogenen, kahlen, hellgrauen Zweigen. Blätter wechselständig, sehr kurz gestielt, eiförmig-länglich bis breitelliptisch, 3nervig, am Rande schwach drüsig gekerbt, 1–2 cm lang. An jedem Blattansatz 2 Dornen, der eine lang und gerade, der andere kurz und gebogen. Die 5zähligen Blüten gelbgrün, 3–4 mm, einzeln oder zu wenigen achselständig, Blütenstiele viel länger als die Kelche. Frucht fast kugelig, 0,8–1 cm, fleischig, reif gelborange, eßbar, aber fade im Geschmack.
S: Trockene Weiden, Steppen.
V: Südrand des Mittelmeergebietes, in Europa nur in S-Spanien, Sizilien, Griechenland.

Immergrüner Kreuzdorn *Rhamnus alaternus* L. *Rhamnaceae* □□
1–3 (–5) m; März – April; ♄ □■
B: Immergrüner, dornenloser, 2häusiger Strauch. Blätter sehr unterschiedlich, wechselständig (dagegen *Phillyrea latifolia* L. mit gegenständigen Blättern s. S. 178), 1–8 mm lang gestielt, lanzettlich bis eiförmig, bespitzt oder abgerundet, entfernt gesägt oder ganzrandig, auf der Oberseite dunkelgrün mit ausgeprägter Nervatur, auf der Unterseite hellgrün, 1–6 cm lang. Blütenstand traubig, Blüten ohne Krone, mit gelblichem, meist 5zähligem Kelch, ungefähr 4 mm. Früchte ca. 5 mm, zuerst rot, später schwarz.
S: Garigues, Macchien, Wälder, vorwiegend auf Kalk, auch als Zierstrauch.
V: Mittelmeergebiet, Kanaren.
U: Dornen hat die sommer- oder immergrüne formenreiche Art *R. lycioides* L.: Blätter gegenständig, gebüschelt, lineal oder verkehrteiförmig. Kelch mit 4 spitzen Zipfeln (Mittelmeergebiet, fehlt in Korsika, Italien, Jugoslawien).

Malvengewächse *Malvaceae*

Kretische Strauchpappel *Lavatera cretica* L. ■□
0,2–1,5 m; März – Juni; ⊙, ⊙ □□
B: Pflanze aufrecht oder aufsteigend, sternhaarig. Untere Blätter bis 20 cm groß, lang gestielt, im Umriß rundlich-herzförmig, mit 5–7 kurzen und runden, gesägt-gekerbten Lappen. Blüten zu 2–8 in den Blattachseln, ihre Stiele unterschiedlich lang, aber kürzer als die Tragblätter, ganz ohne einfache Haare. Blütenblätter 1–2 cm lang, lila, tief ausgerandet. Kelchblätter 6–8 mm, breit dreieckig-eiförmig, zugespitzt, umgeben von einem Außenkelch aus 3 nur am Grunde verbundenen, breiteiförmigen, spitzen 6 mm langen Blättchen. 7–12 glatte oder leicht gerippte, an den Kanten abgerundete Teilfrüchtchen.
S: Wegränder, Schuttplätze, Brachland.
V: Mittelmeergebiet, W-Europa, nördlich bis SW-England, Kanaren.
U: Sehr ähnlich, mit obiger Art oft verwechselt: *Malva sylvestris* L., formenreiche Art mit einfachen und Sternhaaren. Außenkelchblätter am Grunde ganz frei, länglich-lanzettlich, viel schmaler als bei *Lavatera cretica*. Teilfrüchtchen scharf berandet, runzelig (Europa, N-Afrika, SW-Asien).

Baumförmige Strauchpappel *Lavatera arborea* L. □■
1–3 m; April – Juni; ⊙ □□
B: Im unteren Teil verholzte, an jüngeren Teilen sternhaarig-filzige Pflanze mit rundlichen, kurz 5–7lappigen und am Grunde herzförmigen, bis 20 cm großen, lang gestielten Blättern. Blüten zu 2–7 in Trauben, ihre Stiele kürzer als das Tragblatt. Kronblätter 15–20 mm lang, lila mit dunkleren Adern und Grund. Kelchblätter etwa 4 mm lang, spitz dreieckig, von einem etwa doppelt so langen, 3blättrigen, am Grunde verwachsenen und sich stark vergrößernden Außenkelch umgeben. 6–8 kahle oder filzig behaarte, kantige Teilfrüchte.
S: Strandfelsen, Schuttplätze, auch als Zierpflanze kultiviert und gelegentlich verwildert.
V: Küsten W-Europas, NW-Afrika, Kanaren.

Strand-Strauchpappel *Lavatera maritima* Gouan □□
0,3–1,2 m; Februar – Mai; ♄ ■□
B: Alle jüngeren Teile des Strauches dicht weißfilzig-sternhaarig. Blätter 6–30 mm lang gestielt, im Umriß fast rundlich und am Grunde gestutzt, gewöhnlich leicht 5lappig, höchstens 7 × 8 cm groß. Blüten länger gestielt als die Tragblätter, einzeln oder paarweise, mit blaßrosa oder bläulichrosa, 1,5–3 cm langen, am Grunde oft purpurnen Kronblättern. Die 3 Außenkelchabschnitte fast frei, 3–8 mm lang, kürzer als die Kelchblätter, diese dreieckigeiförmig und zugespitzt, sich während der Fruchtzeit vergrößernd. Teilfrüchte 9–13, kahl, mit scharfen Kanten.
S: Felsen, besonders in Küstennähe.
V: Westliches Mittelmeergebiet, östlich bis Italien.
U: *L. oblongifolia* Boiss.: Pflanze gelblich flockig-filzig. Blätter eiförmig-lanzettlich oder eilänglich, ungefähr doppelt so lang wie breit, nicht gelappt, 1,5 cm lang gestielt. Teilfrüchtchen glatt und meist kahl, abgerundet (S-Spanien).

Südfranzösische Strauchpappel *Lavatera olbia* L. □□
0,6–2 m; März – Juni; ♄ □■
B: Strauch, die jüngeren Teile dicht sternhaarig-filzig. Blätter 6–15 cm, 3–5lappig mit etwas längerem Mittellappen, die oberen länglich-eiförmig, spitz, nur schwach geteilt. Blüten einzeln in den Blattachseln, 2–7 mm lang gestielt, einen langen, ährenartigen Blütenstand bildend, die Krone aus 1,5–3 cm großen rosa bis purpurnen Blütenblättern. Die 3 am Grunde verbundenen Außenkelchabschnitte zugespitzt eiförmig, etwa so lang wie die stärker zugespitzten 5 Zipfel des Kelches. Teilfrüchte etwa 18, filzig oder rauh, abgerundet.
S: Wegränder, Schuttplätze, Gebüsche.
V: Westliches Mittelmeergebiet, östlich bis Italien.
U: Ähnlich *L. bryoniifolia* Mill., aber obere Blätter spießförmig 3lappig. Außenkelch am Ansatz des Blütenstiels scheidig, seine Abschnitte kürzer als die Kelchblätter. Teilfrüchte kahl (östliches Mittelmeergebiet, westlich bis Sizilien).

Malvengewächse *Malvaceae*

Kretische Malve *Malva cretica* Cav. ■□
10–40 cm; April – Juni; ⊙ □□
B: Zierliche, aufrechte, rauh abstehend behaarte Malve. Blätter gestielt, untere mehr oder weniger rundlich, gekerbt, obere gewöhnlich handförmig geteilt mit 3–5 gekerbt-gesägten Abschnitten. Blüten einzeln in den Blattachseln, ihre Stiele mit einfachen und Sternhaaren. Blütenblätter rosa oder blaßlila, 11–13 mm, 1–1,5mal so lang wie die lanzettlich zugespitzten Kelchblätter. Die 3 Außenkelchblätter frei, schmallineal. Teilfrüchtchen kahl, mit schwachen Querrippen. Bei der ssp. *althaeoides* (Cav.) Dalby Blütenstiele nur mit einfachen Haaren, Blütenblätter 2mal so lang wie die Kelchblätter.
S: Garigues, Felsfluren, Brachland.
V: S-Europa, Kleinasien, in Spanien die ssp. *althaeoides*.

Behaarte Baumwolle *Gossypium hirsutum* L. □■
Bis zu 1,5 m; August – September; in Kulturen 1jährig □□
B: Vom Grunde an reich verzweigte Pflanze mit verholzenden, behaarten und mit schwarzen Öldrüsen besetzten Stengeln. Blätter lang gestielt, herzförmig, mit 3–7 breiteiförmigen, zugespitzten Lappen. Blüten kurz gestielt, einzeln in den Blattachseln, zuerst gelb, sich später purpurn verfärbend, bis 5 cm lang. Staubfäden 4–6 mm, die oberen länger als die unteren. Unter dem 5blättrigen Kelch 3 freie, breiteiförmig-dreieckige, etwa 4,5 cm lange Außenkelchblätter, ihre Zähne mehr als 3mal so lang wie breit. Kapsel 4–6 cm, mit 8–10 lang und dicht behaarten Samen. Die Samenhaare werden zu Baumwolle verarbeitet, das fette Öl der Samen zu Margarine und für technische Zwecke.
S, V: Heute wohl weltweit die meist angebaute Baumwoll-Art, auch im Mittelmeergebiet kultiviert und stellenweise verwildert, Heimat wahrscheinlich Peru.
U: *G. herbaceum* L.: Pflanze kahl oder nur spärlich behaart. Blüten gelb, am Grunde dunkelpurpurn. Staubfäden 1–2 mm, etwa gleich lang. Außenkelchblätter 2–2,5 cm, Zähne gewöhnlich weniger als 3mal so lang wie breit (u. a. im östlichen Mittelmeergebiet angebaut, gelegentlich verwildert, Heimat wohl Pakistan).

Chinesischer Roseneibisch *Hibiscus rosa-sinensis* L. □□
1–5 m; April – September; ♄ ■□
B: Sommergrüner Strauch oder kleiner Baum mit breiteiförmigen, zugespitzten, kahlen und oberseits glänzenden Blättern. Blattrand in der oberen Hälfte unregelmäßig grob gesägt. Blüten lang gestielt einzeln in den Blattachseln, mit scharlachroter, 10–15 cm breiter Krone. Die 5 Blütenblätter an der Spitze nicht ausgerandet. 5 große, rote Narben und zahlreiche Staubblätter auf roter, langgestreckter, weit herausragender Griffelsäule. Außenkelchblätter meist 7, schmal. Viele Gartenformen, gelegentlich mit gefüllten Blüten, auch weiß, gelb, rosa, bräunlich oder mehrfarbig.
S, V: Als Zierstrauch in den warmen Ländern der Erde verbreitet und stellenweise verwildert. Heimat wohl China, als Wildpflanze aber nicht nachgewiesen.
U: In zahlreichen Kulturformen in Gärten und stellenweise verwildert trifft man den Herbstblüher *H. syriacus.* L.: kurzgestielte, 3lappige, eiförmig-rhombische, unterseits sternhaarige Blätter. Blütenblätter weiß bis rot oder violett, am Grunde mit dunklem Fleck (Heimat S- und O-Asien).

Stundenblume *Hibiscus trionum* L. □□
10–60 cm; Juni – September; ⊙ □■
B: Borstig behaarte, niederliegende bis aufrechte, verzweigte Pflanze. Blätter gestielt, bis auf die untersten 3- bis 5fach bis fast zum Grunde fingerförmig in fiederspaltige Abschnitte zerteilt. In den Blattachseln einzeln stehende, langgestielte, nur vormittags geöffnete Blüten, mit einem Außenkelch aus 10–13 schmallinealen, borstig bewimperten Blättchen und einem etwa doppelt so langen, zur Fruchtzeit vergrößerten und blasig aufgetriebenen, 5zipfeligen, häutigen Innenkelch mit hervortretenden, dunklen, steif behaarten Nerven. Die 5 Blütenblätter eirund, blaßgelb und am Grunde mit einem dunkelvioletten Fleck, 2–3 cm lang.
S: Kulturland, Brachland.
V: Östliches Mittelmeergebiet, im Westen vielfach eingebürgert, SO-Europa, SW-Asien.

Seidelbastgewächse *Thymelaeaceae*

Herbst-Seidelbast *Daphne gnidium* L. ■□
0,5–2 m; Juni – Oktober; ♄ □□
B: Wenig verzweigter Strauch, die aufrechten Zweige dicht mit kahlen, linealen bis lanzettlichen, bespitzten, blaugrünen, 1 Jahr ausdauernden Blättern besetzt, diese 2–5 cm lang und 3–8 mm breit. Blüten mit 4zipfliger Blütenhülle, gelblichweiß, zwischen den Blättern an den Enden der Triebe, Blütenstiele und Blütenbecher behaart. Früchte eiförmig, fleischig, leuchtend rot, später schwärzlich, wie die Blätter sehr giftig. Im Altertum als Heilmittel verwendet.
S: Im Unterwuchs von Macchien und Wäldern.
V: S-Europa, NW-Afrika, Kanaren.
U: *D. laureola* L.: Blätter bis 12 cm lang, verkehrteiförmig-lanzettlich, ledrig und dunkelgrün, an den Zweigenden gehäuft. Blüten in kleinen achselständigen Trauben, grünlichgelb und kahl, im Februar bis Mai. Früchte schwarz (S- und W-Europa, NW-Afrika, verwildert bis Mitteleuropa).

Seidenhaariger Seidelbast *Dahne sericea* Vahl (incl. *D. collina* Sm., *D. vahlii* Keissler) □■
Bis 0,5–1,5 m; Februar – April; ♄ □□
B: Immergrüner Strauch mit behaarten jungen Trieben. Blätter immergrün, ledrig, länglich-verkehrteiförmig, in einen undeutlichen Stiel verschmälert, 2–6 cm lang und 0,6–2 cm breit, am Rande umgerollt, unterseits anliegend behaart, oberseits kahl. Blüten rosaviolett, mehr oder weniger stark duftend, zu 5–15 köpfchenförmig an den Enden der Zweige, umgeben von kleinen eiförmigen, seidig behaarten Hochblättern. Blütenhülle 12–14 mm lang, 4lappig mit weißfilziger langer Röhre. Früchte rötlichbraun. Giftpflanze. Die abgebildete Sippe Italiens wird auch als eigene Art *D. oleaefolia* Lam. abgetrennt.
S: Felsfluren, Macchien, Wälder, vor allem im Küstenbereich.
V: Mittelitalien, Sizilien, Kreta, Türkei, Libanon.
U: In den Gebirgen der Mittelmeerländer *D. oleoides* Schreb.: 30–60 cm hoher Strauch mit kleineren, ausgewachsen beiderseits kahlen Blättern. Blüten duftend, ohne Hochblätter, zu 2–6, weiß oder gelblichweiß, selten außen rosa.

Behaarte Spatzenzunge *Thymelaea hirsuta* (L.) Endl. (*Passerina hirsuta* L.) □□
0,4–1 m; Oktober – Mai; ♄ ■□
B: Stark verzweigter kleiner Strauch mit aufrechten, aufsteigenden oder überhängenden Zweigen und dachziegelartig angeordneten, schuppenförmigen, etwas fleischigen, 3–8 mm langen Blättchen, die oberseits glänzend dunkelgrün und kahl, unterseits aber wie die jungen Zweige weißfilzig sind. Blüten aus einer 4zipfeligen Blütenhülle bestehend, außen weiß seidenhaarig, innen gelblich und kahl, 4–5 mm lang, eingeschlechtig oder zwittrig, zu 2–5 in dichten Blütenständen.
S: In Garigues gebietsweise häufige Pflanze, bis in die Wüsten vordringend.
V: Mittelmeergebiet.

Silberweiße Spatzenzunge *Thymelaea tartonraira* (L.) All. (*Passerina tartonraira* (L.) Schrad.) □□
20–50 cm; März – Mai; ♄ □■
B: Kleiner Halbstrauch, die zahlreichen abstehenden, ledrigen verkehrteiförmigen bis schmallänglichen, 10–18 mm langen und 2–7 mm breiten Blättchen sitzend an den oberen Zweigabschnitten, wie auch die jungen Triebe gewöhnlich auf beiden Seiten seidenhaarig. Eingeschlechtige und zwittrige unscheinbare Blüten in Büscheln zu 2–5 in den Blattachseln, umgeben von kleinen Hochblättern. Blütenhülle vierzipfelig, außen weißhaarig, innen gelblich, 5–6 mm lang. Mehrere Unterarten unterscheiden sich in der Dichte der Behaarung und Blattgröße, davon 2 endemisch auf Kreta bzw. Korsika.
S: Garigues, sandige und felsige Standorte, oft in Küstennähe.
V: S-Europa, Kleinasien, NW-Afrika, gebietsweise fehlend.
U: Auf den Balearen *T. myrtifolia* (Poir.) D. A. Webb mit wollig filzigen, weniger als 1 cm langen Blättern. Vor allem auf der Iberischen Halbinsel weitere endemische Arten.

Johanniskrautgewächse *Hypericaceae*
Zistrosengewächse *Cistaceae*

Bocks-Johanniskraut *Hypericum hircinum* L. *Hypericaceae* ■□
0,3–1,5 m; Mai – September; ♄ □□
B: Kahler immergrüner Strauch, die aufrechten Zweige mit gegenständigen, sitzenden, eilanzettlichen, 2–7,5 cm langen Blättern, ohne rote oder schwarze Drüsen, beim Zerreiben oft mit Bocksgeruch. Blüten trugdoldig an den Zweigenden, mit 5 gelben, 10–18 mm langen Kronblättern, die zu 5 Bündeln vereinigten Staubblätter mit gelben Staubbeuteln, aus den Blüten herausragend. Griffel drei, 3–5mal so lang wie der Fruchtknoten. Kelchblätter nur 3–6 mm lang, eiförmig-lanzettlich, bald abfallend. Frucht lederartig, elliptisch, 8–13 mm lang.
S: Feuchte, schattige Standorte, oft an Gewässern.
V: Mittelmeergebiet, im Westen nur eingebürgert.
U: Ebenfalls strauchig, jedoch ohne Bocksgeruch *H. androsaemum* L.: Kronblätter 6–10 mm, so lang wie oder nur wenig länger als der ausdauernde Kelch, Staubblätter kürzer. Griffel kürzer als der Fruchtknoten. Frucht fleischig, erst rot, später schwarz (Mittelmeergebiet, östlich bis in den Iran).

Balearen-Johanniskraut *Hypericum balearicum* L. *Hypericaceae* □■
0,5–1,2 m; Juli – Oktober; ♄ □□
B: Kleiner Strauch mit aufsteigenden, wenigstens in der Jugend 4kantigen Zweigen. Die mehr oder weniger ledrigen, gegenständigen und sitzenden, eiförmig-länglichen, 10–12 × 6–8 mm großen Blätter am Rand gewellt und wie die Stengel mit großen harzreichen Drüsen besetzt. Blüten einzeln, endständig, die gelben Kronblätter 10–15 mm lang, 3mal so lang wie die rundlichen, zur Fruchtzeit abstehenden Kelchblätter. Staubblätter in 5 Bündeln, Griffel 5. Kapsel eipyramidenförmig.
S: Lichte Wälder.
V: Nur auf den Balearen, in Italien (Ligurien) verwildert.
U: Zahlreiche weitere Johanniskraut-Arten, oft auf kleine Gebiete beschränkt, besonders im östlichen Mittelmeergebiet.

Kleinblütige Zistrose *Cistus parviflorus* Lam. *Cistaceae* □□
0,3–1 m; März – Mai; ♄ ■□
B: Stark verzweigter, niedriger halbkugeliger Strauch. Blätter breit gestielt, eiförmig-elliptisch, undeutlich 3nervig, beiderseits dicht sternhaarig graufilzig, 1–3 cm lang. Blüten zu 1–6 dicht stehend, 5–10 mm lang gestielt, mit im Durchmesser nur 2–3 cm großer blaßrosa Krone und 5 Kelchblättern. Griffel fehlend, Narbe daher sitzend, kürzer als die Staubblätter.
S: Garigues in Küstennähe, vorwiegend auf Kalk.
V: Von Lampedusa östlich bis S-Anatolien und Zypern.

Graubehaarte Zistrose *Cistus incanus* L. (*C. villosus* auct., vix. L., incl. *C. polymorphus* Willk.) *Cistaceae* □□
0,3–1 m; April – Juni; ♄ □■
B: Strauch mit eiförmig-lanzettlichen, beidseitig mehr oder weniger grünen oder graugrünen Blättern, die Oberseite mit eingesenkten Fiedernerven, 20–50 × 8–30 mm, Blattstiel 3–15 mm lang, am Grunde mehr oder weniger erweitert. Blüten 3–15 mm lang gestielt, locker zu 1–7 mit 4–6 cm breiter rosaroter Krone, Griffel so lang wie die Staubblätter. Kelchblätter 5, eiförmig-lanzettlich, lang zugespitzt. Formenreiche Art, abgebildet die ssp. *creticus* (L.) Heyw.: Blätter nur 15–25 × 8–15 mm groß, am Rand deutlich gewellt, oft mit Drüsenhaaren an Blütenstielen und jungen Zweigen (östliches Mittelmeergebiet, westlich bis Sardinien, S-Italien, NW-Afrika). Am Rand glatte, größere Blätter haben die ssp. *incanus* mit langer weißer Behaarung an Stengeln, Blütenstielen und Kelchblättern, Sternhaare verdeckend (von Korsika und W-Italien östlich) und die ssp. *corsicus* (Loisel.) Heyw. mit Sternhaaren an Stengeln, Blütenstielen und Kelchen und nur wenigen einfachen Haaren (Inseln im westlichen Mittelmeergebiet).
S: Garigues, Macchien.
V: Mittelmeergebiet, fehlt in Frankreich und auf der Iberischen Halbinsel.
U: *C. heterophyllus* Desf.: Ähnlich, aber Blätter nur 1–2 mm lang gestielt und kleiner, mit kaum eingesenkten Nerven (Spanien bei Cartagena, NW-Afrika).

Zistrosengewächse *Cistaceae*

Weißliche Zistrose *Cistus albidus* L. ■□
0,4–1 m; April – Juni; ♄ □□
B: Dichter Strauch mit gegenständigen, weißfilzigen, flachen, nicht welligen, halbstengelumfassenden, 2–5 cm langen und 0,5–2 cm breiten Blättern, auf der Unterseite mit 3 parallelen, deutlich hervortretenden Nerven. Blüten zu 1–7 auf 5–20 mm langen, kräftigen Blütenstielen. Blütenkronblätter rosarot, 2–3 cm lang, wie bei allen Zistrosen 5, in der Knospe unregelmäßig gefaltet und auch aufgeblüht noch zerknittert aussehend, nach wenigen Stunden abfallend. Griffel so lang wie die Staubblätter. Kelchblätter 5, breiteiförmig, filzig.
S: Häufig in Garigues, niederen Macchien, offenen Wäldern, vorwiegend auf Kalk.
V: Westliches Mittelmeergebiet, östlich bis N-Italien, Korsika, Sardinien.
U: Ähnlich, mit dunkler roten, 1–5 mm lang gestielten etwas kleineren Blüten und gewellten, sitzenden Blättern *C. crispus* L., Pflanze nur 30–60 cm hoch, aromatisch (westliches Mittelmeergebiet).

Montpellier-Zistrose *Cistus monspeliensis* L. □■
0,3–1 m; April – Juni; ♄ □□
B: Dichter, stark duftender, drüsig-klebriger Strauch. Die sitzenden, schmal-lanzettlichen, 4–8 mm breiten und 2–5 cm langen, dreinervigen Blätter dunkelgrün, im Hochsommer braun, oberseits schwach behaart, unterseits dicht sternhaarig-filzig, mit umgerolltem Rand. Blüten weiß, 2–3 cm im Durchmesser, zu 2–8 in einseitswendigen Blütenständen. Griffel sehr kurz. Kelchblätter 5, die äußeren am Grunde breit keilförmig.
S: Macchien und Garigues auf saurem Gestein, oft auf großen Flächen vorherrschend, durch Brand begünstigt.
V: S-Europa, NW-Afrika, Kanaren.

Salbeiblättrige Zistrose *Cistus salvifolius* L. □□
0,3–1 m; April – Juni; ♄ ■□
B: Dichter, aromatischer, aber nicht klebriger, graugrüner Strauch. Blätter gestielt, eiförmig oder elliptisch, stark runzelig und beiderseits sternhaarig, am Grunde abgerundet, 1–4 × 0,5–2 cm. Weiße, 1–10 cm lang gestielte Blüten, einzeln oder bis zu 4, im Durchmesser 3–5 cm. Griffel sehr kurz. Kelchblätter 5, die äußeren am Grunde herzförmig.
S: Garigues, Macchien, gebietsweise besonders auf saurem Gestein.
V: Mittelmeergebiet, östlich bis zum Kaukasus.
U: *C. populifolius* L.: Blätter gestielt, kahl, oberseits grün und glatt, 4–10 cm lang und 3–6,5 cm breit, am Grunde herzförmig. Blüten 4–6 cm im Durchmesser (Iberische Halbinsel, Frankreich, Marokko).

Lack-Zistrose *Cistus ladanifer* L. □□
Bis 2,5 m; April – Juni; ♄ □■
B: Hoher aufrechter, stark drüsig-klebriger, aromatischer Strauch. Blätter fast sitzend, lineal-lanzettlich, 4–8 (–12) cm lang und 6–25 mm breit, auf 1/3 der Länge 3nervig, oberseits glänzend dunkelgrün und kahl, unterseits dicht weißfilzig. Blüten einzeln, sehr groß, 7–10 cm im Durchmesser, mit weißen, am Grunde oft dunkelrot gefleckten Kronblättern und 3 Kelchblättern. Griffel sehr kurz. Kapsel 6–10fächerig.
S: Wälder, Macchien.
V: Frankreich, Iberische Halbinsel, NW-Afrika, Kanaren.
U: 3 Kelchblätter haben auch die nur bis 1 m oder 1,5 m hohen Sträucher *C. laurifolius* L.: Blätter wie bei *C. ladanifer*, aber kurz gestielt, eiförmig bis eiförmig-lanzettlich, 3–9 × 1–3 cm. Blüten endständig zu 4–8, lang gestielt, 5–6 cm im Durchmesser, mit weißen Kronblättern. Kapsel 5fächerig (SW-Europa, Korsika, Mittelitalien). *C. clusii* Dunal: Blätter lineal mit umgerollten Rändern, 1nervig, 10–25 × 1–2 mm. Blüten zu 3–6 (–12) an den Zweigenden, 2–3 cm im Durchmesser, mit weißen Kronblättern. Blütenstiele und die 5–8 mm langen Kelchblätter mit langen weißen Haaren (Spanien, Balearen, S-Italien, Sizilien, NW-Afrika). Sehr ähnlich *C. libanotis* L.: Blütenstiele und die 8–10 mm langen Kelchblätter kahl, aber klebrig (Iberische Halbinsel, NW-Afrika).

Zistrosengewächse *Cistaceae*

Gelbe Zistrose *Halimium halimifolium* (L.) Willk. ■□
0,3–1,5 m; April – Juni; ♄ □□
B: Silbergrauer Strauch, stark verzweigt mit aufrechten Zweigen und reichen Blütenständen. Die elliptisch-länglichen Blätter gegenständig, kurz gestielt, nur die obersten sitzend, ohne Nebenblätter, 1–4 × 0,5–2 cm, filzig-schuppig und kurz sternhaarig. Blüten 2–3 cm breit, die 5 gelben Kronblätter am Grunde oft mit dunklem Fleck. 5 filzig-schuppige Kelchblätter, davon die beiden äußeren sehr klein.
S: Auf sandigen Böden in Küstennähe, z. T. bestandbildend, Macchien, Wälder.
V: Westliches Mittelmeergebiet, östlich bis Italien, fehlt in Frankreich.
U: Weitere Arten vor allem auf der Iberischen Halbinsel und in Marokko, alle haben nur 3 Kelchblätter, u. a. *H. lasianthum* (Lam.) Spach: bis 1 m hoch, Blütenstand lang seidig behaart, Kelchblätter oft mit violetten Borsten. *H. commutatum* Pau.: bis 50 cm hoch, rosmarinähnliche, bis 3 mm breite Blätter. Blüten blaßgelb, einzeln oder zu wenigen endständig, Kelchblätter kahl. Ähnlich auch einige weißblühende Arten.

Geflecktes Sandröschen *Tuberaria guttata* (L.) Fourr. □■
5–30 cm; März – Juni; ⊙ □□
B: Zierliche, aufrechte und behaarte Pflanze, sehr vielgestaltige Art mit mehreren Unterarten. Blätter der Grundrosette, die zur Blütezeit häufig schon vertrocknet sind, und untere Stengelblätter länglich-elliptisch, ohne Nebenblätter, obere mehr lineal-lanzettlich, mit oder ohne Nebenblätter, alle gegenständig. Lockere Blütenstände aus dünn und lang gestielten, 1–2 cm breiten Blüten, die 5 Blütenblätter gelb, gewöhnlich innen dunkelbraun gefleckt. Die 2 äußeren Kelchblätter viel kleiner und schmaler als die 3 inneren. Fruchtstiele abstehend oder abwärts geneigt, Kapsel kürzer als die Kelchblätter.
S: Grasfluren auf Sand, Garigues.
V: Mittelmeergebiet, W-Europa, Kanaren, selten bis Mitteleuropa.
U: Ebenfalls 1jährig *T. praecox* Grosser: Blütenblätter kaum die Kelchblätter überragend, ungefleckt (zentrales Mittelmeergebiet, im Küstenbereich). Ausdauernd *T. lignosa* (Sweet) Samp. (*Helianthemum tuberaria* (L.) Mill.), mit einer wegerichähnlichen Grundrosette. Blüten etwa 3 cm breit, ungefleckt (westliches Mittelmeergebiet, Kanaren, östlich bis Italien, Sizilien).

Lavendelblättriges Sonnenröschen *Helianthemum lavandulifolium* Mill. □□
10–50 cm; April – Juni; ♄ ■□
B: Eine leicht kenntliche unter den etwa 30 Arten der Gattung *Helianthemum,* von denen die meisten auf kleinere Teilgebiete im westlichen Mittelmeergebiet beschränkt sind. Aufrechter, dicht filziger Halbstrauch mit gegenständigen, lineal-lanzettlichen, 1–5 cm langen und 3–8 mm breiten, am Rande umgerollten, oben grau- und unten weißfilzigen Blättern und schmal-linealen, manchmal hinfälligen Nebenblättern. Charakteristische 3–5fach gabelig verzweigte Blütenstände mit reichblütigen, in der Jugend schneckenförmig eingerollten, später gestreckten Ästen. 1,5–2 cm breite, gelbe Blüten mit bewimperten Kelchblättern, deren 2 äußere schmal-lanzettlich, die 3 inneren viel größer, eiförmig-lanzettlich, länger als die Blütenstiele. Fruchtkapseln kürzer als der Kelch.
S: Garigues, Felsfluren, auch lichte Wälder, vorwiegend auf Kalk.
V: Mittelmeergebiet, fehlt auf den Inseln im Westen und in fast ganz Italien.

Katzenkopf-Sonnenröschen *Helianthemum caput-felis* Boiss. □□
10–30 cm; März – April; ♄ □■
B: Grauweißfilziger, reich verzweigter, kleiner Halbstrauch. Blätter gegenständig mit hinfälligen Nebenblättern, elliptisch oder lanzettlich, kurz gestielt, dick, 6–15 × 2–10 mm, auf beiden Seiten dicht sternhaarig und mit weit umgerollten Rändern. Der dichte Blütenstand mit 5–10 gelben, gestielten Blüten, Blütenblätter 9–12 mm, länger als der charakteristische, lang abstehend behaarte Kelch: Die äußeren, breiteiförmig-spitzen Kelchblätter sind zurückgebogen und geben der Knospe das Aussehen eines Katzenpfötchens.
S: Garigues, lichte Wälder, auf Kalk.
V: Spanien (Provinz Alicante), Balearen, Sardinien, NW-Afrika, selten.

Zistrosengewächse *Cistaceae*
Tamariskengewächse *Tamaricaceae*

Weidenblättriges Sonnenröschen *Helianthemum salicifolium* (L.) MILL.
Cistaceae ■□
5–30 cm; März – Juni; ⊙ □□
B: Meist verzweigtes, aufsteigendes, kaum verholztes Sonnenröschen. Blätter gegenständig, kurz gestielt, eiförmig-lanzettlich, weichhaarig und grün, manchmal mit umgerollten Rändern, 5–30 × 3–10 mm. Nebenblätter schmal-lanzettlich, $^1/_4$–$^1/_2$ so lang wie die Blätter. Blütenstand locker, 5–20blütig, Blüten in den Achseln von Hochblättern, mit 5–12 mm langen, gelben Kronblättern, die etwa so lang sind wie die Kelchblätter oder fehlen. Die beiden Außenkelchblätter schmal-lanzettlich, etwa halb so lang. Blütenstiele dünn, waagerecht abstehend und an der Spitze aufwärts gerichtet, wenigstens so lang wie der Kelch.
S: Grasfluren, Garigues, bis in die Halbwüste.
V: Mittelmeergebiet, Kanaren, SW-Asien.
U: Ähnlich verbreitet und 1jährig auch *H. ledifolium* (L.) MILL.: Blütenstiele aufrecht, dick, höchstens so lang wie der Kelch und *H. aegyptiacum* (L.) MILL.: Kelch häutig, aufgeblasen, mit roten Nerven, Fruchtstiele zurückgebogen.

Arabisches Nadelröschen *Fumana arabica* (L.) SPACH *Cistaceae* □■
10–30 cm; März – Juni; ♃ □□
B: Blätter des niederliegenden oder aufsteigenden Zwergstrauches alle gleich groß, 5–12 × 0,8–5 mm, länglich-elliptisch und meist flach, wechselständig, mit kleinen Nebenblättern, drüsig behaart bis verkahlend, grün oder in der Jugend gräulich. 1–7 gelbe 1–1,5 cm lange Blüten traubig an den Zweigenden, die beiden äußeren Kelchblätter viel kleiner und schmaler als die 3 häutigen und grün genervten inneren. Die 3klappige Kapsel 6–8 mm, mit (6–) 8–12 Samen.
S: Felsfluren, Garigues, Macchien, besonders auf Kalk.
V: S-Europa, von Sardinien und Sizilien ostwärts, SW-Asien, N-Afrika.
U: *F. ericoides* (CAV.) GAND.: Blätter alle gleich, lineal, ohne Nebenblätter. Blüten zwischen den Blättern an den Zweigenden (S-Europa, NW-Afrika).

Thymianblättriges Nadelröschen *Fumana thymifolia* (L.) SPACH ex WEBB
Cistaceae □□
10–30 cm; April – Juni; ♃ ■□
B: Zwergstrauch mit meist aufsteigenden Stengeln, die nadelartigen Blätter mit Nebenblättern und kleinen beblätterten Sprossen in den Achseln, wenigstens bis zur Mitte gegenständig, 5–11 × 0,5–1 mm, kahl, behaart oder drüsenhaarig, am Rand oft umgerollt. Blätter im Blütenstandsbereich viel kleiner. Die 3–9 Blüten lang gestielt, mit gelben 5–8 mm langen Kronblättern und 5 Kelchblättern, von denen die 2 äußeren sehr klein, die 3 inneren groß, häutig und deutlich grün genervt sind. Die 3klappige Kapsel 4–5 mm, mit 6 Samen. Formenreiche Art.
S: Garigues, Felsfluren.
V: Mittelmeergebiet.
U: Ähnlich *F. laevipes* (L.) SPACH: Blätter alle wechselständig, noch schmaler, 4–8 × 0,3–0,4 mm (S-Europa, NW-Afrika).

Afrikanische Tamariske *Tamarix africana* POIR. *Tamaricaceae* □□
2–6 m; April – Juni, auch im Herbst; ♄ □■
B: Strauch oder kleiner Baum mit schwarzer oder dunkelpurpurner Rinde. Blätter schuppenförmig, den Zweigen eng anliegend, 1,5–4 mm lang, spitz, durchscheinend berandet. Weiße oder blaßrosa, fast sitzende, 5zählige Blüten in 3–6 cm langen und 5–8 mm breiten, kätzchenartigen Blütenständen erscheinen vor oder mit den Blättern, meist an vorjährigen Zweigen. Kronblätter 2–3 mm lang. Tragblätter 3eckig, meist länger als der Kelch. Samen mit Haarschopf.
S: Flußläufe, Flachküsten, auch als Zierpflanze.
V: Westliches und zentrales Mittelmeergebiet, östlich bis Italien, Kanaren.
U: Ähnlich *T. gallica* L. mit blaugrünen Blättern und relativ lockeren, 3–5 mm breiten Blütenständen an diesjährigen, beblätterten Zweigen. Kronblätter 1,5–2 mm (westl. Mittelmeergebiet, häufig gepflanzt). *T. parviflora* DC.: Blüten 4zählig, in 1,5–3 cm langen und 3–5 mm breiten Blütenständen. Kronblätter bis 2 mm, Tragblätter fast ganz häutig (östl. Mittelmeergebiet, weiter kultiviert). Zahlreiche nicht ganz einfach zu bestimmende Arten besonders im Osten.

Frankeniengewächse *Frankeniaceae*
Kürbisgewächse *Cucurbitaceae*
Kakteen *Cactaceae*

Thymianblättrige Frankenie *Frankenia thymifolia* DESF. *Frankeniaceae* ■□ □□
5–30 cm; April – Mai; ♄
B: Reich verzweigter kleiner Halbstrauch mit dicht und fein behaarten Zweigen. Blätter gegenständig sitzend, nadelartig, am Rand umgerollt und ganz mit einer weißen Kruste bedeckt, 2–3,5 mm. Entlang den Zweigenden Blüten einzeln oder wenige einseitig in den Blattachseln sitzend, mit 5 etwa 7 mm langen, purpurnen Kronblättern, die Kelchblätter mehr oder weniger dicht behaart.
S: Auf salzhaltigen Böden, Salzsteppen.
V: Spanien, NW-Afrika.
U: *F. laevis* L.: Pflanze niederliegend. Blätter 2–5 mm lang, Blüten 4–6 mm, entlang den Zweigen (westl. Mittelmeergebiet, W-Europa, Kanaren). *F. pulverulenta* L.: 1jährig. Blätter verkehrteiförmig, flach, Blüten in kurzen end- und achselständigen Ähren (Mittelmeergebiet, Kanaren, SO-Europa, SW-Asien).

Spritzgurke *Ecballium elaterium* (L.) A. RICH. *Cucurbitaceae* □■ □□
0,2–1m; April – September; ♃
B: Steifhaarige, etwas fleischige Pflanze mit niederliegenden Stengeln, ohne Ranken. Blätter lang gestielt, herzförmig bis dreieckig, meist gezähnt und gewellt, bis 10 cm lang. Blüten gelblich, tief 5teilig, männliche in Trauben, weibliche einzeln gestielt in den Blattachseln, beide an derselben Pflanze. Die grünen, bis 5 cm langen, gurkenförmigen, äußerst bitteren Früchte rauh behaart, mit interessantem Verbreitungsmechanismus: Zur Reifezeit lösen sie sich schon bei leichter Berührung von ihren Stielen und schleudern dabei ihren Inhalt, eine stark hautreizende Flüssigkeit (Vorsicht!) mit den Samen fort.
S: Wegränder, Schuttplätze, Brachland.
V: Mittelmeergebiet, SO-Europa, Kanaren.

Koloquinte, Bitterapfel *Citrullus colocynthis* (L.) SCHRAD.
(Colocynthis vulgaris SCHRAD.) *Cucurbitaceae* □□ ■□
30–50 cm; Juni – August; ♃
B: Niederliegende oder kletternde, rauhhaarige Pflanze mit Ranken. Blätter gestielt, im Umriß eiförmig-länglich, 3–5fach handförmig eingeschnitten mit buchtig gelappten Abschnitten. Blüten eingeschlechtig, gestielt, einzeln in den Blattachseln, mit fast bis zum Grunde 5teiliger, grünlichgelber Krone. Abschnitte etwa 5 mm lang, eiförmig spitz. Fruchtknoten zerstreut rauhhaarig. Kugelige, 4–12 cm große gelbe oder marmorierte Früchte mit trockenem, sehr bitter schmeckendem Fruchtfleisch. Früher als stark wirksames Abführmittel verwendet.
S: Sandige Böden, besonders in Küstennähe, Wegränder.
V: Südliches Mittelmeergebiet, Kanaren, bis SW-Asien und Indien.
U: Zur selben Gattung gehört die häufig kultivierte Wassermelone, *C. lanatus* (THUNB.) MANSF. mit meist rotem, saftigem Fruchtfleisch (Heimat S-Afrika).

Echter Feigenkaktus *Opuntia ficus-indica* (L.) MILL. *Cactaceae* □□ □■
2–5 m; April – Juli; ♄
B: Bisweilen baumförmige, stark verzweigte fleischige Pflanze mit flachen, verkehrteiförmig länglichen, 20–50 × 10–20 cm großen Stengelgliedern. In den Achseln von hinfälligen Blättchen kleine Polster von gelben, widerhakigen spröden Borsten und daneben manchmal 1–2 kräftige, bleiche, unter 1 cm lange Dornen. Blüten 6–10 cm im Durchmesser, mit zahlreichen gelben Blüten- und Staubblättern, gehäuft an den Rändern der Stengelglieder. Früchte in der Form feigenähnlich, 5–9 cm groß, gelb bis rot, ebenfalls mit Borstenpolstern besetzt, mit eingesenktem Nabel. Das saftige Fruchtfleisch ist eßbar.
S, V: Wegen der Früchte und als undurchdringliche Heckenpflanze kultiviert, oft verwildert und gebietsweise eingebürgert (Heimat tropisches Amerika).
U: Ähnlich *O. maxima* MILL.: Stengelglieder mit 1–4, bis 3 cm langen Dornen, Nabel der Frucht flach (Heimat wohl Mexiko). *O. vulgaris* MILL.: Nur bis 50 cm hoch, Dornen 0–1, bis 5 cm lang (Heimat N-Amerika).

Weiderichgewächse *Lythraceae*
Myrtengewächse *Myrtaceae*

Binsenartiger Weiderich *Lythrum junceum* Banks & Sol. *Lythraceae*
20–70 cm; April – September; meist ♃
B: Stengel der kahlen Pflanze am Grunde verzweigt, niederliegend oder aufsteigend, kantig, mit gewöhnlich wechselständigen, eiförmig-länglichen bis lineal-länglichen, sitzenden Blättern, die 1–2 × 0,2–1 cm groß sind. Blüten einzeln in den Blattachseln, mit 5–6 mm langer, 6blättriger, violetter Krone und etwa gleich langem, gleichmäßig verschmälertem und am Grunde oft rot geflecktem 12zähnigen Achsenbecher. 3 Blütentypen mit unterschiedlicher Griffellänge. Staubblätter 12, verschieden lang, wenigstens einige herausragend.
S: Sumpfige Stellen, Flußufer.
V: Mittelmeergebiet, Kanaren.
U: Ähnlich und oft verwechselt mit obiger Art *L. acutangulum* Lag. (westliches Mittelmeergebiet) und *L. flexuosum* Lag. (Zentralspanien), beide viel kleiner und 1jährig, mit einfarbigem Achsenbecher.

Myrte *Myrtus communis* L. *Myrtaceae*
1–5 m; Juni – August; ♄
B: Immergrüner kahler Strauch. Die derben, ganzrandigen, kurz gestielten Blätter gegenständig, bisweilen zu 3 stehend, 1–5 cm lang, zugespitzt eilanzettlich, durchscheinend drüsig punktiert. Blüten wie die Blätter aromatisch duftend, bis 3 cm im Durchmesser, stets einzeln in den Blattachseln an bis 3 cm langen Blütenstielen, mit 5 weißen Kronblättern und zahlreichen Staubblättern. Früchte reif blauschwarze, etwa 1 cm große Beeren. Myrte spielte in der griechischen Mythologie eine große Rolle und wird heute noch zu Brautkränzen benützt. Aufgrund des hohen Gehaltes an ätherischem Öl arzneiliche Anwendung bei Erkrankungen der Atmungsorgane und als Gewürz.
S: Macchien, Wälder, als Zierpflanze in vielen Formen kultiviert und verwildert.
V: Mittelmeergebiet, Kanaren, östlich bis Zentralasien.

Gewöhnlicher Fieberbaum *Eucalyptus globulus* Labill. *Myrtaceae*
20–40 m; Februar – Juli; ♄
B: Von den zahlreichen, im Mittelmeergebiet kultivierten *Eucalyptus*-Arten durch die einzelnen Blüten und über 1 cm großen Fruchtkapseln unterschieden. Die Borke des hohen Baumes löst sich in langen Streifen ab. Jugendblätter kreuzweise gegenständig, eiförmig bis lanzettlich, ungestielt, blaugrün, Folgeblätter wechselständig, gestielt, sichelförmig-lanzettlich, glänzend grün, 10–30 cm lang und 3–4 cm breit. Kron- und Kelchblätter der blaugrün bereiften Blütenknospen verwachsen und sich als Deckel (Operculum) abhebend, zahlreiche weiße oder rosa Staubblätter freigebend. Früchte umgekehrt kegelförmig, 1,5–3 cm, mit 4 Rippen. Die Blätter liefern Eukalyptusöl, das bei Erkrankungen der Atmungsorgane angewendet wird.
S, V: Im Mittelmeergebiet und auf den Kanaren seit dem 19. Jahrhundert zur Trockenlegung von Sümpfen und als schnellwüchsiger Holzlieferant in großflächigen Aufforstungen, auch als Zierbaum häufig gepflanzt. Heimat Tasmanien.

Camaldoli-Fieberbaum *Eucalyptus camaldulensis* Dehnh.
(*E. rostratus* Schlecht., non Cav.) *Myrtaceae*
Bis 15 m; Juni – September; ♄
B: Schnellwüchsiger Baum mit glatter, weißer, sich plattig ablösender Borke. Jugendblätter kreuzweise gegenständig, schmal- bis breitlanzettlich, etwas blaugrün, Folgeblätter lanzettlich, zugespitzt, ziemlich gerade, 12–22 × 0,5–1,5 cm. Blüten in kleinen Dolden zu 5–10 auf rundlichen, 10–15 mm langen Stielen. Das geschnäbelte Deckelchen der Blüten gibt nach dem Abfallen zahlreiche gelblichweiße Staubfäden frei. Frucht deutlich gestielt, halbkugelig, 7–8 × 5–6 mm, mit breitem Rand und herausragenden Klappen.
S, V: Im Mittelmeergebiet und auf den Kanaren kultiviert, Heimat Australien.
U: Häufig gepflanzt werden u. a. auch: *E. tereticornis* Sm.: Borke glatt und weiß, Dolden auf 5–12 mm langen, rundlichen Stielen. Frucht breit kreiselförmig, 6–9 × 8–10 mm. *E. resinifer* Sm.: Borke rötlich, faserig. Dolden auf 1,5–2 cm langen, zusammengedrückten bis kantigen Stielen. Frucht 5–8 mm, eiförmig bis halbkugelig.

Granatapfelgewächse *Punicaceae*
Doldenblütler *Apiaceae (Umbelliferae)*

Granatapfelbaum *Punica granatum* L. *Punicaceae* ■□
2–7 m; Mai – September; ♄ □□
B: Kahler, oft dorniger Strauch oder kleiner Baum mit 4kantigen Zweigen. Blätter gegenständig, derb und glänzend, aber sommergrün, oval oder lanzettlich. 2–8 cm lang, ganzrandig. Blüten zu 1–3 an den Zweigenden, wie der fleischige Kelch und Achsenbecher leuchtend rot, mit 5–7 zerknitterten, 2–3 cm langen Blütenblättern und zahlreichen Staubblättern. Frucht apfelförmig, die Schale ledrig, rötlichbraun. Zahlreiche Samen mit saftigem, eßbarem Samenmantel. Galt als Symbol der Fruchtbarkeit (Granatapfelmuster), die Rinde war früher als Bandwurmmittel gebräuchlich.
S: Als Frucht- und Zierbaum, teilweise mit gefüllten Blüten, eingebürgert auch in Hecken, Gebüschen und Macchien.
V: Im Mittelmeergebiet verbreitet kultiviert, eventuell im Osten ursprünglich, Heimat SW-Asien.

Stranddistel *Eryngium maritimum* L. *Apiaceae* □■
15–60 cm; Juni – September; ♃ □□
B: Blaugrün bereifte Pflanze mit aufrechtem, kräftigem, oben verzweigtem Stengel. Häufig einen halbkugeligen Busch bildend. Grundblätter gestielt mit im Umriß fast rundlicher Spreite, 3–5lappig, am Rande buchtig gezähnt mit kräftigen Dornen. Obere Blätter mit breitem Grund sitzend, weniger geteilt. Blüten in 1,5–3 cm großen Köpfchen, umgeben von 4–7 elliptischen bis verkehrteiförmigen, 2–4 cm langen, breit dornig gezähnten Hüllblättern. Blüten blau, von etwa 12 mm langen, dreispitzigen Spreublättern überragt. Früchte etwa 15 mm lang, dicht mit zugespitzten Schuppen besetzt.
S: Sandstrände, Dünen.
V: Küsten des Mittelmeeres und Schwarzen Meeres, W- und N-Europas, nördlich bis zum 60. Breitengrad.

Stahlblaue Mannstreu *Eryngium amethystinum* L. *Apiaceae* □□
20–70 cm; Juli – Oktober; ♃ ■□
B: Aufrechte, oben fast immer stahlblau überlaufene Pflanze mit dickem Stengel. Grundblätter meist ausdauernd, ledrig, Spreite 10–15 cm, im Umriß verkehrteiförmig, doppelt fiederschnittig mit dornig gezähnten, lineal-lanzettlichen Abschnitten. Blattstiele der Stengelblätter verbreitert, ganzrandig. Blüten blau, in 1–2 cm breiten Köpfchen, überragt von 5–9 lineal-lanzettlichen, stechenden, 2–5 cm langen Hüllblättern, die am Rande 1–4 kleine Dornenpaare tragen. Äußere Spreublätter 3spitzig. Frucht zerstreut schuppig.
S: Felsfluren, Grasfluren, Garigues.
V: Östliches Mittelmeergebiet, westlich bis Italien und Sizilien.
U: *E. creticum* Lam.: Grundblätter lang gestielt, ungeteilt, gekerbt-gesägt, bald verwelkend. Blütenköpfchen 0,5–1 cm breit, zahlreich. Hüllblätter 1–3 cm lang, mit 1–2 Dornenpaaren. Spreublätter 3spitzig (östliches Mittelmeergebiet). *E. dilatatum* Lam.: Grundblätter ausdauernd, ledrig, oben 3schnittig, insgesamt grob dornig gezähnt. Blütenköpfchen 0,5–1,5 cm breit. Hüllblätter 1–3 cm lang, mit 3–6 Dornenpaaren. Spreublätter meist ganzrandig (westliches Mittelmeergebiet).

Starre Stacheldolde *Echinophora spinosa* L. *Apiaceae* □□
20–80 cm; Juni – Oktober; ♃ □■
B: Kräftige graugrüne, mehr oder weniger behaarte Pflanze. Blätter 2–3fach gefiedert, fleischig und steif, Abschnitte unterseits gekielt, oberseits gefurcht, mit dorniger Spitze. Dolden mit 4–8 behaarten Strahlen und 5–10blättriger, dorniger Hülle und Hüllchen. Blütenblätter weiß, selten rosa, am Rücken behaart, die äußeren größer als die inneren. Kelchblätter stechend, bleibend. Jedes Döldchen mit einer zentralen zwittrigen Blüte umgeben von einer Anzahl männlicher, deren Stiele mit dem Fruchtknoten verbunden sind und eine Hülle um die Frucht bilden.
S: Sandstrände.
V: S-Europa, NW-Afrika.
U: Gelbblütig ist *E. tenuifolia* L.: Pflanze mehr oder weniger graufilzig. Blattabschnitte flach, ohne Dornen. Dolden 2–5strahlig (von S-Italien und Sizilien an ostwärts).

Doldenblütler *Apiaceae (Umbelliferae)*

Echter Venuskamm *Scandix pecten-veneris* L. ■□
15–50 cm; April – Juli; ⊙ □□
B: Stengel aufsteigend oder aufrecht, von der Basis an verzweigt, fein gerillt und kurz abstehend steifhaarig. Blätter 2–4fach gefiedert, im Umriß eiförmig-länglich, mit schmalen, spitzen Lappen. Dolde mit nur 1–3 Strahlen. Kronblätter weiß, die äußeren oft etwas vergrößert. Hülle fehlend, Hüllchenblätter ganzrandig oder mit vorwärtsgerichteten Zähnen. Frucht 1,5–8 cm lang, mit kräftigem, seitlich stark zusammengedrücktem, an den Rändern borstigen Schnabel, der deutlich vom samentragenden Teil abgesetzt und viel länger ist als dieser. Formenreich.
S: Kulturland, Brachland.
V: Mittelmeergebiet, Kanaren, nördlich (früher häufiger) bis Schottland und Schweden, SW-Asien.
U: Ebenfalls im Mittelmeergebiet: *S. australis* L., Frucht nur 1,5–4 cm lang, Schnabel nicht sehr deutlich vom samentragenden Teil getrennt. *S. stellata* Banks & Sol. hat deutlich gefiederte Hüllchenblätter.

Strahlen-Hohlsame *Bifora radians* Bieb. □■
20–40 cm; April – Juli; ⊙ □□
B: Wie Koriander mit wanzenartigem Geruch. Stengel aufrecht, kahl, fast vom Grunde an verzweigt und kantig gefurcht, mit 1–3fach fiederschnittigen, im Umriß länglichen Blättern, die unteren mit flachen, die oberen mit fädlich spitzen Zipfeln. Doldenstrahlen 3–8, bis 2,5 cm lang. Äußere Kronblätter der Randblüten stark vergrößert, tief 2lappig, innere Blüten nur männlich, mit wenig ungleichen Kronblättern. Kelch undeutlich, ohne Zähne (Unterschied zu Koriander im blühenden Zustand). Hülle fehlend oder 1blättrig, Hüllchen einseitig aus 2–3 pfriemlichen Blättern. Frucht mit 2 fast kugeligen Teilfrüchten. Griffel 1–1,5 mm.
S: Kulturland, Brachland.
V: S-Europa, weiter nördlich verschleppt und eingebürgert, SW-Asien.
U: *B. testiculata* (L.) Roth: Zipfel der oberen Blätter flach. Doldenstrahlen 1–3 (–5), bis 1 cm lang. Kronblätter aller Blüten fast gleich und unscheinbar. Griffel nur 0,2 mm lang (Mittelmeergebiet, Kanaren, SW-Asien).

Meerfenchel *Crithmum maritimum* L. □□
10–60 cm; Juli – Oktober; ♃ ■□
B: Auch vor der Blüte leicht kenntlicher, kahler, am Grunde verholzter Doldenblütler mit 1–2fach gefiederten, im Umriß dreieckigen, blaugrünen fleischigen Blättern, die linealen zugespitzten Abschnitte 1–7 cm lang. Blütendolden aus 8–30 ziemlich kräftigen Strahlen. Blüten mit gelbgrünen, an der Spitze eingerollten, unscheinbaren Kronblättern. Hülle und Hüllchen mehrblättrig, zur Fruchtzeit zurückgeschlagen. Früchte 5–6 mm, eiförmig-länglich, stark gerippt, kahl, gelblich bis rötlich. Die Blätter noch manchmal zu Salat oder als Gewürz.
S: Felsküsten, im Bereich des Spritzwassers.
V: Mittelmeerküste, auch Atlantik- und Schwarzmeerküste, Kanaren.

Wilder Fenchel *Foeniculum vulgare* Mill. ssp. *piperitum* (Ucria) Cout.
(*F. piperitum* (Ucria) Sweet) □□
0,5–2,5 m; Juli – September; ⊙ □■
B: Hohe blaugrün bereifte Pflanze mit gerilltem Stengel. Blätter im Umriß länglich dreieckig, 3–4fach gefiedert. Blattzipfel pfriemlich, etwas fleischig und steif, kaum länger als 1 cm. Blattscheiden nur 1–3 cm lang, die obersten ohne oder mit verkümmerter Spreite. Dolden kurz gestielt, mit 4–10 ungleich langen Strahlen, ohne Hülle und Hüllchen, die Enddolde oft von achselständigen überragt. Blüten gelb, die 5 Kronblätter mit stumpfen eingerollten Spitzen. Kelchblätter fehlen. Teilfrüchte mit je 5 deutlichen, aber ungeflügelten Rippen, scharf schmeckend.
S: Straßenränder, Flußläufe, Brachland.
V: Mittelmeergebiet, Kanaren, SW-Asien.
U: Die ssp. *vulgare* in fast ganz Europa angebaut. Blattzipfel über 1 cm lang, schlaff. Dolden mit 12–25 Strahlen, die Enddolde nicht von achselständigen überragt. Früchte mit süßlich-würzigem Geschmack als Gewürz und für medizinische Zwecke. Gemüsefenchel stammt von der var. *azoricum* (Mill.) Thell.

Doldenblütler *Apiaceae (Umbelliferae)*

Gespenst-Gelbdolde *Smyrnium olusatrum* L. ■□
0,5–1,5 m; März – Mai; ⊙ □□
B: Kräftige, kahle, oberwärts oft gegenständig verzweigte Pflanze mit Selleriegeruch und -geschmack. Grundblätter gestielt, mit einfach oder doppelt 3teiliger Spreite. Abschnitte rhombisch-eiförmig, gekerbt-gesägt, manchmal gelappt. Stengelblätter 3zählig bis 3schnittig, auf kurzen, verbreiterten und am Rande gewimperten Stielen, alle dunkelgrün glänzend. Dolden konvex, lang gestielt, mit 5–18 Strahlen, Hülle und Hüllchen klein, hinfällig oder fehlend. Blütenblätter grünlichgelb. Früchte 6–8 mm, breiteiförmig mit flügelartig vorstehenden Rippen, zur Reifezeit schwarz glänzend. Namengebend war das „gespensterhafte" Aussehen der abgestorbenen und gebleichten Stengel, die teilweise noch die schwarzen Früchte tragen. Die jungen Triebe und Blätter früher als Gemüse, heute durch den Anbau von Sellerie verdrängt.
S: Hecken, Wegränder, Schuttplätze, besonders an feuchten Stellen.
V: Mittelmeergebiet, Kanaren.
U: *S. perfoliatum* L.: Stengel an den Kanten schmal geflügelt. Obere Blätter eiförmig-herzförmig, gekerbt-gesägt, stengelumfassend (Mittelmeergebiet). Ähnlich *S. rotundifolium* MILL.: Stengel rund, gefurcht. Obere Blätter ganzrandig oder sehr schwach gezähnelt (von Korsika und Sardinien bis Kleinasien).

Lanzettblättriges Hasenohr *Bupleurum lancifolium* HORNEM. □■
15–75 cm; April – August; ⊙ □□
B: Stengel aufrecht, hin- und hergebogen, abstehend verzweigt, mit blaugrünen, ganzrandigen, eiförmig- oder länglich-lanzettlichen Blättern, die unteren an der Basis verschmälert, 5–15 × 1–4 cm, mittlere und obere vollkommen vom Stengel durchwachsen, alle mit 5–9 parallelen, untereinander verbundenen Nerven. Doldenstrahlen meist 2–3, ohne Hülle. Die abstehenden, am Grunde verbundenen Hüllchenblätter meist zu 5, gelbgrün, rundlich, bespitzt, das reichblütige Döldchen weit überragend. Blütenblätter gelb, sehr klein, an der Spitze eingerollt. Frucht 2–5 mm, eiförmig, zwischen den Rippen dicht warzig.
S: Kulturland, Brachland.
V: Mittelmeergebiet, Kanaren, SW-Asien.
U: Ähnlich *B. rotundifolium* L.: Blätter elliptisch-eiförmig bis fast rundlich. Doldenstrahlen meist 5–10. Hüllchenblätter eiförmig, zugespitzt. Frucht 3 mm, zwischen den Rippen glatt (Mittelmeergebiet, Mittel- und O-Europa, SW-Asien).

Dorniges Hasenohr *Bupleurum spinosum* GOUAN □□
15–30 cm; Juli – August; ♄ ■□
B: Sparrig verzweigter Kugelbusch, dornig durch die steifen und spitzen, abgestorbenen oberen Stengelteile mit den Doldenstrahlen, die 2–3 Jahre an der Pflanze ausdauern. Blätter lineal-lanzettlich, graugrün, mit 3–5 parallelen Nerven. Blütendolden 2–7strahlig, die 5 Hüllblätter pfriemlich und 1nervig, 2 mm lang. Blütenblätter gelb, klein, mit umgerollter Spitze. Früchte 3–4,5 mm, eiförmig-länglich, gerippt.
S: In Felsfluren der Gebirge, oft bestandbildend.
V: Spanien, NW-Afrika.

Strauchiges Hasenohr *Bupleurum fruticosum* L. □□
1–2 m; April – September; ♄ □■
B: Aromatischer buschiger Strauch mit rötlichen Zweigen und immergrünen, ledrigen, unterseits blaugrünen, verkehrteiförmig-lanzettlichen, 5–8 cm langen, fast sitzenden Blättern. Mittelrippe deutlich und in einer kleinen Stachelspitze endend, Hauptseitennerven den Blattrand erreichend. Dolden gelbblütig mit 5–25 kräftigen Strahlen und jeweils 5–6 zurückgeschlagenen, bald abfallenden Hüll- und Hüllchenblättern. Früchte 7–8 mm, länglich, mit schmal geflügelten Rippen.
S: Felsen, Garigues, auch als Zierstrauch.
V: Mittelmeergebiet, lückenhaft.
U: Ähnlich *B. gibraltaricum* LAM.: Blätter schmaler, Hauptseitennerven nicht den Blattrand erreichend, Hüllblätter bleibend (Spanien, NW-Afrika). Weitere strauchige und krautige, auch einjährige Arten.

Doldenblütler *Apiaceae (Umbelliferae)*

Große Knorpelmöhre *Ammi majus* L. ■□
0,3–1 m; Juni – September; ⊙ □□
B: Pflanze kahl, aufrecht und verzweigt mit fein gerilltem Stengel und sehr variablen Blättern, untere oft einfach oder 3teilig, mittlere und obere 2–3fach gefiedert mit lanzettlichen bis linealischen, knorpelig-gezähnten Teilblättchen. Dolden lang gestielt, mit 15–30 (–60), zur Blüte- und Fruchtzeit abstehenden, dünnen Strahlen. Hüllblätter zahlreich, meist 3teilig oder fiederteilig mit fädlichen Zipfeln, Hüllchenblätter hautrandig. Kronblätter weiß, ungleich 2lappig. Teilfrüchte sichelförmig gebogen, 1,5–2 mm lang, mit 5 schwachen Rippen.
S: Kulturland, Brachland, Wegränder.
V: Mittelmeergebiet, Kanaren, SW-Asien, weiter verschleppt und eingebürgert.
U: *A. visnaga* (L.) LAM.: alle Blattfiedern schmallineal und ganzrandig. Doldenstrahlen bis 150, zur Fruchtzeit nestförmig zusammengezogen, verdickt und verhärtet, zur Herstellung von Zahnstochern benützt. Wichtige Heilpflanze u. a. bei Asthma und Angina pectoris (südliches Mittelmeergebiet, Kanaren, SW-Asien).

Gemeines Rutenkraut *Ferula communis* L. □■
1–3 m; April – Juni; ♃ □□
B: Sehr kräftige hohe Pflanze mit vielfach gefiederten Blättern, die linealen Abschnitte flach, 1,5–5 cm lang (bei der ssp. *communis* nicht breiter als 1 mm, und beiderseits grün, bei der ssp. *glauca* (L.) ROUY & CAM. bis 3 mm breit und unterseits graugrün). Untere Blätter 30–60 cm, lang gestielt, obere mit auffallend großen Blattscheiden, die obersten bis auf die Blattscheide zurückgebildet. Der große Blütenstand reich verzweigt, die fruchttragenden Enddolden jeweils kurz gestielt oder sitzend, umgeben von lang gestielten, unfruchtbaren Seitendolden. Hülle fehlend, Hüllchen hinfällig. Früchte elliptisch, etwa 1,5 cm lang, zusammengedrückt, mit seitlichen Flügeln.
S: Garigues, Weiderasen, auf Kalk, oft in Siedlungsnähe.
V: Mittelmeergebiet.
U: *F. tingitana* L.: Blattabschnitte nicht länger als 1 cm, mit deutlich umgerollten Rändern (Iberische Halbinsel, N-Afrika, Vorderasien).

Apulischer Zirmet, Echter Zirmet *Tordylium apulum* L. □□
20–50 cm; April – Juni; ⊙ ■□
B: Stengel aufrecht, verzweigt, am Grunde dicht weich abstehend behaart, weiter oben zerstreut behaart. Blätter gefiedert, untere mit rundlich-eiförmigen, eingeschnitten-gekerbten Blättchen, obere mit ganzrandigen, linealen Abschnitten. Doldenstrahlen 3–8. Randblüten mit je 1 weißen, vergrößerten, gleichmäßig tief 2lappigen Kronblatt. Hüll- und Hüllchenblätter pfriemlich, kurz. Frucht fast rund, flach, 5–8 mm, mit Blasenhaaren und weißlichem, gekerbtem, wulstigem Rand.
S: Kulturland, Brachland, Wegränder.
V: Mittelmeergebiet.
U: *T. maximum* L.: Randblüten mit 2–3 ungleich 2lappigen Kronblättern, Doldenstrahlen 5–15. Frucht borstig, mit glattem, verdicktem Rand (S- und SO-Europa, Kleinasien). *T. officinale* L.: Doldenstrahlen 8–14, zwei ungleich 2lappige Kronblätter. Frucht 2–3 mm, mit Blasenhaaren und runzeligem, verdicktem Rand (östliches S-Europa).

Behaarte Purgierdolde, Thapsus-Dolde *Thapsia villosa* L. □□
0,3–2 m; Mai – Juni; ♃ □■
B: Doldenblütler mit kahlem, kräftigem, fein gerilltem Stengel und 3–4fach gefiederten, im Umriß ovalen, 20–35 cm langen, wollig behaarten Blättern. Endabschnitte 5–15 (–30) mm, eiförmig-länglich mit regelmäßigen, fein bespitzten Zähnen. Blattstiel der oberen Stengelblätter blasig aufgetrieben und ohne Spreite. Große gelbe Blütendolden mit 9–24 Strahlen, meist ganz ohne Hülle und Hüllchen. Frucht flach, elliptisch, 8–15 mm, mit 2–3 mm breiten, oben und unten tief eingebuchteten Seitenflügeln.
S: Felsfluren, Grasfluren.
V: Iberische Halbinsel, S-Frankreich, NW-Afrika.
U: *T. garganica* L.: Endabschnitte der Blätter lineal, ganzrandig oder mit 1–2 Zähnen. Frucht 15–25 mm mit 3–6 mm breiten Seitenflügeln (südl. Mittelmeergebiet).

Heidekrautgewächse *Ericaceae*

Baum-Heide *Erica arborea* L. ■□
1–4 (–15) m; März – Mai; ♄ □□
B: Immergrüner Strauch oder kleiner Baum, auf den Kanarischen Inseln bis 15 m hoch, die jungen Zweige dicht weiß behaart. Blätter nadelartig, 3–5 mm lang, in Quirlen meist zu viert, kahl, dunkelgrün, der zurückgerollte Blattrand die Unterseite vollständig bedeckend. Blütenstände sehr reichblütig, Blütenstiele kahl, unterhalb der Mitte mit 2–3 Blättchen. Krone weiß, 2,5–4 mm, glockig mit 4 Zipfeln, die dunkelbraunen Staubbeutel am Grunde mit Anhängseln und in der Blüte eingeschlossen. Narbe kopfig, weiß.
S: Immergrüne Wälder, Macchien, vor allem auf sauren Böden.
V: Mittelmeergebiet, Kanaren, Gebirge Zentralafrikas.
U: Im Mai und Juni blüht *E. scoparia* L.: Schlanker Strauch, bis 6 m hoch, mit meist kahlen jungen Zweigen und 4–7 mm langen Blättern in Quirlen zu 3–4. Blüten 1,5–3 mm, grünlichweiß, unauffällig, Staubbeutel ohne Anhängsel, in der Blüte eingeschlossen. Narbe rot (westliches Mittelmeergebiet, östlich bis Italien, Kanaren).

Vielblütige Heide *Erica multiflora* L. □■
Bis 80 (–250) cm; August – Dezember; ♄ □□
B: Immergrüner Strauch mit aufrechten kahlen Ästen. Blätter nadelartig, 6–11 mm lang, in Quirlen zu 4 oder 5. Dichte, meist endständige, bis 5 cm lange Blütenstände. Blütenkrone 4–5 mm, leuchtend rosarot, glockig mit 4 Zipfeln, auf langen, dünnen, rötlichen Blütenstielen. Staubbeutel ohne Anhängsel, meist mit parallelen, sich berührenden Hälften, dunkelrot, weit aus der Krone herausragend.
S: Im Unterwuchs lichter, immergrüner Wälder und Macchien, vorwiegend auf Kalk.
V: Mittelmeergebiet, östlich bis Jugoslawien.
U: Nahe verwandt ist *E. manipuliflora* SALISB. (*E. verticillata* FORSK., non BERGIUS): niederliegender oder aufsteigender Strauch bis 50 cm, Blätter 4–8 mm, in Quirlen zu 3–4. Staubbeutel aus der Blüte herausragend, mit getrennten, spreizenden Hälften (östl. und zentrales Mittelmeergebiet, ebenfalls Herbstblüher).

Westlicher Erdbeerbaum *Arbutus unedo* L. □□
1,5–3 (–12) m; Oktober – März; ♄ ■□
B: Immergrüner Strauch oder niedriger Baum mit mattbrauner, rissiger Borke. Junge Triebe drüsig behaart. Blätter glänzend, derb, lanzettlich und scharf gesägt, 4–11 cm lang und 1,5–4 cm breit. Blattstiele weniger als 1 cm lang. Blüten etwa 9 mm, weiß bis rosa oder grünlich überlaufen, glokkenförmig mit zurückgekrümmten Zipfeln, in hängenden Rispen. Kelch 1,5 mm mit rundlichen Lappen. Früchte zunächst gelbe, später dunkelrote, erdbeerähnliche Beeren mit warziger Oberfläche, bis 2 cm im Durchmesser, eßbar, aber fade im Geschmack. In manchen Gegenden zu Marmelade oder Likör verarbeitet.
S: Macchien und immergrüne Wälder, bevorzugt auf kalkarmen Böden. Eines der charakteristischen Hartlaubgehölze der immergrünen Mittelmeervegetation.
V: Mittelmeergebiet, an der westeuropäischen Atlantikküste nördlich bis Irland.

Östlicher Erdbeerbaum *Arbutus andrachne* L. □□
3–5 m; Februar – April; ♄ □■
B: Immergrüner Strauch oder kleiner Baum, Stamm und Zweige oft gewunden, die auffällige, glatte rotbraune Borke sich großflächig ablösend. Junge Triebe kahl. Die derben, unterseits leicht graugrünen Blätter elliptisch, fast ganzrandig, 3–6 cm breit, weniger als 2mal so lang wie breit, und 1,5–3 cm lang gestielt. Nur die Blätter junger Triebe gesägt und behaart. Blütenrispen aufrecht, drüsig behaart, Blüten weiß, krugförmig mit zurückgekrümmten Zipfeln, etwa 7 mm lang. Kelch 2,5 mm mit eiförmig-rhombischen Lappen. Beeren 8–12 mm, orange, netzig grubig.
S: Macchien und immergrüne Wälder.
V: Östliches Mittelmeergebiet, westlich bis S-Albanien und Griechenland.
U: *A.* × *andrachnoides* LINK.: Bastard zwischen beiden *Arbutus*-Arten, überall dort, wo die Elternarten zusammen wachsen und einige Pflanzen gleichzeitig blühen. Gewöhnlich mit orangefarbener Borke und wenigstens schwach drüsenhaarigen jungen Zweigen.

Primelgewächse *Primulaceae*

Neapolitanisches Alpenveilchen *Cyclamen hederifolium* Ait.
(*C. neapolitanum* Ten.) ■□
8–12 cm; August – November; ♃ □□
B: Knolle groß, 3–15 cm, vor allem oben und seitlich bewurzelt. Blätter erst nach den Blüten im Spätsommer oder Herbst erscheinend, länglich-herzförmig, oft gelappt oder 5–9eckig, mit unregelmäßig gezähntem, schwach knorpeligem Rand. Blüten lang gestielt, blaßrosa oder weiß, die zurückgeschlagenen Kronlappen etwa 2 cm lang, am Grunde geöhrt und mit dunkelpurpurnen 2geteilten Flecken. Griffel die Kronröhre kaum überragend. Fruchtstiel von der Spitze her schraubig aufgerollt.
S: Sommergrüne Wälder, Gebüsche, bis in die Bergstufe.
V: S-Europa, von S-Frankreich bis in die Ägäis, W-Anatolien.
U: Im Spätherbst blüht *C. graecum* Link: Knolle nur am Grunde bewurzelt. Blätter mit verdicktem, gezähntem Rand, selten mit Ecken oder Lappen. Kronlappen mit Öhrchen. Fruchtstiel von der Mitte oder vom Grunde her aufgerollt (Griechenland, Ägäis, Zypern, Kleinasien).

Geschweiftblättriges Alpenveilchen *Cyclamen repandum* Sibth. & Sm. □■
10–20 cm; März – Mai; ♃ □□
B: Knolle behaart, 1,5–3,5 cm, nur am Grund bewurzelt. Blätter vor den Blüten im Frühjahr erscheinend, breit herzförmig, zugespitzt, mit tief gezähntem bis buchtig geschweiftem Rand. Blüten meist rosarot, seltener weiß oder rosa und dunkler am Schlund (var. *rhodense* Meikle), die zurückgeschlagenen Lappen 1,5–3 cm lang, ohne Öhrchen. Griffel herausragend. Fruchtstiel von der Spitze her schraubig aufgerollt.
S: Im Unterwuchs schattiger, meist immergrüner Wälder und Macchien.
V: Mittelmeergebiet, von Frankreich und NW-Afrika bis in die Ägäis.
U: Frühlingsblüher sind auch (und Kronlappen ohne Öhrchen): *C. creticum* Hildebr., Blütenkrone rein weiß mit 1,6–2,5 cm langen Kronlappen (Kreta). *C. balearicum* Willk.: Blütenkrone weiß mit rosa Nerven, Kronlappen 1–1,8 cm (S-Frankreich, Balearen). Die Alpenveilchen unserer Fensterbretter stammen von *C. persicum* Mill., das im östlichen Mittelmeergebiet vorkommt. Krone weiß oder rosa, dunkler am Schlund, die zurückgeschlagenen Lappen 2,5–4,5 cm. Fruchtstiele gebogen, nicht schraubig.

Blauer Gauchheil *Anagallis foemina* Mill. (*A. caerulea* Schreb. non L.) □□
5–30 cm; April – Oktober; ⊙, ⊙ ■□
B: Stengel 4kantig, niederliegend, aufsteigend oder aufrecht, mit gegenständigen, sitzenden, eilanzettlichen bis lanzettlichen, drüsig punktierten Blättern. Blüten lang gestielt in den oberen Blattachseln mit stets blauer, ausgebreiteter Krone. Die 5 Kronzipfel 4–6 mm lang, vorn gezähnelt und mit nur wenigen, meist 4zelligen Drüsenhaaren, sich nicht deckend, so daß die Kelchblätter bei geöffneter Blüte von oben fast in ganzer Länge sichtbar sind. Kelch so lang wie die Knospe und diese voll deckend.
S: Kulturland, Brachland, Garigues.
V: Mittelmeergebiet, Kanaren, selten bis Mitteleuropa und weiter verschleppt.
U: Weit verbreitet ist *A. arvensis* L.: Blüten zinnoberrot, rosa oder blau, letztere im Mittelmeergebiet dominierend und oft mit obiger Art verwechselt. Kronzipfel vorn mit sehr zahlreichen 3zelligen Drüsenhaaren, sich in der unteren Hälfte deckend, so daß bei geöffneter Blüte von oben nur die Spitzen der Kelchblätter sichtbar sind. Kelch nur $^{2}/_{3}$ so lang wie die Knospe und diese nicht voll deckend.

Leinblättriger Gauchheil *Anagallis monelli* L. (*A. linifolia* L.) □□
10–50 cm; März – Juni; ♃ □■
B: Aufsteigende oder aufrechte Pflanze mit rundlichen, am Grunde verholzten Stengeln. Blätter gegenständig, sitzend, oft mit kleinen sterilen Trieben in den Achseln, lineal-lanzettlich oder elliptisch. Blüten in den Achseln der oberen Blätter an 2–5 cm langen Stielen. Die 5zipfelige ausgebreitete, 5–12 mm lange Krone leuchtend blau, am Grunde zum Teil rot oder ganz rot. Staubfäden unten mit zahlreichen purpurnen oder gelben Haaren. Kelch 4–6 mm. Sehr variabel in Blattform und Blütengröße.
S: Brachland, Kulturland, Wegränder.
V: Iberische Halbinsel, Sardinien, Sizilien, NW-Afrika.

Bleiwurzgewächse *Plumbaginaceae*

Europäische Bleiwurz *Plumbago europaea* L. ■□
0,3–1 m; Juli – Oktober; ♃ □□
B: Steif abstehend verzweigte, aufrechte Pflanze, Stengel gefurcht. Blätter wechselständig, gewellt, drüsig gezähnt, unterseits mehlig, die unteren gestielt und eiförmig, die mittleren lanzettlich, sitzend, geöhrt-stengelumfassend. Zahlreiche violette oder rosa Blüten in ährenartigen Blütenständen. Kronröhre schmal, 1,5mal so lang wie der Kelch, der 5lappige Saum radförmig ausgebreitet. Kelch 5zähnig, 5–7 mm, auf den Rippen mit großen, auffallenden Stieldrüsen.
S: Wegränder, Schuttplätze, Brachland.
V: Mittelmeergebiet, SW-Asien.
U: Zur selben Gattung gehört die häufig gepflanzte Kap-Bleiwurz *Plumbago auriculata* LAM. (*P. capensis* THUNB.): bis 1,50 m hoher, überhängender oder kletternder Zierstrauch mit etwa 2,5 cm breiten, zartblauen Blüten (Heimat S-Afrika).

Geflügelter Strandflieder *Limonium sinuatum* (L.) MILL. (*Statice sinuata* L.) □■
15–40 cm; April – September; ♃ □□
B: Rauhhaarige Pflanze mit einer Grundrosette aus buchtig fiederschnittigen, 3–15 cm langen und etwa 1,5 cm breiten Blättern. Stengel aufsteigend bis aufrecht, mit vier 1–3 mm breiten, etwas gewellten Flügelleisten, die an den Knoten in je drei 1–8 cm lange lineal-lanzettliche Anhängsel auslaufen. Blütenstandsäste mit 3 nach oben breiter werdenden Flügelleisten, deren Anhängsel die Ähren umgeben. Diese dicht, mit 2–3blütigen, nach oben gerichteten Ährchen und Hochblättern besetzt. Kelch 10–14 mm, der blauviolette, gefältelte, papierartige Saum nahezu ganzrandig. Kronblätter klein, gelblichweiß.
S: Sand- und Felsküsten, auch an Salzstellen im Binnenland. Zierpflanze, häufig in Trockensträußen.
V: Mittelmeergebiet, Kanaren.

Schmalblättriger Strandflieder *Limonium angustifolium* (TAUSCH) DEGEN (*L. vulgare* MILL. ssp. *serotinum* (RCHB.) GAMS) □□
30–70 cm; Juli – Oktober; ♃ ■□
B: Alle Blätter der kahlen Pflanze grundständig, lanzettlich-spatelförmig, lang in den am Grunde scheidig verbreiterten Stiel verschmälert, mit kräftigem Hauptnerv und schwachen Fiedernerven, meist bespitzt, 10–15 × 1,5–4 cm. Blütenstand groß, mit locker stehenden oft bogig zurückgekrümmten Ästen, sterile Äste wenige oder fehlend. Ähren 1–2 cm lang, mit 6–8 zweiblütigen Ährchen je cm. Äußeres Vorblatt krautig, etwa halb so lang wie das mittlere. Blütenkrone 6–8 mm.
S: Salzsümpfe der flachen Meeresküsten.
V: Eine der wenigen im ganzen Mittelmeerraum verbreiteten *Limonium*-Arten, *L. vulgare* MILL. ssp. *vulgare* in W- und N-Europa.
U: Im ganzen Gebiet an Flach- und Felsküsten weit über 100, oft schwer zu unterscheidende Arten, meist mit kleinblättrigen Grundrosetten. Viele Arten auf kleine und kleinste Küstenabschnitte beschränkt, nur wenige weiter verbreitet, wie *L. oleifolium* MILL. mit mehreren Unterarten: Blätter 1nervig, 3–5 cm lang. Blütenstand mit zahlreichen sterilen Ästen. Ähren 2–4 cm lang, mit 4 gebogenen und zusammengedrückten Ährchen je cm. Leicht kenntlich ist *L. articulatum* (LOIS.) KUNTZE mit durch Einschnürung an den Knoten gegliederten Stengeln. Blätter zur Blütezeit vertrocknet (Korsika, Sardinien).

Strauch-Strandflieder *Limoniastrum monopetalum* (L.) BOISS. □□
0,3–1,2 m; Juni – August; ♄ □■
B: Kleiner, reich verzweigter Strauch mit Salzdrüsen. Blätter blaugrün, fleischig, spatelförmig und zum Grunde verschmälert, mit stengelumfassender Schneide. Blüten zu 1–2 in verzweigten, in getrocknetem Zustand leicht zerbrechlichen, ährenartigen Blütenständen. Krone rosa, 1–2 cm im Durchmesser, die Kronröhre etwa so lang wie die 5 Kronzipfel. 3 sich dachziegelig deckende Hochblätter umschließen den 5zähnigen Kelch.
S: Sandstrände, Salzsümpfe.
V: S-Europa (fehlt auf der Balkanhalbinsel), Kreta, N-Afrika.

Styraxgewächse *Styracaceae*
Ölbaumgewächse *Oleaceae*

Echter Styraxbaum *Styrax officinalis* L. *Styracaceae* ■□ □□
2–7 m; April – Mai; ♄
B: Sommergrüner Strauch oder kleiner Baum mit sternhaarigen Zweigen. Die wechselständigen, breiteiförmigen bis eiförmig-lanzettlichen, ganzrandigen Blätter 3–7 cm lang, unterseits graugrün. 1–2 cm lang gestielte, duftende Blüten zu 3–6 an Kurztrieben, weiß, etwa 2 cm lang, mit sehr kurzer Kronröhre und 5–7 überlappenden, lanzettlichen Zipfeln. Kelch becherförmig, fast ganzrandig oder mit 5 kleinen Zähnen. Frucht ledrig, weißwollig, mit bleibendem Kelch. Einziger Vertreter dieser Familie im Mittelmeergebiet.
S: Lichte Wälder, Gebüsche, Flußufer.
V: Östl. Mittelmeergebiet, westl. bis Mittelitalien, in S-Frankreich eingebürgert.

Manna-Esche, Blumen-Esche *Fraxinus ornus* L. *Oleaceae* □■ □□
6–15 m; April – Juni; ♄
B: Sommergrüner Baum mit glatter, grauer Rinde. Blätter kreuzweise gegenständig, 5–9zählig gefiedert, mit Stiel etwa 30 cm lang. Fiederblättchen erwachsener Bäume 3–8 cm lang, unregelmäßig gesägt, zugespitzt eilanzettlich, deutlich gestielt. Die duftenden Blüten in aufrechten, später überhängenden Rispen, mit den Blättern erscheinend. Kronblätter weiß, meist 4, am Grunde paarweise verwachsen, linealisch, meist 6 (–10) mm lang (andere Eschen-Arten haben keine Blütenkrone). 2 Staubblätter mit langen Staubfäden. Frucht dunkelbraun, zungenförmig, hängend, 2–4 cm lang. Der durch Einschnitte in die Rinde gewonnene, eingetrocknete Saft (Manna) wird als Abführmittel verwendet.
S: Warme Laubmischwälder, bis in die Bergstufe, gelegentlich als Zierbaum. Früher auch zur Manna-Gewinnung und als Laubfutterbaum gepflanzt.
V: S-Europa, nördlich bis in die Tschechoslowakei, Kleinasien.
U: Unserer heimischen Esche ähnlich ist *F. angustifolia* Vahl, aber Blattknospen dunkelbraun, die sitzenden Blättchen mit gleicher Anzahl Sägezähnen und Seitennerven (Flußufer, Wälder im Mittelmeergebiet, SW-Asien).

Schmalblättrige Steinlinde *Phillyrea angustifolia* L. *Oleaceae* □□ ■□
Bis 2,50 m; März – Mai; ♄
B: Immergrüner Strauch mit kahlen oder nur fein behaarten jungen Zweigen. Blätter alle gleich gestaltet, gegenständig, lineal bis lanzettlich, 3–8 cm lang und höchstens 1,5 cm breit, dunkelgrün, ledrig, ganzrandig oder selten entfernt gesägt, mit 4–6 Paaren von undeutlichen, in engem Winkel zur Mittelrippe stehenden Seitennerven. Duftende Blüten in kurzen achselständigen Trauben mit grünlichweißer, etwa 2 mm langer, 4zipfeliger Krone. Kelch dick, bräunlich, mit 4 rundlichen Zipfeln bis auf etwa $^{1}/_{4}$ der Länge eingeschnitten. Die fleischigen Steinfrüchte im September – Oktober blauschwarz, 6–8 mm, mit bleibenden Griffeln.
S: Macchien, lichte Wälder, bevorzugt auf Kalk.
V: Westliches und zentrales Mittelmeergebiet, östlich bis Jugoslawien und Albanien, Kanaren.

Breitblättrige Steinlinde *Phillyrea latifolia* L. *Oleaceae* □□ □■
Bis 5 (–15) m; März – Mai; ♄
B: Immergrüner Strauch oder kleiner Baum mit flaumig-filzig behaarten jungen Zweigen, Blätter dunkelgrün und ledrig, gegenständig (im Gegensatz zu *Rhamnus alaternus* s. S. 144), verschiedenartig: Jugendblätter 2–7 × 1–4 cm, eiförmig-herzförmig bis eilanzettlich, mehr oder weniger gezähnt oder gesägt. Altersblätter nur 1–6 × 0,4–2 cm groß, breitlanzettlich, ganzrandig oder fein gesägt mit 7–11 Paaren deutlicher Seitennerven, die in weitem Winkel zur Mittelrippe stehen. Blüten wie bei *Ph. angustifolia* in kleinen achselständigen Trauben, der 4lappige Kelch aber dünn, gelblich, mit 3eckigen Zipfeln bis auf $^{3}/_{4}$ der Länge eingeschnitten. Die blauschwarze, fleischige Steinfrucht 7–10 mm, mit hinfälligen Griffeln.
S: Macchien, lichte Wälder, bevorzugt auf Kalk.
V: Mittelmeergebiet, Kanaren.
U: *Phillyrea media* L., nur mit Altersblättern wie *Ph. latifolia* L., wird von manchen Autoren nicht als eigene Art betrachtet.

Ölbaumgewächse *Oleaceae*
Enziangewächse *Gentianaceae*
Hundsgiftgewächse *Apocynaceae*

Ölbaum *Olea europaea* L. *Oleaceae* ■□
Bis 15 m; Mai – Juni; ♄ □□
B: Immergrüner, im Alter kräftig-knorriger Baum mit breiter Krone und grauer rissiger Borke. Blätter 2–8 cm lang und 0,5–1,5 cm breit, länglich-lanzettlich, kurz gestielt, ledrig, oberseits dunkelgrün, unterseits silbergrau schimmernd. Duftende, kleine gelblich-weiße 4zählige Blüten in rispigen Blütenständen. Früchte 1–3,5 cm groß, fleischig mit hartem Steinkern, zunächst grün, reif bräunlich bis schwarzblau. Erntezeit der Oliven Oktober – November. Siehe auch Seite 25.
S, V: Im ganzen Mittelmeergebiet häufigster Kulturbaum.
U: Die in Wäldern und Macchien vorkommenden Wildpflanzen werden als var. *sylvestris* Brot. (var. *oleaster* DC.) bezeichnet. Sie unterscheiden sich u. a. durch kleinere Blätter, bedornte Zweige und kleine, ölarme bittere Früchte.

Durchwachsenblättriger Bitterling *Blackstonia perfoliata* (L.) Huds.
(*Chlora perfoliata* (L.) L.) *Gentianaceae* □■
10–60 cm; Mai – September; ⊙ □□
B: Aufrechte kahle Pflanze, einfach oder im Blütenstand verzweigt. Grundblätter eiförmig, stumpf, Stengelblätter gegenständig, eiförmigdreieckig, spitz, mehr oder weniger miteinander verwachsen. Blüten gelb, 8–15 (–35) mm, mit kurzer Röhre und 6–8 (–12) ausgebreiteten Zipfeln. Kelch tief in 6–12 schmale Abschnitte zerteilt. Mehrere Unterarten, die teilweise als Arten angesehen werden.
S: Feuchtstellen in Wäldern, Macchien, an Wegrändern, besonders auf Sand.
V: Mittelmeergebiet, Kanaren, W- und Mitteleuropa, SW-Asien.
U: Die ähnliche Art *Centaurium maritimum* (L.) Fritsch hat 4–5zählige gelbe Blüten (Mittelmeergebiet, W-Europa, nördl. bis NW-Frankreich, Kanaren).

Ähriges Tausendgüldenkraut *Centaurium spicatum* (L.) Fritsch
(*Erythraea spicata* (L.) Pers.) *Gentianaceae* □□
10–55 cm; Juni – September; ⊙, ⊙ ■□
B: Stengel der kahlen Pflanze aufrecht, vom Grunde oder der Mitte an verzweigt, mit einer mehr oder weniger hinfälligen Grundrosette aus breiteiförmigen Blättern. Stengelblätter zahlreich, gegenständig sitzend, elliptisch-länglich bis eiförmig-lanzettlich und die oberen lanzettlich, 3–5nervig. Sitzende, 12–14 mm lange Blüten in aufstrebenden, ährenartigen, durchblätterten Blütenständen. Krone rosa, mit 5 ausgebreiteten, 4,5 mm langen Zipfeln. Kelch mit anliegenden linealen Zähnen, etwa so lang wie die Kronröhre.
S: Salzwiesen, feuchte Dünentäler, Kulturland.
V: Mittelmeergebiet, Kanaren, östlich bis Zentralasien.
U: *C. tenuiflorum* (Hoffm. & Link) Fritsch: Stengel meist ohne deutliche Grundrosette, im oberen Teil aufrecht verzweigt. Blütenstand dicht trugdoldig, Blüten 12–14 mm, wenigstens 2 mm lang gestielt (Mittelmeergebiet, W-Europa, Kanaren, SW-Asien). Daneben sind u. a. die auch in Mitteleuropa vorkommenden Arten *C. erythraea* Rafn. mit mehreren Unterarten und *C. pulchellum* (Sw.) Druce verbreitet.

Gemeiner Oleander *Nerium oleander* L. *Apocynaceae* □□
1–4 m; Juli – September; ♄ □■
B: Kräftiger immergrüner Strauch. Blätter ledrig, meist zu 3–4 quirlständig, seltener gegenständig, lanzettlich, in den Stiel verschmälert, bis 15 cm lang und 2 cm breit. Blüten in endständigen trugdoldigen Blütenständen, Blütenkrone rosarot oder weiß, 3–4 cm im Durchmesser mit trichterförmiger Kronröhre und fünf schief abgeschnittenen, radförmig ausgebreiteten Kronzipfeln, im Schlund mit zerschlitzten Anhängseln. Blütenkelch 5zählig, innen dicht drüsenhaarig. Auffällige, 8–18 cm lange, aufrechte, rötlichbraune Früchte. Samen mit langem braunen Haarschopf. Die sehr giftige, milchsaftführende Pflanze enthält herzwirksame Glykoside und wird medizinisch verwendet.
S: Flußufer, in zeitweilig trockenen Bachbetten, auf steinigen Böden. In Hecken und als Zierpflanze häufig kultiviert, z. T. mit gefüllten Blüten.
V: Mittelmeergebiet.

Hundsgiftgewächse *Apocynaceae*
Schwalbenwurzgewächse *Asclepiadaceae*

Mittleres Immergrün *Vinca difformis* POURR. (*V. media* HOFFM. & LINK)
Apocynaceae ■□
Bis 2 m weit kriechend; Februar – Mai; ♃ □□

B: Weit kriechende Pflanze mit aufsteigenden oder aufrechten, bis 30 cm hohen blütentragenden Trieben. Die immergrünen Blätter gegenständig, eiförmig-lanzettlich, kurz gestielt, an den Rändern kahl, 2,5–7 × 1,5–4,5 cm. Blüten einzeln in den oberen Blattachseln, die Stiele kürzer als das zugehörige Blatt. Krone blaßblau mit 1,2–1,8 cm langer trichterförmiger Röhre und flach ausgebreitetem Saum, 3–4,5 cm im Durchmesser, die 5 Zipfel spitz oder schief abgeschnitten. Kelchzipfel sehr schmal dreieckig, 5–14 mm, kahl. Die ssp. *sardoa* STEARN von Sardinien hat winzige Haare an Blatträndern und Kelchzipfeln und 6–7 cm breite Blüten.
S: Schattige und feuchte Hecken, Gräben und Gebüsche.
V: Westliches Mittelmeergebiet, östlich bis Italien.
U: Bewimperte Blattränder und Kelchzipfel haben *V. major* L. mit blauvioletten, 3–5 cm breiten Blüten (westliches und zentrales Mittelmeergebiet, Kanaren, darüber hinaus öfter eingebürgert) und *V. balcanica* PÉNZES mit nur 2,5–3,5 cm breiten Blüten und Blättern, die nicht größer sind als 3,5 × 2 cm (Balkanhalbinsel).

Strauchiger Gomphocarpus *Gomphocarpus fruticosus* (L.) AIT. f.
Asclepiadaceae □■
1–2 m; Mai – September; ♄ □□

B: Am Grunde verholzte, aufrechte und verzweigte Pflanze mit Milchsaft. Blätter gegenständig, oft zu 3 quirlständig, kurz gestielt, lineallanzettlich, 2–10 × 0,3–1 cm, am Rand eingerollt und auf beiden Seiten grün. Blüten in gestielten, hängenden, achsel- und endständigen doldenartigen Blütenständen, mit weißer 5zähliger Krone. Kronlappen eiförmig-länglich, am Rande gewimpert, zurückgeschlagen, Nebenkrone fleischig. Fruchtkapseln aufgeblasen, eiförmig spitz, 4–6 × 2–3 cm, weich stachelig. Samen mit seidigen Haaren. Giftpflanze.
S: Flußufer, Feuchtstellen, meist in Küstennähe, auch als Zierpflanze.
V: Im ganzen Mittelmeergebiet, auf den Kanaren und weiter stellenweise eingebürgert, Heimat S-Afrika.

Lianen-Schwalbenwurz *Cynanchum acutum* L. *Asclepiadaceae* □□
1–3 m; Juni – September; ♃ ■□

B: Windende blaugrüne Pflanze mit Milchsaft. Blätter dünn, gegenständig, 1–5 cm lang gestielt, herzeiförmig, am Grunde tief ausgerandet. Duftende Blüten in achselständigen, gestielten Trugdolden. Krone weiß oder rosa, 8–12 mm im Durchmesser, mit 5 spreizenden Zipfeln und einer 10teiligen kleinen Nebenkrone. Kelch 5zipfelig, fein behaart. Balgkapseln meist einzeln, 8 × 1 cm, glatt. Samen mit langen seidigen Haaren. Giftpflanze.
S: Salzböden, in Hecken und an Flußufern in Küstennähe.
V: Mittelmeergebiet, Kanaren, östlich bis Zentralasien, fehlt auf Korsika und Sardinien.

Gebräuchliche Schwalbenwurz *Vincetoxicum hirundinaria* MED. (*V. officinale* MOENCH, *Cynanchum vincetoxicum* (L.) PERS.) *Asclepiadaceae* □□
0,2–1,2 m; Juni – September; ♃ □■

B: Stengel aufrecht mit zahlreichen gegenständigen, 5–10 mm lang gestielten, breiteiförmigen bis eiförmig-lanzettlichen, spitzen oder zugespitzten, am Grunde teilweise herzförmigen, mehr oder weniger behaarten Blättern. Blüten in kleinen achselständigen Trugdolden, mit weißer oder gelber, 3–10 mm breiter 5zipfeliger Krone und einer von Anhängseln der Staubblätter gebildeten kleinen Nebenkrone. Balgkapseln zu zweien, etwa 6 × 0,8 cm, glatt. Samen mit weißem Haarschopf. Sehr variable Art mit vielen Unterarten. Gelbblühende Sippen überwiegen im Mittelmeergebiet, z. B. die abgebildete ssp. *intermedium* (LOR. & BAAR.) MARKG.: Stengel 50–60 cm. Krone 6–9 mm breit, die Lappen auf der Innenseite behaart (S-Frankreich, NO-Spanien). Giftpflanze.
S: Grasfluren, Schuttfluren, Waldränder.
V: Europa, NW-Afrika, Kleinasien, Kaukasus.

Rötegewächse *Rubiaceae*

Kalabrische Putorie *Putoria calabrica* (L. f.) DC. ■□
30–80 cm; April – September; ♄ □□
B: Reich verzweigter niederliegender Halbstrauch mit starkem Geruch. Blätter gegenständig, kurz gestielt, lanzettlich, 1–2 cm lang und 2–4 mm breit, am Rande umgerollt, ledrig, beim Trocknen schwarz werdend. Nebenblätter klein, eiförmig. Blüten in endständigen Büscheln, die rosa, 1–1,5 cm langen, schmal trichterförmigen Kronen mit 4 ausgebreiteten, 3–6 mm langen, lineallanzettlichen Zipfeln. Staubblätter herausragend. Frucht etwa 5 mm, rot bis schwarz.
S: Felsspalten, besonders im Kalkgestein.
V: Mittelmeergebiet, fehlt in Frankreich und auf den westmediterranen Inseln.

Strand-Kreuzblatt *Crucianella maritima* L. □■
10–40 cm; Mai – September; □□
B: Kahle, niederliegende oder aufsteigende, am Grunde verholzte Pflanze mit weißlichen, glatten Stengeln. Die ledrigen, blaugrünen, weiß berandeten Blätter 4–10 × 1–4 mm, eiförmig-lanzettlich und stachelspitzig, in Quirlen zu 4, an den jungen Trieben oft dicht dachziegelig angeordnet. Blütenstand ährig, 2–4 cm, die 10–13 mm langen, schmal trichterförmigen Blüten mit 5 kurzen zusammenneigenden Zipfeln einzeln in den Achseln von freien, bewimperten, 3–7 mm breiten, eiförmigen Tragblättern und diese deutlich überragend. Am Grunde der Blüten 2 kürzere, gefaltete, mehr oder weniger verbundene Vorblätter.
S: Gefestigte Dünen und Felsen.
V: Mittelmeergebiet, fehlt auf der Balkanhalbinsel und in Kleinasien.
U: Fast im ganzen Mittelmeergebiet auch die beiden 1jährigen Arten *C. angustifolia* L.: Blätter meist in Quirlen zu 6–8. Blütenstand 2–8 cm lang, Blüten 4zipfelig, die freien Tragblätter nicht überragend und *C. latifolia* L.: Blätter zu 4–6. Blütenstand etwa 15 cm lang, die 4zipfeligen Blüten etwas länger als die meist am Grunde verbundenen Tragblätter.

Steifhaarige Vaillantie *Valantia hispida* L. □□
5–20 cm; März – Juni; ⊙ ■□
B: Etwas fleischige, zerbrechliche, unscheinbare Pflanze. Stengel vom Grunde an verzweigt, aufsteigend oder aufrecht, besonders oberwärts abstehend rauhborstig, an den Enden ährige Gesamtblütenstände. Blätter in Quirlen zu 4, schmal verkehrteiförmig bis lanzettlich, mehr oder weniger bespitzt, 2–10 × 1–3,5 mm. Blüten zu dritt in kleinen achselständigen Blütenständen, die mittlere zwittrig mit gelblicher 2zipfeliger Krone, die beiden seitlichen männlich, 3zipfelig, ihre Stiele zur Fruchtzeit herabgebogen, teilweise verwachsen und verdickt, die Frucht einschließend, auf dem Rücken 15–25 gerade Borsten.
S: Flachgründige, steinige und sandige Standorte, auch an Mauern.
V: Mittelmeergebiet, Kanaren, SW-Asien, fehlt auf der nördl. Balkanhalbinsel.
U: *V. muralis* L.: Stengel nur oben mehr oder weniger weich behaart. Blätter meist kleiner, stumpf, Fruchtkörper mit einem deutlichen Horn auf dem Rücken, Borsten hakig (Mittelmeergebiet).

Kletten-Krapp, Wilder Krapp *Rubia peregrina* L. □□
0,3–2,5 m; April – August; ♄ □■
B: Stengel 4kantig, kletternd, an der Basis verholzt und ausdauernd, wie die Blattränder und Mittelnerven von kleinen, rückwärts gekrümmten Stacheln rauh oder auch glatt. Blätter steif, ledrig, dunkelgrün, sitzend, schmal oder breit eiförmig-lanzettlich, 15–60 × 3–20 mm, in Quirlen zu 4–8, Seitennerven undeutlich. Reichblütige achsel- und endständige Blütenstände, die deutlich länger als die Blätter sind. Krone 4–6 mm breit, grünlichgelb, mit gewöhnlich 5 begrannten Zipfeln. Früchte beerenartig, schwarz, 4–6 mm.
S: Macchien, Wälder, Hecken.
V: S- und W-Europa, nördlich bis Irland, NW-Afrika, Kanaren, NW-Türkei.
U: *R. tenuifolia* D'Urv.: Blütenstände höchstens so lang wie die Blätter, Blüten 7–8 mm (östliches Mittelmeergebiet). *R. tinctorum* L.: Stengel im Herbst bis zum Grunde absterbend, mit weichen, hellgrünen, kurz gestielten, unterseits netznervigen Blättern. Krone gelb, Zipfel zugespitzt, nicht begrannt. Früher kultiviert (Krapp-Farbstoff!), heute im ganzen Mittelmeergebiet verwildert (Heimat Asien).

Windengewächse *Convolvulaceae*

Strand-Winde *Calystegia soldanella* (L.) R. BR. ■□
Bis 1 m weit kriechend; April – Oktober; ♃ □□
B: Mit langen Stengeln im Sand kriechende, nicht windende, kahle Strandpflanze. Blätter dunkelgrün und etwas fleischig, nierenförmig, lang gestielt, an die der Alpen-Troddelblume *Soldanella alpina* L. erinnernd. Blüten trichterförmig, 3–5 cm lang, rosa, einzeln in den Blattachseln. Ein Paar breiter, eiförmiger Vorblätter umschließt den Kelch (Unterschied zu *Convolvulus*-Arten).
S: Stranddünen.
V: Mittelmeerküsten, auch Küsten des Schwarzen und Kaspischen Meeres, des Atlantiks und der Nordsee, selten nördlich bis Dänemark, heute fast weltweit verbreitet.

Kantabrische Winde *Convolvulus cantabrica* L. □■
10–50 cm; Mai – Juli; ♃, ♄ □□
B: Mehrere am Grunde verholzte Stengel, aufsteigend oder aufrecht, wenigstens unten mit abstehenden Haaren. Grundständige Blätter spatelförmig-länglich, in einen Stiel verschmälert, die oberen länglich-lanzettlich und sitzend. Blütenstände lang gestielt, länger als das zugehörige Blatt. Blüten 1–3 (–7), jeweils auf kurzen, mit 2 Vorblättern versehenen Stielen. Krone trichterförmig, rosa, außen an den Falten seidig behaart, 1,5–2,5 cm lang. Kelchzipfel zottig behaart. Kapsel behaart.
S: Garigues, Macchien, Grasfluren, Wegränder.
V: Mittelmeergebiet, SO-Europa, SW-Asien.
U: Schmale, längliche Blätter haben auch *C. lineatus* L.: Pflanze dicht seidenhaarig, Stiele der Blütenstände kürzer als die zugehörigen Blätter (Mittelmeergebiet, O-Europa, SW-Asien), mehrere Arten mit büschelig gehäuften Blüten: *C. cneorum* L., Blüten weiß (westliches und zentrales Mittelmeergebiet), *C. oleifolius* DESR., Blüten rosa (östliches Mittelmeergebiet, N-Afrika) und *C. lanuginosus* DESR., Blüten rosa, Kapseln kahl (SW-Europa, NW-Afrika).

Dreifarbige Winde *Convolvulus tricolor* L. □□
20–60 cm; März – Juni; meist ⊙ ■□
B: Stengel der behaarten Pflanze aufsteigend bis aufrecht, mit sitzenden, verkehrteiförmigen, länglichen Blättern. Blüten einzeln an langen mit 2 winzigen Vorblättern versehenen Stielen, die so lang wie oder länger als die zugehörigen Blätter sind. Krone trichterförmig, 1,5–4 cm lang, dreifarbig, am Grunde gelb, in der Mitte weiß und am Rand blau. Kelchblätter krautig, lang behaart, deutlich 2teilig. Kapsel behaart. Bei der ssp. *tricolor* Spitzenteil der Kelchblätter höchstens so lang wie der Basalteil, bei der ssp. *cupanianus* (SA'AD) STACE Spitzenteil deutlich länger als der Basalteil (nur auf Sizilien einheimisch).
S: Kulturland, Wegränder.
V: S-Europa, NW-Afrika, Kanaren, weiter als Zierpflanze kultiviert und verwildert.
U: Sitzende Blätter haben auch die Arten *C. meonanthus* HOFFMANNS. & LINK: Kelchblätter nicht 2teilig, ihre Ränder häutig. Krone 14–22 mm, Kapsel kahl (westliches Mittelmeergebiet) und *C. pentapetaloides* L. mit nur 7–10 mm großer Blütenkrone (S-Europa, SW-Asien). Besonders große, oft lebhaft gefärbte Trichterblüten hat die subtropische Gattung *Ipomoea*, die in mehreren Arten als Zierpflanze kultiviert wird. Als ursprünglich im Mittelmeergebiet gilt *I. sagittata* POIR.

Sizilianische Winde *Convolvulus siculus* L. □□
10–40 cm; März – Mai; ⊙ □■
B: Zierliche, am Grunde verzweigte, zuerst niederliegende, dann aufsteigende Pflanze. Die dünnen gestielten Blätter spitz eiförmig mit herzförmigem oder abgerundetem Grund. Blüten meist einzeln an dünnen Stielen, die kürzer als die zugehörigen Blätter sind. Krone trichterförmig, blau mit gelber Röhre, deutlich 5lappig, 7–12 mm. Kurz unterhalb der behaarten Kelchblätter 2 lanzettliche Vorblätter. Die ssp. *agrestis* (SCHWEINF.) VERDC. (nur Sardinien und N-Afrika) hat dagegen lineale Vorblätter, die vom Kelch entfernter stehen. Frucht kahl.
S: Brachland, offene steinige Standorte.
V: Mittelmeergebiet, Kanaren.

Windengewächse *Convolvulaceae*
Rauhblattgewächse *Boraginaceae*

Eibischblättrige Winde *Convolvulus althaeoides* L. *Convolvulaceae* ■□
Stengel bis 1 m lang; April – Juni; ♃ □□
B: Stengel niederliegend oder windend. Blätter gestielt, wenigstens die oberen tief gelappt und am Grunde herz- bis pfeilförmig. Die auffälligen, 2,5–4 cm langen rosa Trichterblüten zu 1–3 an achselständigen Blütenstielen, die länger als die zugehörigen Blätter sind. 2 Unterarten: ssp. *althaeoides*, Pflanze abstehend behaart, untere Blätter gekerbt-gelappt, obere unregelmäßig mehr oder weniger breit gelappt, aber selten bis zur Mittelrippe, Außenkelchblätter 8–10 mm und ssp. *tenuissimus* (SIBTH. & SM.) STACE, Behaarung anliegend, oberste Blätter bis zur Mittelrippe gelappt, die Abschnitte ziemlich schmal, Außenkelchblätter 4–7 mm.
S: Wegränder, Kulturland, Brachfelder.
V: Mittelmeergebiet, Kanaren, im Osten häufiger die ssp. *tenuissimus*.

Europäische Sonnenwende *Heliotropium europaeum* L. *Boraginaceae* □■
5–40 cm; Juni – Oktober; ⊙ □□
B: Weichhaarige, grüne bis graue Pflanze mit aufsteigendem oder aufrechtem, verzweigtem Stengel. Blätter eiförmig bis elliptisch, ganzrandig, bis 5,5 × 2,8 cm lang und breit und bis 3,5 cm lang gestielt. Blüten geruchlos, sitzend, in hochblattlosen, einfachen oder gegabelten, zuerst eingerollten, später verlängerten, reichblütigen Wickeln. Krone mit weißem, 2–4 mm breitem, flachem 5zähligem Saum. Kelch fast bis zum Grunde geteilt, ausdauernd, mit spreizenden Zipfeln. 4 freie, runzelige, kahle oder behaarte Nüßchen. Formenreiche Art.
S: Kulturland, Schuttplätze, Wegränder.
V: Mittelmeergebiet, Kanaren, SO-Europa, selten bis Mitteleuropa eingebürgert.
U: *H. suaveolens* BIEB.: Blüten duftend, 4–8 mm breit (SO-Europa, SW-Asien). *H. supinum* L.: Stengel niederliegend. Blätter unterseits weißhaarig, bis 1,5 cm lang gestielt. Kelch höchstens zu $1/4$ geteilt, zur Fruchtzeit das einzige Nüßchen einhüllend und mit diesem abfallend. Blütenkrone nur 1 mm breit (Mittelmeergebiet, Kanaren, östlich bis Indien).

Gelber Steinsame *Neatostema apulum* (L.) JOHNST.
(*Lithospermum apulum* (L.) VAHL) *Boraginaceae* □□
3–30 cm; März – Juni; ⊙ ■□
B: Stengel steif aufrecht, einzeln oder mehrere, oben doldentraubig verzweigt. Grundblätter lineal bis schmal spatelförmig, in einen Stiel verschmälert, die zahlreichen Stengelblätter lineal und sitzend, alle besonders an den Rändern abstehend borstig behaart, bis 7 × 0,5 cm. Blüten fast sitzend in dichten, bis zur Spitze beblätterten, zurückgebogenen Wickeln. Krone gelb, etwa 6 mm lang, mit 5lappigem behaartem Saum. Kelch ca. 4 mm, etwas kürzer als die Röhre, die 5 spitzen Zipfel außen borstig, innen weich- und weißhaarig. Nüßchen geschnäbelt, warzig, hellbraun.
S: Offene, steinige Grasfluren, Garigues.
V: Mittelmeergebiet, Kanaren.

Blauer Steinsame *Buglossoides purpurocaerulea* (L.) JOHNST. (*Lithospermum purpurocaeruleum* L.) *Boraginaceae* □□
15–70 cm; April – Juni; ♃ □■
B: Die abstehend behaarten Stengel aufrecht, unverzweigt einem Wurzelstock entspringend, daneben meist noch niederliegende, wurzelnde, nicht blühende Sprosse. Blätter lebhaft grün, lanzettlich, die unteren in einen kurzen Stiel verschmälert, die oberen sitzend, 3,5–8 × 0,7–1,5 cm, anliegend rauhhaarig, unterseits nur der Mittelnerv sichtbar. Blüten fast sitzend in meist 3 endständigen Wickeln, von laubblattähnlichen Hochblättern umgeben. Krone trichterförmig, außen behaart, zuerst rotviolett, dann leuchtend blau, 5lappig, 14–19 mm lang, im Schlund mit 5 kurz behaarten Leisten. Kelch 6–8,5 mm, mit spitzen Zipfeln, borstig behaart. Nüßchen 3,5–5 mm, glatt und glänzend, weiß.
S: Submediterrane sommergrüne Eichenwälder und Gebüsche der Bergstufe.
V: S-Europa, bis in die trockenwarmen Bereiche Zentral- und W-Europas ausstrahlend, SW-Asien.

Rauhblattgewächse *Boraginaceae*

Borstiger Steinsame *Lithodora hispidula* (Sibth. & Sm.) Gris.
(*Lithospermum hispidulum* Sibth. & Sm.) ■□ □□
10–35 cm; März – Mai; ♄
B: Große Polster bildender, stark verzweigter Strauch, Zweige kurz und starr, angedrückt weißborstig (Lupe!). Die sitzenden, dunkelgrünen ledrigen Blätter schmal länglich-eiförmig, bis 15 × 4,5 mm groß, am Rande flach oder leicht eingerollt, oben mit abstehenden, am Grunde verdickten langen Borsten und angedrückten kurzen auf der Unterseite. Blüten zu 1–4, blauviolett, mit langer trichterförmiger, außen kahler Krone, Röhre 1,2 cm lang, Saum etwa 1 cm im Durchmesser, 5lappig. Kelch 7 mm, borstig behaart. Nüßchen gewöhnlich 1, fein warzig, weiß.
S: Garigues, Kiefernwälder.
V: Ägäis, Anatolien, Zypern, Cyrenaica.
U: Mehrere Arten mit kleinem Verbreitungsgebiet. Eine außen behaarte Blütenkrone hat u. a. *L. rosmarinifolia* (Ten.) Johnst., mit 1–6 cm langen, linealen, am Rande umgerollten Blättern (S-Italien, Sizilien, Algerien).

Natternkopf-Lotwurz *Onosma echioides* L. □■ □□
15–40 cm; Mai – Juli; ♃, ♄
B: Borstig behaarte, graugrüne Pflanze, die Borsten auf kleinen Höckerchen sitzend, umgeben von 10–20 weiteren etwa 1/5 so langen Borsten. Stengel mehrere, aufrecht, am Grunde verholzt, daneben nicht blühende Laubblattbüschel. Grundblätter lineal-lanzettlich, gegen den Grund verschmälert, 20–70 × 2–7 mm. Blütenstand wenig verzweigt mit fast sitzenden Blüten. Tragblätter ungefähr so lang wie die fast bis zum Grunde in lineal-lanzettliche Zipfel zerteilten Kelche, die sich nach der Blüte von 1 auf 1,5 cm vergrößern. Die 1,8–2,5 cm lange, blaßgelbe Krone röhrig mit 5 kurzen Zipfeln.
S: Felsfluren, Grasfluren, auf Kalk und Serpentinit.
V: Italien, Sizilien, Westteil der Balkanhalbinsel.
U: Zahlreiche kleinräumig verbreitete Arten, besonders im östlichen Mittelmeergebiet.

Große Wachsblume *Cerinthe major* L. □□ ■□
15–60 cm; März – Juni; ⊙
B: Blaugrüne, fast kahle, aufrechte Pflanze. Untere Blätter kurz gestielt, spatelig, am Rande gewimpert und häufig weiß gefleckt, die oberen sitzend, eiförmig, am Grunde herzförmig stengelumfassend. Blüten in Wickeln, die Tragblätter meist rotviolett überlaufen, so lang wie oder länger als der Kelch. Blütenkrone röhrig, gerade, gelb, oft am Grunde violett überlaufen oder ganz violett, bis 3 cm lang und 8 mm breit, mehr als doppelt so lang wie der Kelch. Kronzipfel am Ende scharf zurückgebogen, viel kürzer als die Kronröhre.
S: Kulturland, Brachland, Wegränder.
V: Mittelmeergebiet.
U: *Cerinthe retorta* Sibth. & Sm.: Krone nur 1–1,5 cm lang und 3–5 mm breit, nach oben gekrümmt, blaßgelb mit violetter Spitze (Balkanhalbinsel, W-Anatolien).

Färber-Alkanna *Alkanna tinctoria* (L.) Tausch □□ □■
10–30 cm; April – Juni; ♃
B: Niederliegende oder aufsteigende, grauhaarige, drüsenlose Pflanze. Untere Blätter gestielt, lineal-lanzettlich, 6–15 cm lang und bis 2,5 cm breit, die oberen mit herzförmigem Grund sitzend. Tragblätter kaum länger als der fast bis zum Grunde 5teilige Kelch. Blüten in anfangs dichten, später stark verlängerten Wickeln. Krone strahlend blau, außen kahl, röhrenförmig, mit 6–8 mm breitem trichterförmigem Saum. Kelch so lang wie die Kronröhre oder nur wenig kürzer. Nüßchen mit Warzen. Die Wurzelrinde enthält den sich beim Trocknen bildenden roten Farbstoff Alkannin. Echte Alkanna stammt vom Henna-Strauch (*Lawsonia inermis* L.).
S: Sandstrand, Felsfluren, Brachland.
V: Mittelmeergebiet, nördlich bis in die Slowakei.
U: Weitere, vorwiegend gelb blühende *Alkanna*-Arten endemisch auf der Balkanhalbinsel, im westlichen Mittelmeergebiet nur *A. lutea* DC.: Pflanze 1jährig, drüsig behaart. Blütenkrone 5–7 mm im Durchmesser. Tragblätter wenigstens 2mal so lang wie der Kelch.

Rauhblattgewächse *Boraginaceae*

Italienischer Natternkopf *Echium italicum* L. ■□ □□
0,3–1 m; April – August; ⊙
B: Pflanze aufrecht, dicht mit abstehenden weißlichen bis gelblichen Borsten besetzt. Grundblätter lanzettlich, 20–35 cm lang und 1,5–4 cm breit, am Grunde verschmälert, Stengelblätter sitzend. Blütenstand ährenartig oder pyramidenförmig verzweigt. Blütenkrone weißlich, fleischfarben oder blaßblau, 10–12 mm lang, schmal trichterförmig mit schiefem Saum, außen fein behaart. 4–5 Staubblätter mit blassen Staubfäden aus der Krone lang herausragend. Kelch 6–7 mm, fast bis zum Grunde in schmale, lanzettliche Zipfel zerteilt.
S: Brachland, Weiden.
V: S-Europa, SW-Asien.
U: Ähnlich *E. asperrimum* LAM. (*E. italicum* ssp. *pyrenaicum* ROUY): Blütenkrone 13–18 mm, fleischfarben. Staubblätter mit roten Staubfäden (westliches Mittelmeergebiet).

Wegerichblättriger Natternkopf *Echium plantagineum* L. (*E. lycopsis* L. p.p.) □■ □□
20–60 cm; April – Juli; ⊙, ⊙
B: Pflanze gewöhnlich verzweigt, weich borstig behaart. Blätter der wegerich-ähnlichen Grundrosette langgestielt, eiförmig, mit deutlichen Mittel- und Seitennerven, 5–14 cm lang. Stengelblätter länglich-lanzettlich, die oberen mit mehr oder weniger herzförmigem Grund, sitzend. Blütenstand gewöhnlich verzweigt, Krone blau, später purpurrot, 18–30 mm lang, weit trichterförmig mit schiefem Saum, außen nur am Rande und auf den Nerven behaart, 2 Staubblätter herausragend. Kelch 7–10 mm, fast bis zum Grunde in schmale, lanzettliche Zipfel zerteilt, zur Fruchtzeit bis 15 mm.
S: Wegränder, Ödland, sandige Stellen in Küstennähe.
V: Mittelmeergebiet und W-Europa, nördlich bis SW-England, Kanaren.
U: Ähnlich *Echium vulgare* L.: Pflanze rauhhaarig, Grundblätter lanzettlich, in den Stiel verschmälert, ohne deutliche Seitennerven. Blütenkrone nur 10–19 mm, mit 4–5 weit herausragenden Staubblättern (fast ganz Europa, Asien).

Kretischer Natternkopf *Echium creticum* L. □□ ■□
20–90 cm; April – Juli; ⊙
B: Stengel aufrecht, abstehend borstig behaart, mit einer Unterschicht aus kurzen anliegenden, nach unten gerichteten Haaren. Grundblätter 8–18 cm lang und 1–2,5 cm breit, lanzettlich, in einen Stiel verschmälert, Stengelblätter am Grunde verschmälert, sitzend. Blütenstand mehr oder weniger verzweigt, rispig. Blütenkrone 1,5–4 cm lang, breit trichterförmig mit schiefem Saum, außen gleichmäßig fein behaart, bleibend rotpurpurn oder später bläulichpurpurn oder blau. 1–2 Staubblätter herausragend. Kelch 7–9 mm, bis fast zum Grund in schmale lanzettliche Zipfel zerteilt, zur Fruchtzeit 12–19 mm. Mehrere Unterarten.
S: Wegränder, Brachland, Schuttplätze.
V: Westliches Mittelmeergebiet.
U: Ebenfalls rotblühend *E. angustifolium* MILL. (incl. *E. diffusum* SIBTH. & SM): Pflanze grau borstig, Blätter nur 3–8 mm breit. Blütenkrone 16–22 mm lang mit 4–5 herausragenden Staubblättern (östliches Mittelmeergebiet).

Aufgeblasenes Mönchskraut *Nonea vesicaria* (L.) RCHB. □□ □■
(*N. nigricans* (DESF.) DC.)
10–50 cm; März – Mai; ⊙, ⊙
B: Borstig rauh und kurz drüsig behaarte, aufsteigende oder aufrechte, wenig verzweigte Pflanze mit sitzenden, weiter oben mehr oder weniger stengelumfassenden, lanzettlichen, 3–20 cm langen Blättern. Blütenkrone 8–12 mm, mit zylindrischer Röhre und kurzem, braunpurpurnem, 3–5 mm breitem, stumpf 5zipfeligem Saum. Staubbeutel in der Röhre eingeschlossen, oberhalb der Mitte. Kelch 5–7 mm, zur Fruchtzeit auf 10–15 mm vergrößert, offen, Zähne etwa so lang wie die Kelchröhre. Teilfrüchtchen mit runzeliger Oberfläche und kragenförmigem Ansatz.
S: Offene sandige und steinige Standorte.
V: Iberische Halbinsel, Balearen, Sizilien, NW-Afrika.
U: *N. ventricosa* (SIBTH. & SM.) GRISEB.: Blüten blaßgelb oder weiß, mit zur Fruchtzeit stark aufgeblasenem Kelch, Kelchzähne zusammenneigend (S-Europa, östlich bis Syrien).

Rauhblattgewächse *Boraginaceae*

Italienische Ochsenzunge *Anchusa azurea* Mill. (*A. italica* Retz.) ■□ □□
0,2–1,5 m; April – August; ♃
B: Dicht mit steifen weißen Haaren besetzte, oben reich verzweigte, aufrechte Pflanze. Blätter lanzettlich, die unteren 10–30 cm lang und 1,5–5 cm breit, in einen Stiel verschmälert, die oberen sitzend. Tragblätter kürzer als der Kelch. Auffallend leuchtend blaue bis violette Blüten in zu großen Rispen vereinigten Wickeln, zur Fruchtzeit bis 10 mm lang gestielt. Kronröhre 6–10 mm lang, etwa so lang wie der fast bis zum Grunde in lineale spitze Abschnitte geteilte Kelch. Kronsaum 5zipfelig, flach ausgebreitet, 10–15 mm und mehr im Durchmesser, in der Mitte mit einem weißen Ring aus lang behaarten Schlundschuppen. Nüßchen länglich, 7–10 mm, wulstig und dicht warzig.
S: Kulturland, Brachland, Wegränder.
V: Mittelmeergebiet, Kanaren, östlich bis Persien, in Mitteleuropa als Zierpflanze gelegentlich kultiviert und verschleppt.
U: Etwa 20 europäische Arten, viele von ihnen auf kleine Teile des Mittelmeergebietes beschränkt. Weiter verbreitet ist *A. undulata* L.: Pflanze mit anliegender und daneben borstig abstehender Behaarung. Untere Blätter meist buchtig gezähnt und gewellt. Kronröhre 7–13 mm, 1,5 bis 2mal so lang wie der bis zur Hälfte in stumpfe Zipfel zerteilte Kelch (Mittelmeergebiet).

Boretsch, Gurkenkraut *Borago officinalis* L. □■ □□
20–70 cm; April – September; ⊙
B: Borstig behaarte, kräftige aufrechte Pflanze mit am Grunde rosettig genäherten, 5–20 cm langen, eiförmigen bis lanzettlichen, in einen geflügelten Blattstiel verschmälerten Blättern. Obere Stengelblätter sitzend, stengelumfassend. Blüten an 5–30 mm langen kräftigen Stielen, nickend, mit sehr kurzer Kronröhre und flach ausgebreiteten, lanzettlichen, spitzen Zipfeln, 2–3 cm breit, leuchtend blau, selten weiß, in lockeren, verzweigten Blütenständen. Staubbeutel schwarzviolett. Kelch mehr als 1/2 so lang wie die Krone. Gewürzkraut, in der Volksheilkunde früher gegen Husten und als Blutreinigungsmittel.
S: Kulturland, Brachland, Wegränder, Schuttplätze.
V: Mittelmeergebiet, Kanaren, wohl nur im Westen ursprünglich, auch weiter als Gewürzpflanze kultiviert und verwildert.
U: *B. pygmaea* (DC.) Chater & Greut. (*B. laxiflora* Poir.), mehr an eine Glockenblume erinnernd, ist auf feuchte Standorte auf Korsika, Sardinien und Capraia beschränkt.

Kretische Hundszunge *Cynoglossum creticum* Mill. (*C. pictum* Ait.) □□ ■□
20–80 cm; April – Juli; ⊙, ⊙
B: Pflanze gleichmäßig und dicht weich behaart, oben meist verzweigt. Blätter lanzettlich, 5–15 cm lang, die unteren rosettig, in einen langen Stiel verschmälert, die oberen sitzend, mehr oder weniger halb stengelumfassend, oft ohne deutliche Seitennerven. Blüten an kurzen, später zurückgebogenen Stielen in tragblattlosen Wickeln. Krone 7–9 mm, zuerst rosa, später blaßblau, mit auffälligen dunklen Nerven. Saum etwa so lang wie die Röhre, kahl, mit 5 rundlichen Lappen. Kelch 6–8 mm, bis fast zum Grunde geteilt, die 5 Abschnitte länglich, stumpf. Nüßchen 5–7 mm, gewölbt, ohne verdickten Rand, dicht mit widerhakigen Stacheln besetzt.
S: Brachland, Wegränder, Garigues.
V: Mittelmeergebiet, Kanaren, SW-Asien.

Goldlackblättrige Hundszunge *Cynoglossum cheirifolium* L. □□ □■
10–40 cm; April – Juni; ⊙
B: Stengel aufrecht, filzig, im oberen Teil verzweigt. Blätter auf beiden Seiten filzig behaart, länglich-lanzettlich bis schmal spatelförmig, ohne sichtbare Seitennerven, die oberen sitzend, aber nicht stengelumfassend. Blütenstand mit Tragblättern und zunächst blaßroten, später purpurnen bis blauen Blüten. Krone etwa 8 mm lang, der 5lappige Saum kürzer als die Röhre und kahl. Kelchlappen eiförmig, filzig, 5–7 mm. Nüßchen 5–8 mm im Durchmesser, mit deutlich verdicktem Rand, dicht mit widerhakigen Stacheln besetzt oder fast glatt.
S: Offene, felsige Standorte.
V: Westliches Mittelmeergebiet, östl. bis Italien, Sizilien, fehlt auf Korsika.

Eisenkrautgewächse *Verbenaceae*
Lippenblütler *Lamiaceae (Labiatae)*

Keuschbaum, Mönchspfeffer *Vitex agnus-castus* L. *Verbenaceae* ■□
1–6 m; Juni – November; ♄ □□
B: Kräftiger Strauch mit 4kantigen, graufilzigen jungen Zweigen. Blätter sommergrün, langgestielt, fingerförmig 5–7fach gefiedert, die gestielten Teilblätter lanzettlich, fast ganzrandig, bis 10 cm lang, unterseits weißfilzig, oberseits kahl. Kleine duftende, blaue, seltener rosa Blüten mit 2lippiger behaarter Krone in endständigen, verzweigten, ährenartigen Blütenständen. Staubblätter lang herausragend. Kleine fleischige rötlich-schwarze Früchte, die früher als Gewürz wie Pfeffer und auch als Antaphrodisiakum verwendet wurden, heute noch in Arzneimitteln gegen Hormonstörungen gebräuchlich.
S: Flußufer, feuchte Standorte, auch als Zierstrauch gepflanzt.
V: Mittelmeergebiet, SW-Asien.

Gelber Günsel *Ajuga chamaepitys* (L.) Schreb. *Lamiaceae* □■
5–20 cm; März – Oktober; ⊙, ⊙, ♃ □□
B: Pflanze mit aromatischem Geruch. Stengel am Grunde gewöhnlich verzweigt, aufsteigend, kahl bis dicht behaart. Blätter dicht gedrängt, meist dreigeteilt mit linealen 0,5–2 mm breiten, manchmal 3fiedrigen Abschnitten. Blüten zu 1–2 in den Blattachseln mit gelber, oft rotbraun gezeichneter, 7–15 mm langer Krone, Oberlippe sehr klein, Unterlippe viel länger, 3lappig mit größerem ausgerandetem Mittellappen, Kronröhre innen mit Haarring. Staubfäden behaart, herausragend. Sehr formenreiche Art mit mehreren Unterarten, besonders im Osten.
S: Unkrautfluren der Weinberge und Äcker, Trockenrasen.
V: Mittelmeergebiet, östlich bis Zentralasien, in Mitteleuropa in wärmeren Gegenden alteingebürgert.
U: Die mehr östlich verbreitete ssp. *chia* (Schreb.) Arc. hat 1,5–3 mm breite Blattabschnitte und eine 18–25 mm lange Krone.

Moschus-Günsel *Ajuga iva* (L.) Schreb. *Lamiaceae* □□
5–20 cm; April – Oktober; ♃ ■□
B: Am Grunde verholzte, niederliegende oder aufsteigende, verzweigte, behaarte Pflanze. Die zahlreichen Blätter lineallänglich, 3–6 mm breit, ganzrandig bis schwach gelappt. Blüten zu 2–4 in den Blattachseln, einen dichten Blütenstand bildend. Krone purpurn, rosa oder gelb, 1,2–2 cm lang, innen mit einem Haarring. Oberlippe sehr kurz, Unterlippe 3lappig mit größerem, ausgerandetem Mittellappen. Staubfäden behaart, aus der Krone herausragend.
S: Felstriften, Garigues, Trockenrasen.
V: Mittelmeergebiet, Kanaren.

Strauchiger Gamander *Teucrium fruticans* L. *Lamiaceae* □□
0,3–1,5 m; Februar – Juni; ♄ □■
B: Immergrüner Strauch mit vierkantigen weißfilzigen Zweigen. Blätter kurz gestielt, lanzettlich bis eiförmig, flach, unterseits weißfilzig, oberseits verkahlend, dunkelgrün glänzend. Blüten gestielt, zu 2 in den oberen Blattachseln, einen länglichen Blütenstand bildend. Krone blaßblau bis lila, 1,5–2,5 cm lang, Oberlippe fehlend, Unterlippe 5lappig mit lang ausgezogenem Mittellappen, Schlund ohne Haarring. Staubfäden weit herausragend. Kelch kurz, glockig, außen weißfilzig.
S: Küstennahe immergrüne Gebüsche.
V: Westliches Mittelmeergebiet, östlich bis Jugoslawien, auch als Zierstrauch gepflanzt und oft verwildert.
U: Nahe verwandt ist *T. brevifolium* Schreb.: Kleiner Strauch, bis 60 cm hoch. Blätter beiderseits graufilzig, lineal-länglich mit umgerollten Rändern. Blüten blau, einzeln in den Blattachseln, etwa 1 cm groß (östliches Mittelmeergebiet). Purpurne, etwa 1 cm große Blüten in schlanken ährenartigen Blütenständen hat *T. marum* L., Zweige des bis 50 cm hohen Strauches weißfilzig, Blätter 1 cm lang, lineal-lanzettlich bis rhombisch mit umgebogenen Rändern, unterseits graufilzig. Alte Heilpflanze (Balearen, Korsika, Sardinien und einige weitere Inseln). Zahlreiche kleinräumig endemische *Teucrium*-Arten besonders im westlichen Mittelmeergebiet.

Lippenblütler *Lamiaceae (Labiatae)*

Schmalblättriger Gamander *Teucrium pseudochamaepitys* L. ■□
20–50 cm; April – Juli; ♃, ♄ □□
B: Kleine, am Grunde etwas verholzte, meist behaarte Gamander-Art. Der einfache aufrechte Stengel stark beblättert, Blätter tief in 3–5 lineale, ganzrandige, bespitzte Lappen zerteilt. Blüten gestielt, in Quirlen zu 2, eine lockere, nahezu einseitswendige Traube bildend. Blütenkrone 10–15 mm lang, weiß, zart rosa oder violett, ohne Oberlippe, aber mit 5lappiger Unterlippe. Schlund ohne Haarring, Staubfäden weit herausragend. Kelch viel kürzer als die Krone, glockenförmig, am Grunde nicht ausgesackt, die 5 etwa gleich langen Zähne länger als die Kelchröhre.
S: Felstriften, Garigues, Grasfluren.
V: Iberische Halbinsel, S-Frankreich, NW-Afrika.

Polei-Gamander *Teucrium polium* L. □■
5–45 cm; April – August; ♃, ♄ □□
B: Kleiner Halbstrauch mit aufsteigenden oder aufrechten Zweigen, insgesamt dicht filzig von weißen, grünlichen oder manchmal goldenen verzweigten Haaren. Die gegenständigen oder auch gebüschelten, sehr kurz gestielten Blätter 7–27 mm, länglich oder schmal verkehrteiförmig mit umgerolltem Rand oder auch flach, mit 2–5 Einkerbungen auf jeder Seite. Blüten in dichten einfachen oder zusammengesetzten Köpfchen mit blattähnlichen, gekerbten oder ganzrandigen Hochblättern und weißen, seltener roten Blüten. Krone etwa 5 mm lang, nur mit einer 5lappigen Unterlippe, Oberlippe fehlend, außen behaart oder kahl, Schlund ohne Haarring. Kelch 3–5 mm, die 5 gleichen Zähne von Haaren verborgen. Sehr formenreiche Art.
S: Felstriften, Garigues, offene Wälder.
V: Mittelmeergebiet, östlich bis S-Zentralrußland und SW-Asien.

Großer Klippenziest, Strauchnessel *Prasium majus* L. □□
0,5–1 m; Februar – Juni; ♄ ■□
B: Unregelmäßig verzweigter, häufig kletternder, kahler oder spärlich behaarter Strauch. Blätter 1--1,8 cm lang gestielt, eiförmig, zugespitzt, dunkelgrün glänzend, mit gesägtem bis gekerbtem Blattrand und herzförmigem oder gestutztem Grund, 2–5 cm lang. Blütenquirle nur mit 1–2 weißen oder blaßlila 17–23 mm großen Blüten. In der Kronröhre ein Ring aus schuppenförmigen Haaren. Oberlippe gewölbt, Unterlippe 3teilig mit breitem Mittelabschnitt. Kelch 10nervig, zur Fruchtzeit bis auf 25 mm vergrößert, schwach 2lippig, die 5 Zipfel kurz begrannt.
S: Garigues, Macchien, immergrüne Wälder, besonders in Küstennähe.
V: Mittelmeergebiet, Kanaren, fehlt in Frankreich.

Adriatischer Andorn *Marrubium incanum* DESR. □□
(*M. candidissimum* auct. non L.) □■
20–60 cm; Juni – August; ♃
B: Stengel weißfilzig, am Grunde verholzt und meist mit kurzen, aufrechten, nicht blühenden Zweigen. Die dicht filzig behaarten Blätter länglich-eiförmig, an der Basis keilförmig, gekerbt-gesägt, auf der Oberseite graugrün, auf der Unterseite weißlich. Blattstiel kürzer als die Spreite. Blüten in dicht- und reichblütigen, entfernt übereinander stehenden Scheinquirlen mit zahlreichen pfriemlichen, aufwärts gebogenen Vorblättern. Krone weiß, außen behaart, aus dem Kelch etwas hervorragend. Oberlippe flach, bis zu $^1/_3$ 2spaltig, Unterlippe 3lappig. Kelch sternhaarig-filzig, kräftig 10rippig, mit 5 etwa gleich langen, anfangs aufrechten, später sternförmig ausgebreiteten, pfriemlichen, 3–4 mm langen Zähnen. Im Schlund der 6–7 mm langen Kelchröhre ein Haarring.
S: Felstriften, Garigues, Weide- und Brachland.
V: Italien, Sizilien, Balkanhalbinsel südlich bis Albanien, gelegentlich auch verschleppt.
U: Weit verbreitet ist *M. vulgare* L.: Blätter breiteiförmig, am Grunde abgerundet oder herzförmig, oberseits verkahlend. Kelch mit 10 abstehenden, gekrümmten Zähnen (Eurasien, Kanaren, N-Afrika). Südmediterran ist das rotblütige *M. alysson* L.: Blätter langkeilförmig, fast sitzend. Der 5zähnige Kelch die Blütenkrone überragend. Weitere Arten besonders im östlichen Mittelmeergebiet.

Lippenblütler *Lamiaceae (Labiatae)*

Römisches Gliedkraut *Sideritis romana* L.
10–30 cm; Mai – Juli; ⊙
B: Mehr oder weniger dicht weich behaarte, aufrechte, einfache oder unten verzweigte Pflanze. Blätter gegenständig, 10–25 × 5–12 mm, länglich-eiförmig, grob gekerbt-gesägt, grün, die unteren gestielt, die oberen sitzend, in den Achseln mit 6blütigen vorblattlosen Scheinquirlen. Blüten mit 7–10 mm langer, weißer, gelber oder purpurner 2lippiger Krone, Oberlippe ungeteilt, flach. Der charakteristische 2lippige Kelch etwa so lang wie die Krone, deutlich 10nervig, der obere Zahn breiteiförmig, wie die 4 lanzettlichen unteren stechend begrannt und zur Fruchtzeit abstehend.
S: Grasfluren, Garigues, Macchien.
V: S-Europa, NW-Türkei, NW-Afrika.
U: Ebenfalls 1jährig *S. montana* L.: Kelchzähne fast gleich, Krone gelb oder schwarzbraun mit gelber Unterlippe (Mittelmeergebiet, SW-Asien).

Samos-Brandkraut *Phlomis samia* L.
Bis 1 m; Juni – September; ♃
B: Hohe aufrechte, insgesamt sternhaarig-filzige und drüsige Pflanze. Grundblätter bis 18 cm lang gestielt, ziemlich dick, lanzettlicheiförmig, an der Basis herzförmig oder pfeilförmig, am Rande gekerbt-gesägt, 8–23 × 5–15 cm. Blüten in Scheinquirlen zu 12–20, die purpurne 30–35 mm lange Krone mit helmförmiger Oberlippe und 3lappiger Unterlippe. Kelch 18–25 mm, mit 6–12 mm langen pfriemlichen Zähnen. Vorblätter pfriemlich, 20–26 mm.
S: Kiefern-, Tannen- und Zedernwälder der Bergstufe.
V: S-Jugoslawien, Griechenland, Kleinasien.
U: Ebenfalls rotblütig, aber drüsenlos *P. herba-venti* L.: Pflanze krautig, nur bis 70 cm hoch. Vorblätter pfriemlich, Blütenkrone 1,5–3 cm (Mittelmeergebiet, O-Europa, SW-Asien) und die beiden bis 2 m hohen strauchigen Arten *P. purpurea* L.: Vorblätter mehr oder weniger lanzettlich, 2–5 mm breit, Blütenkrone etwa 2,5 cm (westliches Mittelmeergebiet) und *P. italica* L. (nur Balearen).

Filziges Brandkraut *Phlomis lychnitis* L.
20–65 cm; Mai – Juli; ♄
B: Kleiner, sternhaarig-filziger Strauch. Blätter lineal-lanzettlich, oben netznervig-runzelig, unten weißfilzig, in einen undeutlichen Blattstiel verschmälert, 5–11 cm lang. Blütenstand aus 4–8 Scheinquirlen in weitem Abstand übereinander, mit je 4–10 Blüten in den Achseln von 2 sitzenden, aus breiteiförmigem Grund zugespitzten Hochblättern. 2–3 cm lange gelbe Blütenkronen mit behaarter helmförmiger Oberlippe und 3lappiger Unterlippe. Kelche mit 5 gleichen, geraden Zähnen, wie die linealen Vorblätter lang behaart.
S: Garigues, Grasfluren.
V: Iberische Halbinsel, Frankreich.
U: In Spanien und NW-Afrika *P. crinita* Cav. mit deutlichem Blattstiel, ebenso *P. cretica* C. Presl. (Griechenland, Kreta, Rhodos) und *P. fruticosa* L.: Bis 1,3 m hoher Strauch. Blüten zu 14–36 mit eilanzettlichen Vorblättern, 23–35 mm lang (zentrales und östliches Mittelmeergebiet, auch Zierpflanze).

Kretischer Ziest *Stachys cretica* L. (*S. italica* Mill.)
20–80 cm; Mai – Juli; ♃
B: Stengel aufrecht und meist einfach, weißfilzig. Blätter gegenständig, die unteren gestielt, länglich-eiförmig, am Grunde keilförmig oder gestutzt bis schwach herzförmig, fein gekerbt, 3–10 × 1–3 cm, dicht grau- oder weißfilzig auf der Unterseite, die Oberseite graugrün, sichtbar unter einem dünnen Haarfilz. Obere Blätter sitzend, in den Achseln vielblütige, dichte Scheinquirle. Vorblätter lineal-lanzettlich, etwa so lang wie die Kelchröhre, die 5 Kelchzähne stechend begrannt, drüsenlos. Blüten praktisch sitzend, mit roter, behaarter, 15–20 mm langer 2lippiger Krone. Mehrere Unterarten, abgebildet ssp. *salviifolia* (Ten.) Rech. f.
S: Garigues, Grasfluren, Brachland.
V: S-Europa von Frankreich östlich bis SW-Asien.
U: *S. byzantina* C. Koch: Blätter an der Basis verschmälert, die Oberfläche weißfilzig, völlig von der Behaarung verdeckt (Heimat SW-Asien, häufige Zierpflanze).

Lippenblütler *Lamiaceae (Labiatae)*

Weiße Braunelle *Prunella laciniata* (L.) L. (*P. alba* PALL. ex BIEB.) ■□
5–30 cm; Juni – August; ♃ □□
B: Stengel der mehr oder weniger dicht behaarten Pflanze aufsteigend bis aufrecht. Grundständige Blätter gestielt, eiförmig-länglich bis elliptisch, wenigstens die oberen Blätter fiederspaltig oder mit schmalen langen Zähnen, das oberste Paar direkt unter dem Gesamtblütenstand sitzend. Blüten meist zu 6 in dichtstehenden Scheinquirlen, diese jeweils von 2 rundlichen Hochblättern umgeben. Die gelblichweiße, seltener rosa oder purpurne Krone 15–17 mm lang, mit helmförmiger Oberlippe und 3lappiger Unterlippe. Kelch 2lippig, Oberlippe gestutzt, kurz 3zähnig, die beiden Zähne der Unterlippe lineal-lanzettlich, gewimpert.
S: Grasfluren, lichte Wälder.
V: Mittelmeergebiet, bis in die warmen Gebiete Mitteleuropas, SW-Asien.
U: Außer den auch bei uns weit verbreiteten violettblütigen Arten *P. grandiflora* (L.) SCHOLL. und *P. vulgaris* L. in SW-Europa *P. hyssopifolia* L. mit vorwiegend sitzenden, ganzrandigen Blättern. Alle 4 Arten bilden Bastarde untereinander.

Thymbra-Bergminze *Satureja thymbra* L. □■
10–40 cm; April – Mai; ♄ □□
B: Reich verzweigter, kleiner aromatischer Strauch, die Stengel mit rückwärts gerichteten Haaren. Blätter sitzend, länglich bis verkehrteiförmig, spitz, gefaltet, 9–14 × 3–5 mm, kurz borstig behaart und drüsig punktiert, in den Achseln mit Kurztrieben. Blüten mit roter, 8–12 mm langer, 2lippiger Krone in entfernt stehenden, dichten kugeligen Scheinquirlen. Kelch 4–7 mm, 10nervig, mit langen, weißen, abstehenden Haaren, die 5 nahezu gleichen Kelchzähne zugespitzt, etwas kürzer als die innen kahle Röhre. Vorblätter lanzettlich, etwa so lang wie die Kelche und diese verdeckend.
S: Garigues, vorwiegend auf Kalk.
V: Östliches Mittelmeergebiet mit Vorposten in S-Sardinien.

Karst-Bergminze, Winter-Bohnenkraut *Satureja montana* L. □□
10–40 cm; Juli – September; ♃ ■□
B: Zwergstrauch mit Bohnenkrautduft. Die gegenständigen sitzenden Blätter lineal bis lanzettlich, über der Mitte am breitesten, scharf zugespitzt, ledrig, dunkel drüsig punktiert, am Rande kurz borstig, 5–30 × 1–5 (–7) mm, meist länger als die Stengelabschnitte. Blüten in kleinen, gestielten, etwas einseitswendigen, dichtstehenden Scheinquirlen, die unteren von den 1–2 cm langen Hochblättern überragt. Krone 6–14 mm, weiß, rosa oder violett, 2lippig. Kelch im Schlund behaart, 10nervig, untere Kelchzähne meist etwas länger als die oberen, aber höchstens so lang wie die Röhre. Vorblätter klein, etwa halb so lang wie der Kelch. Formenreich, besonders auf der Balkanhalbinsel. Gewürzkraut.
S: Felsfluren, Grasfluren.
V: S-Europa, fehlt auf den Inseln.
U: Einjährig dagegen das Sommer-Bohnenkraut *S. hortensis* L.: Blätter weich und stumpf, kürzer als die Stengelabschnitte. Blüten 4–7 mm, wenigstens die unteren Kelchzähne länger als die Kelchröhre (S-Europa, Anatolien, weiter kultiviert).

Nervige Bergminze *Micromeria nervosa* (DESF.) BENTH. □□
10–40 cm; März – Mai; ♄ □■
B: Kleiner Halbstrauch, die aufsteigenden oder aufrechten Zweige anliegend rückwärts behaart. Blätter sehr kurz gestielt, gegenständig, eiförmig spitz mit gestutztem Grund, 7–10 × 4–5 mm, die Unterseite mit hervortretenden Nerven, ohne Drüsenpunkte. Ährenartige Blütenstände aus 4–20blütigen gestielten Scheinquirlen, die ungefähr so lang sind wie die zugehörigen Blätter. Vorblätter winzig. Blüten mit 4–6 mm langer, purpurner, 2lippiger Krone. Auffällig der 3–4 mm lange, außen lang und dicht abstehend behaarte, innen wollige Kelch.
S: Felsfluren, Garigues, besonders auf Kalk.
V: Südliches Mittelmeergebiet.
U: *M. graeca* (L.) BENTH. ex RCHB.: Blätter eiförmig-länglich mit keiligem Grund, nach oben hin schmaler und mit umgerollten Rändern, 5–12 × 2–7 mm. Blütenquirle mehr oder weniger locker. Formenreich, früh- und spätblühende Unterarten (Mittelmeergebiet).

Lippenblütler *Lamiaceae (Labiatae)*

Kopfiger Thymian *Thymus capitatus* (L.) Hoffmanns. & Link
(*Coridothymus capitatus* (L.) Rchb. f.) ■□
20–50 cm; Mai – September ♄ □□
B: Stark aromatisch duftender, häufig kugelbuschartiger Zwergstrauch mit weißfilzigen Zweigen, Blätter schmal lineal-lanzettlich, fast dreikantig, am Rande nicht umgerollt, am Grunde gewimpert, 6–10 × 1–1,2 mm, während der trockenen Jahreszeit häufig abgefallen. In ihren Achseln Büschel von kleineren ausdauernden Blättern. Blüten in eiförmigen dichten Köpfchen, die rosaroten Blütenkronen bis 10 mm lang. Kelche im Gegensatz zu allen anderen *Thymian*-Arten auf dem Rücken flach und mit 20–22 Nerven, 2lippig, die Oberlippe kürzer als die untere, alle Zähne gewimpert. Hochblätter grünlich, eiförmig bis lanzettlich, gewimpert, dachziegelförmig angeordnet.
S: Garigues, vor allem auf Kalk.
V: Mittelmeergebiet, fehlt in Frankreich.

Langblütiger Thymian *Thymus longiflorus* Boiss. □■
10–30 cm; April – Mai; ♄ □□
B: Aromatisch duftender Zwergstrauch. Blätter sitzend oder sehr kurz gestielt, lineal mit umgerollten Rändern, graufilzig, höchstens am Grunde lang gewimpert, 8–12 × 0,8–1 mm. Blütenstand bis 2,5 cm lang, kopfig an den Enden der Zweige, mit auffälligen, sich deckenden, bis 13 × 9 mm großen, purpurnen, breiteiförmigen, zugespitzten, am Rande gewimperten, ledrigen Hochblättern. Blütenkrone purpurn, etwa 15 mm lang, weit aus dem 5–7 mm langen, 2lippigen, zylindrischen und 10–13nervigen Kelch herausragend. Obere Kelchzähne schmallanzettlich.
S: Felsfluren, Garigues.
V: SO-Spanien.

Echter Thymian *Thymus vulgaris* L. □□
10–30 cm; April – Juli; ♄ ■□
B: Stark aromatisch duftender Zwergstrauch. Die graugrünen, dicht filzigen Blätter lineal bis elliptisch mit vorstehendem Mittelnerv und eingerolltem Blattrand, nicht gewimpert, 3–8 × 0,5–2,5 mm, die achselständigen Blattbüschel kaum überragend. Blütenstand kopfig oder unterbrochen ährenförmig, Scheinquirle in den Achseln von blattähnlichen Hochblättern. Blütenkrone weißlich bis blaßpurpurn, 4–6 mm lang. Kelch zylindrisch, 10–13nervig, 3–4 mm lang, steifhaarig, 2lippig, die oberen Zähne so lang wie breit, nicht gewimpert. Häufig als Küchengewürz und in der Medizin als Hustenmittel verwendet.
S: Garigues auf Kalk, in den spanischen „Tomillares" namengebende, oft große Bestände bildende Charakterpflanze.
V: Westliches Mittelmeergebiet, östlich bis Italien, weiter kultiviert.
U: *T. zygis* L.: Blätter am Grunde gewimpert, Blütenkrone weißlich. Verwendung als Heilpflanze wie Echter Thymian (westliches Mittelmeergebiet). Zahlreiche weitere, auf kleinere Gebiete beschränkte Arten, besonders auf der Iberischen Halbinsel.

Rosmarin *Rosmarinus officinalis* L. □□
0,5–2 m; Januar – Dezember; ♄ □■
B: Immergrüner, stark aromatisch duftender Strauch mit braunen Zweigen. Sitzende, schmal-lineale, 1,5–4 cm lange, ledrige Blätter mit nach unten umgerollten Rändern, Blattoberseite kräftig grün, runzelig, Unterseite weißfilzig. Kleine sternhaarig-filzige, traubige Blütenstände in den Blattachseln. Blütenkrone blau, blaßblau, seltener weiß oder rosa, 10–12 mm lang, 2lippig, Oberlippe geteilt, aufrecht bis zurückgebogen, Unterlippe 3lappig mit großem Mittellappen. Die zwei Staubblätter lang herausragend. Kelch glockig, 2lippig, zur Fruchtzeit vergrößert, 5–7 mm, fast kahl und deutlich genervt. Die Blätter werden als Küchengewürz verwendet, vor allem das ätherische Öl medizinisch in durchblutungsfördernden Einreibungen und Bädern.
S: Garigues, Macchien, lichte Wälder.
V: Mittelmeergebiet, Kanaren, weiter kultiviert.
U: *R. eriocalix* Jord. & Fourr.: meist niederliegender Strauch mit grauen Zweigen. Blätter 5–15 mm lang. Lange Drüsenhaare im Blütenstand (Spanien, NW-Afrika).

Lippenblütler *Lamiaceae (Labiatae)*

Schopf-Lavendel *Lavandula stoechas* L. ■□
0,3–1 m; März – Juni; ♄ □□
B: Kleiner Strauch mit beiderseits graufilzigen länglich-lanzettlichen, 1–4 cm langen Blättern mit umgerolltem Rand. Blütenstand eine gestielte, 2–3 cm lange, dichte Scheinähre aus 6–10blütigen Quirlen in den Achseln von 4–8 mm großen rhombisch-herzförmigen, filzigen Hochblättern. Die ganze Ähre überragt vom Schopf der oberen, 1–5 cm langen, länglich-eiförmigen, hellvioletten Hochblätter, die als Schauapparat dienen. Die 2lippige Blütenkrone 6–8 mm, schwarzviolett. Kelch 4–6 mm, 13nervig, der obere Zahn in einem 1–2 mm breiten, verkehrtherzförmigen Anhängsel endend.
S: Garigues, lichte Macchien und Kiefernwälder auf Silikatgestein.
V: Mittelmeergebiet.
U: Einen Schopf aus grünen, 8–20 mm langen Hochblättern hat *L. viridis* L'HÉR. Blüten weiß, Kelchanhängsel 2,5–3,5 mm breit (südwestliches Mittelmeergebiet).

Gezähnter Lavendel *Lavandula dentata* L. □■
0,3–1 m; April – Juli; ♄ □□
B: Aromatischer Halbstrauch mit graufilzigen Zweigen. Blätter lineal, 1,5–3,5 cm lang, am Rand umgerollt und mehr oder weniger tief gekerbt, auf der Oberseite graugrün, unterseits graufilzig. Die ährenartigen 2,5–5 cm langen Blütenstände lang gestielt. Untere Hochblätter eiförmig-rhombisch, zugespitzt, 5–8 mm, die oberen auffällig purpurn gefärbt, zugespitzt eiförmig, 8–15 mm lang, ohne Blüten in den Achseln. Scheinquirle 6–10blütig, die blauvioletten Lippenblüten etwa 8 mm, Kelch 5–6 mm, 13nervig, der obere Zahn mit großem Anhängsel.
S: Garigues, vor allem auf Kalk.
V: Spanien, Balearen, NW-Afrika, sonst gelegentlich kultiviert und verwildert.

Echter Lavendel *Lavandula angustifolia* MILL. ssp. *angustifolia*
(*L. officinalis* CHAIX, *L. vera* DC.) □□
0,2–1 m; Juni – August; ♄ ■□
B: Stark duftender Halbstrauch mit 2–4 cm langen, lineal-lanzettlichen, ganzrandigen Blättern. Junge Blätter weißfilzig, später verkahlend und grün. Blüten in langgestielten, 2–8 cm langen, einfachen, unten unterbrochenen, ährenartigen Blütenständen. Scheinquirle mit 6–10 Blüten und breiteiförmigen, zugespitzten, häutigen und stark genervten Hochblättern. Tragblätter winzig oder fehlend. Blütenkronen 10–12 mm, 2lippig, blauviolett, Kelche meist grauviolett, 4,5–6 mm lang, 13nervig, mit einem undeutlichen Anhängsel an der Spitze des oberen Zahnes. Das ätherische Öl der Blüten findet in der Parfümindustrie und auch in der Medizin breite Anwendung.
S: Garigues, Felsfluren, bis ins Bergland, feldmäßig zur Gewinnung des ätherischen Öles in verschiedenen Varietäten angebaut.
V: S-Europa, sonst kultiviert und gelegentlich verwildert, die ssp. *pyrenaica* (DC.) GUINEA nur in NO-Spanien.
U: Ähnlich der Spik-Lavendel *L. latifolia* MED. (*L. spica* auct. non L.): Blätter breiter, in der Jugend sehr dicht und kurz weißfilzig, später verkahlend, graugrün. Hochblätter lineal-lanzettlich, ohne deutliche Seitennerven. Tragblätter pfriemlich, 2–3 mm lang. Blüten 8–10 mm, mit 13nervigem Kelch. Geruch kampferartig (S-Europa, östl. bis Jugoslawien). In den Gebirgen S-Spaniens endemisch *L. lanata* BOISS.: Blätter bleibend weißhaarig-filzig. Tragblätter borstlich, 2–5 mm lang, Blüten 8–10 mm, mit 8nervigem Kelch.

Fiederblättriger Lavendel *Lavandula multifida* L. □□
0,2–1 m; März – Juni; ♄ □■
B: Halbstrauch mit doppelt fiederschnittigen, spärlich behaarten Blättern. Stengel graufilzig, z. T. auch langhaarig. Die ährenartigen, langgestielten, 2–7 cm langen Blütenstände manchmal am Grunde verzweigt, mit 2blütigen Scheinquirlen. Hochblätter herzeiförmig, häutig. Die 2lippigen blauvioletten Blüten bis 12 mm lang, Kelch etwa 5 mm, 15nervig, der obere Zahn ohne Anhängsel. Nicht so aromatisch wie die anderen Lavendel-Arten.
S: Garigues, Felsfluren, Brachland.
V: Iberische Halbinsel, S-Italien, Sizilien, N-Afrika, Kanaren.

Lippenblütler *Lamiaceae (Labiatae)*

Echte Salbei *Salvia officinalis* L. ■□
20–60 cm; Mai – Juli; ♄ □□
B: Aromatischer Halbstrauch mit aufsteigenden bis aufrechten, abstehend filzig behaarten Zweigen. Blätter gegenständig, gestielt, gewöhnlich einfach, länglich-eiförmig bis schmalelliptisch, am Grunde mehr oder weniger verschmälert, runzelig, am Rand sehr fein gekerbt, anfangs dicht weißfilzig, später besonders oberseits verkahlend. Hochblätter eiförmig-lanzettlich, lang zugespitzt, in ihren Achseln übereinanderstehende Scheinquirle aus jeweils 5–10 kurz gestielten Blüten und bald abfallenden Vorblättern. Blütenkrone hellviolett, seltener weiß, 2–3,5 cm lang mit fast gerader Oberlippe und 3lappiger Unterlippe. Der oft purpurn überlaufene, glockenförmige, 10–14 mm lange Kelch 2lippig, behaart und drüsig punktiert, mit 5 spitzen, 5–8 mm langen Zähnen, der mittlere Zahn der Oberlippe deutlich kleiner und kürzer als die beiden seitlichen. Arzneiliche Anwendung der Blätter v. a. gegen übermäßige Schweißsekretion, bei Entzündungen in der Mundhöhle und der Atmungsorgane. Gewürzkraut.
S: Garigues, Felstriften, besonders verbreitet im jugoslawischen Karst.
V: Ursprünglich wohl auf der Balkanhalbinsel, häufig kultiviert, teilweise eingebürgert.
U: Nahe verwandt *S. grandiflora* ETL.: Blätter an der Basis abgerundet bis herzförmig. Blütenstiele 5–10 mm (Balkanhalbinsel, SW-Asien). Zahlreiche endemische Arten, besonders im östlichen Mittelmeergebiet.

Lavendelblättrige Salbei *Salvia lavandulifolia* VAHL □■
0,3–1 m; Juli – August; ♄ □□
B: Aromatischer Halbstrauch mit aufrechten oder aufsteigenden Zweigen. Blätter gestielt, eiförmig bis elliptisch, die jüngeren weißlichgrau. Blüten in mehr oder weniger entfernt stehenden 6–8-blütigen Scheinquirlen an kahler Achse, oft fast sitzend. Blütenkrone 2–2,5 cm lang, hell blauviolett, mit fast gerader Ober- und 3lappiger Unterlippe. Kelch oft purpurn überlaufen, drüsig punktiert, ohne Drüsenhaare, aber oft mit einfachen Haaren, 8–12 mm lang, etwa bis zu $^{1}/_{4}$ geteilt, die 5 Zähne etwa gleich groß, aus breiter Basis zugespitzt. 4 Unterarten.
S: Felsfluren in der Bergstufe.
V: Spanien, S-Frankreich, NW-Afrika.

Griechische Salbei *Salvia triloba* L. f. □□
0,3–1,5 m; März – Juni; ♄ ■□
B: Aromatischer Strauch mit angedrückt weißfilzigen, drüsenlosen Stengeln. Die gegenständigen gestielten Blätter schmal-eiförmig, einfach oder am Grunde mit 2, seltener 4 kleinen seitlichen Lappen, oberseits runzelig graugrün, unterseits graufilzig. Ährenartige Blütenstände aus 2–6blütigen Scheinquirlen in den Achseln kleiner Hochblätter. Blütenkrone 16–25 mm groß, blauviolett, rosa oder seltener weiß, mit ziemlich gerader Oberlippe und 3lappiger Unterlippe. Kelch glockenförmig, schwach 2lippig, 5–8 mm, oft purpurn überlaufen, drüsig oder einfach behaart, die 5 Zähne 3eckig, etwa 2 mm lang. Formenreiche Art. Die Blätter werden wie die der Echten Salbei verwendet.
S: Garigues, Macchien.
V: Östliches Mittelmeergebiet, westlich bis S-Italien und Sizilien.

Eisenkraut-Salbei *Salvia verbenaca* L. □□
10–80 cm; fast ganzjährig; ♃ □■
B: Stengel der krautigen Pflanze im oberen Teil mehr oder weniger drüsig behaart. Die lang gestielten, länglichen bis eiförmigen Blätter der Grundrosette schmutziggrün, grob gekerbt, mehr oder weniger gelappt, 5–10 cm lang und 2–4 cm breit, mit runzeliger Oberfläche. Stengelblätter kurz gestielt oder sitzend, Hochblätter eiförmig-zugespitzt, etwa 6 mm. Lockerer oder dichter, häufig verzweigter, ähriger Blütenstand. Blüten gestielt zu 4–10 in Scheinquirlen. Blütenkrone 6–15 mm, 2lippig, manchmal geschlossen bleibend, hellblau bis violett. Blütenkelch glockenförmig mit hervortretenden Nerven und langen weißen Haaren, zur Fruchtzeit auf 8–10 mm anwachsend. Sehr formenreiche Art.
S: Brachland, Kulturland, Wegränder.
V: Mittelmeergebiet und W-Europa, Kanaren, fast weltweit verschleppt.

Nachtschattengewächse *Solanaceae*

Europäischer Bocksdorn *Lycium europaeum* L. ■□
1–4 m; April – September; ♄ □□
B: Sparrig verzweigter Dornstrauch. Die kurz gestielten, oft gebüschelten Blätter etwas fleischig, schmal spatelförmig und ganzrandig, 20–50 × 3–10 mm. In den Achseln meist 2 kurz gestielte Blüten mit blaßvioletter oder weißer, 11–13 mm langer, schmal trichterförmiger Krone, die 5 runden Kronzipfel 3–4 mm. Staubfäden kahl. Kelch 2–3 mm, 5zähnig, später 2lippig. Rötliche Beeren. Eventuell Giftpflanze.
S: Hecken, Gebüsche, Wegränder.
V: Mittelmeergebiet, Kanaren, wohl nicht überall einheimisch.
U: *L. intricatum* Boiss. (incl. *L. schweinfurthii* Damm.): Blätter 3–15 × 1–6 mm. Blüten länger, 13–18 mm, mit nur 1,5–2 mm großem Kelch. Beeren rot oder schwarz (lokal im südlichen S-Europa, N-Afrika, Kanaren, SW-Asien). *L. afrum* L.: Blätter nicht über 2 mm breit. Blüten braunpurpurn, 20–22 mm, mit tief 5zähnigem, 5–7 mm langem Kelch. Beeren purpurn (als Zierpflanze kultiviert, im westlichen Mittelmeergebiet stellenweise eingebürgert, Heimat S-Afrika).

Weißes Bilsenkraut *Hyoscyamus albus* L. □■
20–80 cm; März – September; ⊙, ⊙, ♃ □□
B: Aufrechte, klebrige, drüsig-wollig behaarte Pflanze. Alle Blätter gestielt, eiförmig, stumpf buchtig gezähnt. 3 cm große Blüten in dichten, durchblätterten, einseitswendigen, ährenartigen Blütenständen, nur die untersten Blüten gestielt. Krone röhrig-glockig, fast radiär, mit 5lappigem Saum, außen drüsenzottig, gewöhnlich gelblichweiß, der Rachen grün oder purpurn. Staubbeutel eingeschlossen oder wenig herausragend. Kelch dicht drüsig-wollig, zur Fruchtzeit 2–2,5 cm. Giftpflanze.
S: Schuttplätze, an Mauern, im Siedlungsbereich.
V: Mittelmeergebiet, Kanaren, östlich bis S-Rußland und Irak.
U: Das in fast ganz Europa vorkommende Schwarze Bilsenkraut *Hyoscyamus niger* L. hat sitzende, stengelumfassende Blätter und schmutziggelbe Blüten gewöhnlich mit violettem Adernetz, *H. reticulatus* L. sitzende, nicht stengelumfassende Blätter und purpurne Blüten mit dunklem Adernetz (östliches Mittelmeergebiet, SW-Asien).

Goldgelbes Bilsenkraut *Hyoscyamus aureus* L. □□
20–60 cm; März – Juni; ⊙, ♃ ■□
B: Klebrige, drüsig-wollige Pflanze mit aufrechten, niederliegenden oder hängenden Stengeln. Alle Blätter gestielt, eiförmig oder rundlich, unregelmäßig gelappt und spitz gezähnt. Blüten bis 4,5 cm, alle kurz gestielt, in lockeren, wenigblütigen, durchblätterten Trauben. Krone trichterförmig mit ziemlich unregelmäßigem, ausgebreitetem, 5lappigem Saum, goldgelb mit purpurnem Rachen. Staubbeutel weit herausragend. Kelch zur Fruchtzeit bis 3 cm, im unteren Teil dicht wollig. Giftpflanze.
S: An Mauern und Felsen, meist im Siedlungsbereich.
V: Östliches Mittelmeergebiet, westlich bis in die Ägäis und Kreta, SW-Asien.

Sodomsapfel *Solanum sodomeum* L. □□
0,5–3 m; Mai – September; ♄ □■
B: Äußerst stacheliger, sparrig verzweigter, sternhaariger Strauch. Blätter gestielt, im Umriß eiförmig, 5–13 cm lang, fiederteilig bis fast zur Mittelrippe, mit abgerundeten, gewellten Blattlappen. Blattnerven wie die Zweige mit geraden, kräftigen, gelblichen, bis 1,5 cm langen Stacheln besetzt. Armblütiger Blütenstand mit einzelnen gestielten Blüten. Blütenkrone blauviolett, 5zipfelig, sternförmig ausgebreitet, 2,5–3 cm im Durchmesser. Früchte anfangs weißlich und grün marmorierte, später glänzende gelbe bis braune Beeren, 2–3 cm im Durchmesser. Giftpflanze.
S: Wegränder, Schuttplätze, Sandstrände.
V: Eingebürgert in S-Europa, NW-Afrika, Heimat S-Afrika.
U: Aus S-Amerika gebietsweise eingebürgert sind *S. bonariense* L.: Bis 2 m hoher Strauch, nur jung schwach stachelig. Blätter eiförmig-lanzettlich, meist ungeteilt, spärlich sternhaarig. Blüten zu 2–4, weiß oder hellblau, 2,5–3,5 cm im Durchmesser (westliches Mittelmeergebiet) und *S. elaeagnifolium* Cav.: 30–60 cm hoher Strauch oder krautig, dicht sternhaarig und mit einzelnen rötlichen Stacheln. Blätter lineal bis länglich, mehr oder weniger ungeteilt. Blüten zu 1–5 mit 2,5–3,5 cm breiter purpurner Krone (östliches Mittelmeergebiet).

Nachtschattengewächse *Solanaceae*
Rachenblütler *Scrophulariaceae*

Herbst-Alraune *Mandragora autumnalis* BERTOL. *Solanaceae* ■□
10–20 cm; September – November, selten auch März – April; ♃ □□
B: Wurzel dick, fleischig, oft zweigeteilt. Blätter gestielt, eiförmig-länglich, am Rande gewellt, in einer großen, dem Boden anliegenden Rosette. In der Mitte kurz gestielte Blüten mit aufrecht glokkenförmiger, 3–4 cm langer, violetter Krone, die 5 Zipfel breit dreieckig. Kelch zur Fruchtzeit stark vergrößert, so lang wie oder länger als die gelbrote, eiförmige, 2,5–3 cm große Beere. Die giftige, alkaloidhaltige Wurzel spielte seit dem Altertum als Schmerz- und Schlafmittel, später auch als Zaubermittel wegen ihrer menschenähnlichen Gestalt eine bedeutende Rolle.
S: Brachland, Kulturland, Wegränder.
V: Südliches Mittelmeergebiet.
U: *Mandragora officinarum* L. (*M. vernalis* BERTOL.) hat nur 2,5 cm große, grünlich-weiße Blüten mit schmalen dreieckigen Zipfeln. Kelch viel kürzer als die rundliche, gelbe Beere (blüht Februar – Mai; N-Italien, W-Jugoslawien).

Blaugrüner Tabak *Nicotiana glauca* R. C. GRAHAM *Solanaceae* □■
2–6 m; April – Oktober; ♄ □□
B: Wenig verzweigter, kahler, blaugrüner Strauch. Blätter wechselständig, spitz eiförmig oder eilanzettlich, ganzrandig, 5–25 cm, der lange Blattstiel ungeflügelt. Blüten in lockeren endständigen Rispen. Krone außen behaart, gelb, 2,5–4,5 cm lang, röhrenförmig, mit sehr kurzem, stumpf 5zipfeligen Saum. Kelch 10–15 mm, mit 5 dreieckigen, spitzen Zähnen. Staubbeutel eingeschlossen. Elliptische, 7–10 mm große Fruchtkapseln.
S: Wegränder, Schuttplätze, Ruinen, auch als Zierpflanze.
V: Im Mittelmeergebiet und auf den Kanaren eingebürgert, Heimat S-Amerika.
U: Die verwandten, im Mittelmeergebiet in vielen Kulturformen angebauten Tabakarten sind krautig und haben drüsig behaarte, grüne Blätter: *N. rustica* L. mit ungeflügelten Blattstielen und grünlichgelben Blüten, *N. tabacum* L. mit sitzenden oder herablaufenden Blättern oder kurzen geflügelten Blattstielen und cremefarbenen oder rosa Blüten.

Violette Königskerze *Verbascum phoeniceum* L. *Scrophulariaceae* □□
0,3–1 m; April – Juli; ⊙, ♃ ■□
B: Stengel aufrecht, meist unverzweigt, oben dicht drüsig behaart, weiter unten weißfilzig. Grundblätter 0,5–4 cm lang gestielt, verlängert eiförmig, 4–17 × 2,5–9 cm, am Rande schwach gekerbt bis buchtig, spärlich behaart oder kahl. Wenige kleinere, sitzende Stengelblätter. Blüten in langer lockerer Traube, 1–2,5 cm lang gestielt einzeln in den Achseln kleiner Tragblätter. Blütenkrone 5lappig, 2–3,5 cm breit, dunkelviolett (gelb bei der ssp. *flavidum* (BOISS.) BORNM., nur Mazedonien und weiter östlich). Staubblätter 4 oder 5, violettwollig behaart, Staubbeutel alle quergestellt, nicht herablaufend.
S: Trockene Weiden, Gebüsche.
V: Von Italien östlich bis Zentralasien, selten bis Mitteleuropa, als Zierpflanze kultiviert und selten auch verwildert.
U: Im Mittelmeergebiet zahlreiche, meist kleinräumig-endemische Arten, der Verbreitungsschwerpunkt der Gattung liegt mit etwa 200 Arten in Kleinasien.

Gewelltblättrige Königskerze *Verbascum sinuatum* L. *Scrophulariaceae* □□
0,5–1 m; April – Oktober; ⊙ □■
B: Dicht und kurz grau- oder gelbfilzige Pflanze, Blätter der Grundrosette länglich, kaum gestielt, buchtig gelappt, am Rand grob gezähnt und mehr oder weniger gewellt, 15–35 cm × 6–15 cm. Stengelblätter mit breitem bis herzförmigem Grund sitzend und etwas am Stengel herablaufend. Blütenstand ästig, Blüten zu 2–5 in den Achseln kleiner Tragblätter sitzend. Blütenkrone 5lappig, 1,5–3 cm im Durchmesser, gelb, innen am Grunde rötlich gefleckt. Staubfäden 5, violettwollig behaart, die beiden vorderen oben kahl, die Staubbeutel quergestellt, nicht herablaufend. Kelch 2–4 mm.
S: Wegränder, Brachland.
V: Mittelmeergebiet, Kanaren, SW-Asien.
U: *V. undulatum* LAM: Blätter stark gewellt, Abschnitte sich fast überdeckend. Blüten 2,5–5 cm, mit weiß behaarten Staubfäden. Kelch 6–12 mm (Balkanhalbinsel).

Rachenblütler *Scrophulariaceae*

Breitblättriges Löwenmaul *Antirrhinum latifolium* MILL. ■□ □□
30–90 cm; Mai – September; ♃
B: Stengel aufrecht, auch am Grunde meist drüsig behaart. Blätter drüsig oder fast kahl, eiförmig stumpf, mehr oder weniger gestutzt an der Basis, 20–70 × 8–32 cm, 1,5–2,5mal so lang wie breit, untere gegenständig, obere wechselständig. Tragblätter eiförmig, 5–12 mm. Blüten 3–8 mm lang gestielt in endständigen Trauben. Krone 33–48 mm, gelb, am Grund sackförmig, Oberlippe 2lappig, Unterlippe 3lappig mit einem Wulst, der den Schlund verschließt. Kelch tief in 5 fast gleiche, eiförmige, stumpfe, 7–9 mm lange Lappen zerteilt. Kapsel 13–17 mm, länglich-eiförmig, drüsig behaart.
S: Felsfluren, Mauern.
V: Nordwestliches Mittelmeergebiet von NO-Spanien bis Mittelitalien.
U: Sehr ähnlich, aber Blüten meist rosa oder purpurn, *A. majus* L.: Stengel wenigstens unten kahl. Blätter spitz, 2–12mal so lang wie breit, deutlich keilförmig an der Basis (westliches Mittelmeergebiet, Kanaren, weiter verbreitet als Zierpflanze und eingebürgert). *A. siculum* MILL.: Krone gelb, nur 17–25 mm. Blätter 2–6 mm breit, lineal bis schmalelliptisch (Sizilien, SW-Italien, Zierpflanze).

Acker-Löwenmaul *Misopates orontium* (L.) RAF. (*Antirrhinum orontium* L.) □■ □□
20–60 cm; März – September; ⊙
B: Stengel aufrecht und wenig verzweigt, unten mit gegenständigen und oben meist wechselständigen, schmal-linealen oder länglich-lanzettlichen, zugespitzten, 2–5 cm langen und 2–7 mm breiten, kurz gestielten Blättern. Blüten in einer lockeren, endständigen Traube, auf kurzen, drüsenhaarigen Blütenstielen, einzeln in den Achseln von langen Tragblättern. Blütenkrone 2lippig, 10–15 mm groß, rosa, selten auch weißlich, gleichlang oder kürzer als der Kelch. Kelchzähne bis 17 mm, ungleich lang. Fruchtkapseln 8–10 mm, eiförmig, drüsig behaart und höckerig.
S: Kulturland, Brachland, Wegränder.
V: Mittelmeergebiet, auch bis Mittel- und W-Europa, Kanaren, SW-Asien.
U: Ähnlich das westmediterrane *Misopates calycinum* ROTHM. mit 18–22 mm großer, weißer Blütenkrone, Kelch kürzer als die Krone.

Kleinkelchiges Zymbelkraut *Cymbalaria microcalyx* (BOISS.) WETTST.
(*Linaria microcalyx* BOISS.) □□ ■□
Bis 25 cm lang; März – Mai; ♄
B: Niederliegende oder hängende Pflanze, die dünnen Stengel und Blätter ausdauernd, behaart. Blätter meist wechselständig, lang gestielt, nieren- bis halbkreisförmig mit 3–5 runden Lappen. Blüten einzeln langgestielt in den Blattachseln. Krone 9–13 mm, blaßviolett, mit 1–3 mm langem Sporn, einer 2teiligen Ober- und 3teiligen Unterlippe mit gelben Schlundhöckern. Kelch 1–2 mm, tief 5lappig, spärlich behaart oder kahl. Frucht behaart, den Kelch deutlich überragend. Mehrere Unterarten.
S: Felsen, Mauern, in Küstennähe.
V: Balkanhalbinsel, Ägäis, SW-Anatolien.
U: Weit verbreitet im Mittelmeergebiet, Kanaren, auch bis Mitteleuropa *C. muralis* G. M. SCH. (*Linaria cymbalaria* (L.) MILL.): Blätter mit 5–9 oft bespitzten Lappen. Sporn 1,5–3 mm. Frucht kahl. *C. aequitriloba* (VIV.) A. CHEVAL.: Blätter ganz oder mit 3(–5) runden Lappen. Frucht kahl (Inseln im westl. Mittelmeergebiet.). Endemische Arten auf Korsika, Sardinien, in Italien und der Ägäis.

Dunkler Fingerhut *Digitalis obscura* L. □□ □■
0,3–1,2 m; April – Juli; ♄
B: Kahler Halbstrauch. Stengel unten blattlos, oben dicht mit lineallanzettlichen, ganzrandigen (ssp. *obscura*, s. Abb.) oder tief gesägten (ssp. *laciniata* (LINDLEY) MAIRE), ledrigen Blättern besetzt. Blüten in langen, endständigen, einseitswendigen Trauben. Krone 2–3 cm lang, rotbraun oder gelborange, innen dunkler gezeichnet, 2lippig, mit glockenförmiger Röhre. Tragblätter eilanzettlich, länger als die Blütenstiele. Frucht spitz, den Kelch überragend. Giftpflanze.
S: Felsfluren der Bergstufe.
V: Spanien, NW-Afrika.

Kahler Fingerhut *Digitalis laevigata* Waldst. & Kit. ■□
0,6–1 m; Juni – September; ♃, ♄ □□
B: Hohe aufrechte, an der Basis verholzte, kahle Pflanze. Blätter lanzettlich, ganzrandig oder gezähnelt. Blüten in lockerer, endständiger, einseitswendiger Traube an kahler Achse. Krone gelb, 1,5–3,5 cm, rotbraun geadert, mit weiter glockenförmiger Röhre und verlängerter stumpfer Unterlippe, deren Mittellappen 5–15 mm. Kelchzipfel eiförmig spitz oder zugespitzt, ganz ohne oder mit einem sehr schmalen häutigen Rand. 2 Unterarten, die sich in der Länge der Blüte und des Mittellappens der Unterlippe unterscheiden. Giftpflanze.
S: Wälder der Bergstufe.
V: Balkanhalbinsel, nördlich bis Slowenien.
U: *D. ferruginea* L.: Blüten gelblich- oder rötlichbraun, dunkel geadert, 1,5–3,5 cm, in dichter Traube. Kelchzipfel stumpf, mit breitem, häutigem Rand. Blütenstandsachse kahl (östliches Mittelmeergebiet, Italien). *D. lanata* Ehrh.: Blüten gelblichweiß, dunkel geadert, 2–3 cm. Kelchzipfel lanzettlich, spitz, drüsenhaarig. Blütenstandsachse dicht drüsenhaarig, Tragblätter lanzettlich (Balkanhalbinsel), ähnlich *D. leucophaea* Sibth. & Sm., Blüten 1–2 cm, Tragblätter lineal (NO-Griechenland).

Klebrige Parentucellie *Parentucellia viscosa* (L.) Caruel (*Bartsia viscosa* L.) □■
10–70 cm; April – September; ⊙ □□
B: Drüsig-klebriger, meist unverzweigter, aufrechter, hellgrüner Halbschmarotzer. Blätter gegenständig, sitzend, länglich-lanzettlich, gekerbt-gesägt, 10–45 × 3–15 mm. Der 4seitige, ährenartige Blütenstand mit Tragblättern, in deren Achseln 16–24 mm lange gelbe, seltener auch weiße, bald abfallende Blüten stehen. Oberlippe kurz helmförmig, Unterlippe länger und viel breiter, 3lappig. Kelch röhrig, 10–16 mm, die 4 lineal-lanzettlichen Zipfel etwa so lang wie die Röhre. Kapsel behaart, länglich, etwa so lang wie die Kelchröhre.
S: Feuchte Grasfluren, Brachland.
V: Mittelmeergebiet, W-Europa, Kanaren, östlich bis in den Iran.

Breitblättrige Parentucellie *Parentucellia latifolia* (L.) Caruel
(*Bartsia latifolia* (L.) Sibth. & Sm.) □□
5–20 cm; März – Juni; ⊙ ■□
B: Kleiner, drüsig-klebriger, rötlich überlaufener, aufrechter und meist unverzweigter Halbschmarotzer. Blätter gegenständig, sitzend, eiförmig, die oberen fast so lang wie breit, ziemlich tief gezähnt-gelappt. Blüten in anfangs sehr kurzen und dichten, 4seitigen, beblätterten, ährenartigen Blütenständen. Krone etwa 1 cm lang, rötlichpurpurn mit weißer Röhre, auch ganz weiß. Oberlippe ganz, Unterlippe 3teilig, länger als die obere. Kelch 6–10 mm, die 4 Kelchzähne halb so lang wie die Röhre. Kapsel kahl.
S: Grasfluren, Brachland.
V: Mittelmeergebiet, Kanaren, östlich bis in den Iran.
U: Ähnlich die ostmediterrane *P. flaviflora* (Boiss.) Nevski mit gelben Blüten.

Bunte Bellardie *Bellardia trixago* (L.) All. (*Bartsia trixago* L.) □□
10–80 cm; April – Juli; ⊙ □■
B: Drüsig-klebriger Halbschmarotzer. Stengel meist einfach und aufrecht. Blätter gegenständig, sitzend, länglich-lanzettlich bis lineal, entfernt stumpf gesägt, 15–90 × 1–15 mm. Der dichte, 4seitige ährenförmige Blütenstand mit Tragblättern, in deren Achseln 20–25 mm große weiße, meist purpurn und gelb überlaufene oder rein gelbe (dann leicht zu verwechseln mit *Parentucellia viscosa,* siehe oben) Blüten mit kurzer, helmförmiger Oberlippe und längerer und viel breiterer 3lappiger Unterlippe sitzen. Kelch 8–10 mm, aufgeblasen glockenförmig, die 4 dreieckigen Zähne weniger als 1/4 so lang wie die Röhre. Kapsel kugelig, bespitzt, behaart, etwa so lang wie der Kelch. Samen längs gerippt.
S: Garigues, Weiden, Brachland.
V: Mittelmeergebiet, Kanaren, östlich bis in den Iran.

Kugelblumengewächse *Globulariaceae*
Akanthusgewächse *Acanthaceae*
Sommerwurzgewächse *Orobanchaceae*

Strauchige Kugelblume *Globularia alypum* L. *Globulariaceae* ■□
0,2–1 m; Oktober – April; ♄ □□
B: Reich verzweigter immergrüner Strauch mit kurz gestielten, ledrigen, länglichoval zugespitzten, zum Teil auch 3spitzigen Blättern, an den alten Zweigen büschelig stehend. Kleine blaue Blüten in kugelförmigen, 1–2,5 cm breiten Köpfchen, umgeben von dachziegelig angeordneten, breiteiförmigen, bewimperten Hüllblättern. Die röhrenförmigen Einzelblüten mit kurz-zweizähniger Oberlippe und 3zipfeliger Unterlippe. Kelchzähne lang bewimpert.
S: Garigues, Felsfluren, z. T. bestandbildend.
V: Mittelmeergebiet.
U: Ähnlich *G. arabica* Jaub. & Spach. (N-Afrika, SW-Asien). Mehrere Arten in den südeuropäischen Gebirgen, strauchförmig-kriechend oder krautig wie *G. punctata* Lap.

Dorniger Akanthus *Acanthus spinosus* L. *Acanthaceae* □■
40–90 cm; April – August; ♃ □□
B: Kräftige, hohe, manchmal behaarte, distelähnliche Staude mit aufrechtem, einfachem Stengel. Grundblätter gestielt, mit länglicher, tief fiederschnittiger, dornig gezähnter, bis 60 cm langer Spreite. Blüten in einer dichten, endständigen, zylindrischen Ähre in den Achseln von dornig gezähnten Tragblättern und je 2 dornigen Vorblättern. Krone etwa 4 cm, weiß, purpurn geadert, mit kurzer Röhre und 3lappiger Unterlippe. Staubblätter 4. Kelch 4teilig, der obere Lappen stark vergrößert, häufig violett überlaufen, über die Blütenkrone ragend und die fehlende Oberlippe ersetzend. Ob die Blätter dieser Art Vorbild für die Ornamente der korinthischen Säulen gewesen sind, ist fraglich.
S: Lichte Wälder, Weiden.
V: S-Europa, westlich bis Italien, Kleinasien, NW-Afrika.
U: *A. mollis* L.: Blätter weich, Abschnitte nicht am Grunde verschmälert, ohne Dornen (westliches und zentrales Mittelmeergebiet, Kanaren). *A. balcanicus* Heyw. & Richards.: Abschnitte an der Basis verschmälert, ohne Dornen (Balkanhalbinsel).

Gelbe Cistanche *Cistanche phelypaea* (L.) Coutinho *Orobanchaceae* □□
0,2–1 m; März – Mai; ♃ ■□
B: Vorwiegend auf den Wurzeln von strauchigen Gänsefußgewächsen schmarotzende, blattgrünlose, kahle Art. Stengel einfach, aufrecht und kräftig, gelblich. Blätter eilanzettlich, stumpf, bräunlich mit häutigem, mehr oder weniger gezähntem Rand. Blüten in dichter 10–20 cm langer Ähre, je mit einem etwa 2 cm langen, eilanzettlichen, unregelmäßig gekerbten Hochblatt und 2 Vorblättern, die dem 13–18 mm langen glockenförmigen, gleichmäßig stumpf und breit 5lappigen Kelch anliegen. Blütenkrone gelb, 3–6 cm lang, mit gebogener, plötzlich erweiterter Röhre und 5 abstehenden, eiförmig-rundlichen fast gleichen Lappen. Staubbeutel behaart.
S: Salzstellen an der Küste und im Binnenland.
V: Südliche Iberische Halbinsel, Kreta, N-Afrika, Kanaren.

Ästige Sommerwurz *Orobanche ramosa* L. *Orobanchaceae* □□
5–30 cm; April – September; ⊙ □■
B: Blattgrünlose, auf den Wurzeln anderer Pflanzen schmarotzende Art. Stengel meist verzweigt, am Grunde verdickt, drüsenhaarig, entfernt mit eiförmig-lanzettlichen 3–8 mm langen Schuppenblättern. Blüten in 2–25 cm langen Ähren, je mit einem 6–8 mm langen Hochblatt und 2 dem 4zähnigen Kelch anliegenden und etwa gleich langen lineal-lanzettlichen Vorblättern. Blütenkrone 10–22 mm, drüsenhaarig, über dem Fruchtknoten verengt und weißlich, zur Mündung hin nach vorn gebogen und allmählich erweitert, blau, violett oder selten weißlich. Unterlippe mit 2, Oberlippe mit 3 rundlichen Zipfeln. Staubblätter und Staubbeutel kahl oder am Grunde spärlich behaart. Sehr variable Art mit mehreren Unterarten.
S: Auf einer Vielzahl von Wirtspflanzen, besonders auf Hanf oder Tabak.
V: Mittelmeergebiet, Kanaren, SW-Asien, östlich bis Indien.
U: Ähnlich *O. lavandulacea* Rchb.: Pflanze größer, 15–60 cm, Staubbeutel behaart (Mittelmeergebiet, häufig auf *Psoralea bituminosa*).

Wegerichgewächse *Plantaginaceae*

Sägeblatt-Wegerich *Plantago serraria* L. ■□
5–20 cm; April – Juni; ♃ □□
B: Alle Blätter in einer grundständigen Rosette, 6–15 cm lang, lanzettlich, regelmäßig gesägt oder eingeschnitten gesägt, kahl oder behaart. Ährenstiele zahlreich, bogenförmig aufsteigend, so lang wie oder länger als die Blätter. Blüten unscheinbar in dichten 6–10 cm langen Ähren, mit 4zipfeliger, außen behaarter Krone und je einem breit häutig berandeten Deckblatt, das kürzer als die Kelchblätter ist.
S: Weiderasen, Brachäcker.
V: S-Europa, NW-Afrika, fehlt u. a. in Frankreich, Korsika.
U: *P. coronopus* L.: Am Grunde nicht oder kaum verzweigt. Blätter 1–2fach fiederspaltig oder gezähnt. Kronzipfel etwa 1 mm lang (mit mehreren Unterarten weit verbreitet vor allem an den Küsten N- und W-Europas, des Mittelmeeres, der Kanaren, SW-Asiens). *P. macrorhiza* Poir.: Am Grunde gewöhnlich deutlich verzweigt, mit mehreren Rosetten. Blätter fleischig, gezähnt oder fiederspaltig. Kronzipfel etwa 2 mm lang (zentrales Mittelmeergebiet).

Pfriemenblättriger Wegerich *Plantago subulata* L. □■
5–20 cm; Mai – August; ♄ □□
B: Ältere Pflanzen polsterbildend mit kleinen verzweigten, holzigen Stämmchen, die dichte Blattrosetten tragen. Blätter dunkelgrün, am Rande kahl oder gewimpert, schmallineal, etwa 1 mm breit und 3kantig. Ährenstiele die Blätter mehr oder weniger überragend, gerade oder etwas bogig. Blüten unscheinbar in 1–5 cm langer, dichter walzlicher Ähre. Kronröhre 4zipfelig, außen behaart.
S: Felsen in Küstennähe.
V: S-Europa, NW-Afrika.
U: Nahe verwandt ist *P. holosteum* Scop. (*P. carinata* Schrad. ex Mert. & K.) mit viel längeren Ährenstielen (Mittelmeergebiet, teilweise nicht von *P. subulata* L. unterschieden) und *P. insularis* Gren. & Godr. in den Gebirgen von Korsika, Sardinien, Sizilien.

Hasenfuß-Wegerich *Plantago lagopus* L. □□
10–40 cm; April – Juni; ⊙ ■□
B: Dem Spitz-Wegerich ähnliche, jedoch meist 1jährige Art. Blätter bis 30 cm lang, lanzettlich, gewöhnlich entfernt gezähnt, kahl oder behaart, in einer grundständigen Rosette oder seltener auch wechselständig. Ährenstiele 2–4mal so lang wie die Blätter, gerillt. Blüten unscheinbar in eiförmiger bis länglicher Ähre. Kronblätter außen kahl, mit 4 lang zugespitzten, oft behaarten Zipfeln. Kelchblätter und Deckblätter lang seidig behaart, so daß die ganze Ähre behaart erscheint.
S: Weiderasen, Brachäcker, Wegränder.
V: Mittelmeergebiet, Kanaren, SW-Asien.
U: *P. albicans* L.: Pflanze ausdauernd. Blätter 5–15 × 0,5–0,8 cm, lang seidenhaarig. Ähren die Blätter weit überragend, 3–10 cm lang, locker. *P. bellardii* All.: 1jährig, Blätter nur 2–7 × 0,1–0,5 cm, mehr oder weniger dicht behaart. Ähren die Blätter wenig überragend, 1–2 cm lang, dicht (beide Arten Mittelmeergebiet).

Flohsamen-Wegerich *Plantago afra* L. (*P. psyllium* L. 1762, non L. 1753) □□
10–40 cm; April – Juli; ⊙ □■
B: Aufrechte oder aufsteigende, wenigstens oben meist stark drüsig-flaumige Pflanze, mit gegenständigen Ästen verzweigt. Blätter gegenständig sitzend, lineal-lanzettlich, ganzrandig oder entfernt gezähnt. Blüten unscheinbar in langgestielten, eiförmigen bis rundlichen Köpfchen in den oberen Blattachseln. Deckblätter der Blüten oval-lanzettlich, zugespitzt, 3,5–8 mm, alle gleich groß, ohne Seitennerven. Samen 2,5–5 mm, kahnförmig, dunkelbraunrot, „Flohsamen", aufgrund des hohen Schleimgehaltes als mildes Abführmittel verwendet.
S: Felder, Ödland, Wegränder, Garigues.
V: Mittelmeergebiet, Kanaren, SW-Asien.
U: Ähnlich *P. arenaria* W. & K. (*P. psyllium* L., nom. ambig., *P. indica* L., nom. illegit.): Die untersten beiden Deckblätter 6–10 mm, viel größer als die oberen, am Grunde mit Seitennerven. Pflanze nur mehr oder weniger fein drüsig (Mittelmeergebiet, Asien).

Geißblattgewächse *Caprifoliaceae*
Baldriangewächse *Valerianaceae*
Kardengewächse *Dipsacaceae*

Immergrüner Schneeball, Steinlorbeer *Viburnum tinus* L. *Caprifoliaceae* ■□ □□
1–3(–7) m; Januar – Juni; ♄
B: Immergrüner, reich verzweigter Strauch, die ganzrandigen, ledrigen, oberseits dunkelgrün glänzenden, unterseits helleren und spärlich behaarten Blätter elliptisch, eilanzettlich oder lanzettlich, spitz, 3–10 × 1,5–7 cm. Blüten in 4–9 cm breiten, dichten schirmförmigen Trugdolden angeordnet, Krone 5–9 mm im Durchmesser, 5lappig, außen rosa und innen weiß. Reife Früchte metallisch schwarzblau, 8 mm.
S: Schattige, oft feuchte Standorte in Macchien und immergrünen Wäldern, auch als Zierstrauch kultiviert.
V: Mittelmeergebiet, im Osten seltener, gebietsweise fehlend, Kanaren.

Windendes Geißblatt *Lonicera implexa* Ait. *Caprifoliaceae* □■ □□
1–2 m; April – Juni; ♄
B: Windender, immergrüner Halbstrauch mit kahlen, blaugrünen Zweigen. Die gegenständigen, sitzenden, am Grunde geöhrten, eiförmig-elliptischen, bespitzten Blätter 2–8 × (0,5–)2–4 cm, ledrig, auf der Oberseite dunkelgrün glänzend, auf der Unterseite blaugrün, am Rand durchscheinend. Obere Blätter der blühenden Zweige am Grunde miteinander verwachsen, in ihren Achseln stark duftende Blüten wirtelig zu 2–6 sitzend. Die 2lippige Blütenkrone 2,5–4,5 cm lang, gelblich, später rot überlaufen, Blütenröhre 3–4mal so lang wie der Saum.
S: Wälder, Macchien, Hecken, auch als Zierstrauch.
V: Mittelmeergebiet, östlich bis Griechenland.
U: Ähnlich die laubwerfende Art *L. etrusca* Santi mit unterseits gewöhnlich behaarten Blättern und Blüten zu 8–12 in langgestielten Blütenständen (Mittelmeergebiet).

Rote Spornblume *Centranthus (Kentranthus) ruber* (L.) DC. *Valerianaceae* □□ ■□
30–80 cm; April – September; ♃
B: Aufsteigende oder aufrechte, kahle, blaugrüne Pflanze. Blätter gegenständig, 3–8 × 1–5 cm, eiförmig-lanzettlich, die oberen mit herzförmigem Grund sitzend, manchmal schwach unregelmäßig gezähnt. Blüten rosarot in Trugdolden, Krone mit 7–10 mm langer Röhre und ungleich 5lappigem Saum, der dünne Sporn 5–10 mm lang. Ein einziges, herausragendes Staubblatt. Früchte mit fedrigem Haarschopf.
S: Felsspalten, Felsschutt und in Mauern.
V: Mittelmeergebiet, Kanaren, auch weiter als Zierpflanze kultiviert und verwildert.
U: *C. angustifolius* (Mill.) DC.: Blätter sehr schmal, 3–10 cm × 2–4 mm. Blütenröhre 6–9 mm, mit 2–4 mm langem Sporn (Frankreich, Italien, Schweiz, NW-Afrika); *C. calcitrapae* (L.) Dufresne: Pflanze 1jährig. Obere Blätter tief geteilt. Blütenröhre klein, 1–3 mm, am Grunde mit sackartiger Ausstülpung (S-Europa, Kleinasien, NW-Afrika, Kanaren).

Weißer Schuppenkopf *Cephalaria leucantha* (L.) Roem. & Schult. *Dipsacaceae* □□ □■
0,2–1 m; Juli – September; ♃
B: Schlanke, aufrechte, vom Grunde an reich ästige Pflanze. Blätter gegenständig, kahl, manchmal behaart, fiederspaltig, die untersten mit großem gesägtem Endabschnitt und lang gestielt, die oberen sitzend, mit regelmäßig schmalen, lanzettlichen bis linealen, entfernt gesägten oder gelappten Abschnitten. Blüten in fast kugeligen, 2–3 cm breiten, aufrechten Köpfchen mit mehreren Reihen dachziegelig angeordneter, ovaler, stumpfer, anliegend behaarter, weißlicher Hüllblätter. Spreuschuppen häutig, verkehrteiförmig-lanzettlich, 7–9 mm lang. Blüten mit weißer oder gelblicher, 10–15 mm langer, 4zipfeliger Krone. Kelch klein, schüsselförmig, in einen 4kantigen, behaarten, zur Fruchtzeit 6 mm langen Außenkelch mit häutigem, zerfranstem Krönchen eingesenkt.
S: Felsfluren, Grasfluren, Straßenränder.
V: S-Europa, NW-Afrika.

Glockenblumengewächse *Campanulaceae*

Sporaden-Glockenblume *Campanula hagielia* Boiss. (*C. sporadum* Feer) ■□
10–40 cm; April – Juni; ⊙, ♃ □□
B: Weich abstehend behaarte, meist mehrstengelige Felspflanze. Grundblätter eiförmig-herzförmig, unregelmäßig gekerbt-gesägt, am Blattstiel oft ein kleines Fiederpaar oder Blätter insgesamt fast leierförmig gefiedert. Untere Stengelblätter ähnlich, obere sitzend. Blüten endständig und achselständig, gestielt. Kelchlappen zugespitzt, dazwischen große, eiförmige Anhängsel, die den Fruchtknoten ganz verdecken. Krone groß, 20–30 mm × 10 mm, breit zylindrisch bis trichterförmig. Griffel 5narbig. Kapsel sich mit 5 Poren öffnend. Trotz des kleinen Areals sehr formenreiche Art.
S: Felsspalten, besonders im Kalk.
V: W-Anatolien und vorgelagerte Ägäische Inseln.
U: Nahe verwandt, häufig auch Zwischenformen mit obiger Art bildend, ist *C. lyrata* Lam.: Pflanze mehr rauhhaarig, besonders die Kelchanhängsel. Krone 12–25 mm lang (Kleinasien und Europäische Türkei). In S-Griechenland die samtig behaarte *C. celsii* A. DC. und *C. rupestris* Sibth. & Sm., letztere mit 3narbigem Griffel. Zahlreiche weitere, oft kleinräumig verbreitete Arten, besonders auf der Balkanhalbinsel und in Kleinasien, für die die abgebildeten Arten nur Beispiele sind.

Pyramiden-Glockenblume *Campanula pyramidalis* L. □■
0,3–1,5 m; Juli – Oktober; ⊙, ♃ □□
B: Durch ihren steif aufrechten, hohen Wuchs auffällige, kahle Glockenblume. Die lang gestielten Grundblätter mit breit-eiförmiger, fast herzförmiger Spreite und drüsig gekerbt-gezähntem Rand. Stengelblätter allmählich kürzer gestielt, am Grunde schwach herzförmig oder verschmälert. Blüten zu 1–3 in den Achseln der oberen lanzettlichen, tragblattartigen Stengelblätter, eine lange Traube oder schlanke pyramidale Rispe bildend. Blütenkrone weit glockig, bis 3 cm im Durchmesser, fast bis zur Mitte in 5 dreieckig spitze Zipfel zerteilt, hell blauviolett, selten weiß. Die 5 Kelchzipfel schmal 3eckig, zuletzt zurückgebogen, ohne Anhängsel in den Buchten, viel kürzer als die Krone. Griffel mit 3 Narben. Kapsel aufrecht, mit 3 Löchern nahe dem Grund aufspringend.
S: Felsen, Mauern, Wegränder.
V: N-Italien, Balkanhalbinsel südlich bis Albanien.

Verschiedenfarbige Glockenblume *Campanula versicolor* Andr. □□
20–40 cm; Juni – September; ♃ ■□
B: Kahle Pflanze mit kräftigen, aufsteigenden oder aufrechten, einfachen oder verzweigten Stengeln. Blätter ledrig, drüsenlos gekerbt oder gezähnt, die unteren eiförmig bis herzförmig-eiförmig, gestielt, die obersten am Grunde keilförmig und fast sitzend. Blüten zu mehreren mit trichterförmiger Krone, 1,5–2,5 cm lang und 3 cm breit, mit 5 ausgebreiteten 3eckigen Zipfeln, blaßviolett oder blaßblau, innen am Grunde dunkelviolett. Kelchzipfel schmal-lanzettlich, ohne Anhängsel. Griffel 3narbig. Kapseln aufrecht. Formenreiche Art.
S: Felsen, bis in die Bergstufe.
V: Balkanhalbinsel, SO-Italien.

Blaues Halskraut *Trachelium caeruleum* L. □□
0,3–1 m; Mai – September; ♃, ♄ □■
B: Am Grunde verholzte aufrechte Pflanze, der Stengel unterhalb des Blütenstandes ein Stück blattfrei. Blätter bis auf die obersten gestielt, eiförmig bis breitlanzettlich, doppelt gesägt und fein gewimpert. Blüten in einer lockeren, endständigen, 5–10 cm breiten Trugdolde, mit blauvioletter, seltener weißer, schmaler, 6–8 mm langer, 5zipfeliger Kronröhre. Griffel weit herausragend. Die ssp. *lanceolatum* (Guss.) Arc. mit schmal lanzettlichen Blättern und geflügelten Blattstielen (nur Sizilien).
S: Schattige und feuchte Felsen und Mauern.
V: Westliches Mittelmeergebiet, fehlt auf den Balearen, Korsika und Sardinien, auch als Zierpflanze kultiviert und verwildert.
U: *T. jacquinii* (Sieb.) Boiss.: Pflanze 10–35 cm, Stengel bis zur dichtblütigen Trugdolde beblättert. Nur die untersten Blätter kurz gestielt, die übrigen sitzend (Griechenland, Ägäis, Bulgarien).

Korbblütler *Asteraceae (Compositae)*

Einjähriges Gänseblümchen *Bellis annua* L. ■□ □□
3–12 cm; Februar – Juni; ⊙
B: Stengel unten verzweigt und beblättert, ohne deutliche Rosette, Wurzeln sehr fein. Blätter zungenförmig bis spatelförmig, gekerbt-gesägt oder ganzrandig, bis 2,5 cm lang und 1,5 cm breit. Blütenköpfchen 0,5–1,5 cm breit, auf dünnen Stielen, mit 2 Reihen von Hüllblättern und weißen, unterseits oft rot überlaufenen Zungenblüten. Früchte zusammengedrückt, behaart, ohne Pappus.
S: Grasige, zeitweilig feuchte Standorte, auch auf Sand.
V: Mittelmeergebiet, Kanaren.
U: *Bellium bellidioides* L.: Ebenso kleine und zierliche, aber ausdauernde Pflanze mit Ausläufern. Alle Blätter grundständig, in einen langen Stiel verschmälert, ganzrandig. Nur 1 Reihe Hüllblätter (Balearen, Korsika, Sardinien).

Großes Gänseblümchen *Bellis sylvestris* Cyr. □■ □□
10–30 cm; September – Mai; ♃
B: Blätter alle in einer grundständigen Rosette, die jungen angedrückt behaart, länglich bis schmal-verkehrteiförmig, 3–18 cm lang und bis 2,5 cm breit, ganzrandig oder entfernt gekerbt-gesägt, die Spreite ganz allmählich in einen undeutlichen Stiel verschmälert, 3nervig. 2–4 cm breite Köpfchen einzeln auf kräftigen 10–45 cm langen Stielen mit 2 Reihen 7–12 mm langer, mehr oder weniger spitzer Hüllblätter und weißen, oft beiderseits purpurrot überlaufenen Zungenblüten. Früchte zusammengedrückt, behaart, manchmal mit kurzen Borsten.
S: Wälder, Gebüsche, Weiden, bis in die Bergstufe.
V: Mittelmeergebiet.
U: Unser heimisches Gänseblümchen *B. perennis* L., ebenfalls im Mittelmeergebiet vorkommend, hat ziemlich plötzlich in den Stiel übergehende Blattspreiten mit nur 1 deutlichen Nerv. 1,5–3 cm breite Köpfchen mit 3–5 mm langen, stumpfen Hüllblättern.

Zwergedelweiß *Evax pygmaea* (L.) Brot. □□ ■□
1–4 cm; April – Juni; ⊙
B: Sehr niedrige, graufilzig behaarte, am Grunde verzweigte Pflanze. Stengel aufsteigend, beblättert, oben mit einer Rosette aus 5–16 mm langen und 2–5 mm breiten, länglich verkehrteiförmigen bis spateligen, abstehenden Blättern, die ein Büschel von fast sitzenden Blütenköpfchen umgeben und 2–3mal so lang sind wie diese. Hüllblätter mehr als 30, gelblich, 3–4 mm lang, begrannt. Nur unscheinbare Röhrenblüten vorhanden. Frucht warzig, selten mit wenigen Haaren.
S.: Garigues, offene Grasfluren, in Küstennähe.
V: S-Europa, Kleinasien, NW-Afrika, Kanaren.
U: *E. asterisciflora* (Lam.) Pers.: Rosettenblätter 15–40 mm, länglich-lanzettlich, etwa 4mal so lang wie die Köpfchenbüschel (westliches Mittelmeergebiet). Außerdem mehrere kleinräumig verbreitete Arten.

Mittelmeer-Strohblume, Gewöhnliche Immortelle *Helichrysum stoechas* (L.) Moench □□ □■
10–50 cm; April – Juli; ♄
B: Halbstrauch mit sitzenden, am Rande umgerollten, weißfilzigen, oberseits verkahlenden Blättern. Blütenköpfchen in dichten, 1,5–3 cm breiten Doldentrauben mit gelben Röhrenblüten und leuchtend hellgelber 4–6 mm breiter, kugeliger bis breiteiförmiger Hülle. Hüllblätter in mehreren Reihen locker dachziegelig angeordnet, drüsenlos. Ssp. *stoechas:* Pflanze stark aromatisch, Blätter schmallineal, gewöhnlich länger als 2 cm; ssp. *barrelieri* (Ten.) Nym.: Pflanze nicht oder kaum aromatisch, Blätter breitlineal bis schmal-spatelförmig, gewöhnlich kürzer als 2 cm. Formenreich.
S: Häufig an Sand- und Felsküsten, in Garigues.
V: Die ssp. *stoechas* in S-Europa bis W-Jugoslawien, die ssp. *barrelieri* von Sizilien an östlich bis zur Türkei und in N-Afrika.
U: *H. rupestre* (Rafin.) DC.: Pflanze geruchlos. Blätter 3–8 cm lang. Blütenstand 3–7 cm im Durchmesser, Hülle 4–7 mm breit, in der Knospe breiteiförmig, später abstehend (westliches und zentrales Mittelmeergebiet). *H. sanguineum* (L.) Kortel. mit roten Hüllblättern (Türkei bis Palästina).

Korbblütler *Asteraceae (Compositae)*

Italienische Strohblume, Italienische Immortelle *Helichrysum italicum* (Roth) Don fil.
20–60 cm; Mai – August; ♄
B: Aromatisch duftender, jung grauweiß-filziger Halbstrauch. Blätter sitzend, schmallineal mit umgerolltem Rand, oberseits dünnfilzig, verkahlend. Blütenköpfchen in dichten Doldentrauben mit gelben Röhrenblüten und goldgelber, schmal glockiger Hülle, die deutlich länger als breit ist. Hüllblätter in mehreren Reihen dicht dachziegelig, die äußeren oval, die inneren mindestens 5mal so lang und schmal. Mehrere Unterarten: Ssp. *italicum* (*H. angustifolium* DC.): Untere Blätter 2–5 cm lang. Hülle 2–3 mm breit, äußere Hüllblätter drüsenlos (S-Europa, NW-Afrika, Kleinasien). Ssp. *microphyllum* (Willd.) Nym.: Untere Blätter 0,5–1 cm lang. Hülle 2 mm breit, alle Hüllblätter mit Drüsen (Küstenfelsen der westmediterranen Inseln). Ssp. *serotinum* (Boiss.) Fourn.: Untere Blätter bis 4 cm lang. Hülle 3–4 mm breit, äußere Hüllblätter drüsenlos. Blütezeit etwas später (westliches Mittelmeergebiet).
S: Garigues, Felsfluren.
V: S-Europa, NW-Afrika, Kleinasien.
U: Auf kleine Gebiete beschränkte Arten wie *H. ambiguum* (Pers.) C. Presl (Balearen), *H. saxatile* Moris (Sardinien, Pantelleria) oder *H. heldreichii* Boiss. (Kreta).

Mehrköpfige Steinimmortelle *Phagnalon sordidum* (L.) Rchb.
15–40 cm; Mai – Juli; ♄
B: Kleiner Halbstrauch mit weißfilzigen Zweigen und linealen, 1–3 cm langen, beiderseits weißwollig behaarten und am Rande umgerollten Blättern. Am Ende der Triebe 2–6 sitzende oder kurz gestielte Blütenköpfchen mit gelben Röhrenblüten und bräunlichen häutigen, dachziegelig angeordneten und den Köpfchen angedrückten, eiförmig-spitzen Hüllblättern.
S: Felsen, Mauern.
V: Westliches Mittelmeergebiet, östlich bis Italien.
U: Bastarde mit *P. rupestre* (L.) DC. und *P. saxatile* (L.) Cass. (siehe unten) sind nicht selten.

Gewöhnliche Steinimmortelle *Phagnalon rupestre* (L.) DC.
15–50 cm; März – Juli; ♄
B: Kleiner Halbstrauch mit weißfilzigen Zweigen. Blätter 1–4 cm lang, schmal eiförmig-lanzettlich, die oberen mit verbreitertem Grund sitzend, am Rand gewellt und schwach gezähnt, mehr oder weniger umgerollt, oberseits etwas spinnwebig, dunkelgrün, unterseits dicht weißfilzig. Köpfchen einzeln, etwa 1 cm groß, lang gestielt, mit gelblichen Röhrenblüten und dicht angedrückten, kahlen, häutig bräunlichen Hüllblättern, deren äußere eiförmig bis 3eckig und stumpf.
S: Felsfluren, Garigues.
V: Mittelmeergebiet, Kanaren, SW-Asien.
U: *P. graecum* Boiss. & Heldr. (*P. rupestre* ssp. *graecum* (Boiss. & Heldr.) Hay.): Äußere Hüllblätter schmal 3eckig bis lanzettlich, spitz (östliches Mittelmeergebiet). *P. saxatile* (L.) Cass.: Obere Blätter lineal, mehr oder weniger umgerollt. Hüllblätter spitz, die äußeren später abstehend oder zurückgebogen (S-Europa, NW-Afrika, Kanaren).

Salz-Alant *Inula crithmoides* L.
10–90 cm; August – Oktober; ♃, ♄
B: Küstenpflanze mit am Grunde verholzten, aufrechten oder aufsteigenden, wenig verzweigten, reich beblätterten Trieben. Blätter fleischig, kahl, linealisch, 2–4,5 cm lang und 2–4 mm breit, ganzrandig oder an der Spitze 3zähnig. Blütenköpfchen aus orangegelben Scheibenblüten und gelben, 14–25 mm langen Zungenblüten, die den halbkugeligen Hüllkelch weit überragen. Hüllblätter lineal, äußere 3–4 mm, innere 5–10 mm lang. Früchtchen 2–3 mm, behaart, mit bräunlichweißen, am Grunde nicht verbundenen Pappusborsten.
S: Sandstrand, Küstenfelsen, Salzsümpfe.
V: Küsten des Mittelmeeres und W-Europas, nördlich bis England und Irland, in O-Spanien und N-Afrika auch im Binnenland.

Korbblütler *Asteraceae (Compositae)*

Schneeweißer Alant *Inula verbascifolia* (Willd.) Hausskn.
(*I. candida* ssp. *verbascifolia* (Willd.) Hay.) ■□
10–50 cm; Juli – August; ♃, ♄ □□
B: Weißwollig-filzige, am Grunde verholzte Pflanze. Grundblätter lang gestielt, eiförmig-lanzettlich und am Grunde kurz keilförmig, oft spitz, ganzrandig oder gekerbt, unterseits mit stark hervortretenden Nerven, Stengelblätter kleiner. Blütenköpfchen unterschiedlich in der Größe, mit gelben Röhren- und gelben Zungenblüten, die länger oder kürzer (wie z. B. bei der abgebildeten ssp. *heterolepis* (Boiss.) Tutin) sind als der 7–12 mm lange Hüllkelch. Dieser am Grunde meist mit spatelförmigen, eiförmigen oder lanzettlichen Hochblättern. Früchtchen zylindrisch, etwa 2 mm, behaart, mit einem einreihigen Pappus aus 10–15 etwa doppelt so langen, am Grunde freien Borsten. Mehrere Unterarten.
S: Felsspalten, besonders in Kalkgestein.
V: Italien (Gargano), Balkanhalbinsel, Kleinasien, Libanon.
U: Ähnlich *I. candida* (L.) Cass. (*I. candida* ssp. *limonifolia* (Sibth. & Sm.) Hay.): Blätter angedrückt seidenhaarig-filzig, allmählich in den Blattstiel verschmälert, stumpf, Nerven unterseits nicht hervortretend. Hüllkelch 8–9 mm, länger als die Zungenblüten. Mehrere Unterarten (nur in Griechenland und Kreta).

Klebriger Alant *Dittrichia viscosa* (L.) Greut. (*Inula viscosa* (L.) Ait.) □■
0,5–1,3 m; August – November; ♃, ♄ □□
B: Aromatisch riechende, drüsig-klebrige, am Grunde verholzte Pflanze mit aufrechten, einfachen oder verzweigten dicht beblätterten Stengeln. Untere Blätter länglich-lanzettlich, 3–7 cm, ganzrandig bis entfernt gezähnt, obere halbstengelumfassend. Blütenstand beblättert, lang rispig pyramidal, mit zahlreichen, im Durchmesser etwa 1,5 cm großen Blütenköpfchen. Scheibenblüten gelborange, Zungenblüten gelb, 10–12 mm lang, die Hüllblätter deutlich überragend. Früchte 2 mm, behaart, am Ende plötzlich zusammengezogen, Pappushaare nahe am Grunde verwachsen.
S: Wegränder, Brachland, auch in Garigues, oft bestandbildend.
V: Mittelmeergebiet, Kanaren.
U: *D. graveolens* (L.) Greut. (*Inula graveolens* (L.) Desf.): Pflanze 1jährig, 20–50 cm hoch. Zungenblüten 4–7 mm, kaum die Hüllblätter überragend (Mittelmeergebiet, SW-Asien).

Großes Flohkraut *Pulicaria dysenterica* (L.) Bernh. □□
20–100 cm; Juli – Oktober; ♃ ■□
B: Pflanze im oberen Teil verzweigt. Blätter länglich-lanzettlich, behaart und mit sitzenden Drüsen, etwas gewellt und am Rande entfernt gezähnt, die untersten gestielt und zur Blütezeit verwelkt, die übrigen mit herz- bis pfeilförmigem Grund stengelumfassend. Köpfchen zahlreich, 1,5–3 cm breit, die goldgelben Zungenblüten strahlend, etwa 5 mm länger als der Hüllkelch aus lineal-lanzettlichen, behaarten Hüllblättern. Früchtchen mit etwa 4 mm langen Pappusborsten, die am Grunde von einem kleinen, zerschlitzten Krönchen umgeben sind (Unterschied zu *Inula*).
S: Feuchte Standorte, Sümpfe, am Rande von Gewässern.
V: Mittelmeergebiet, nördlich bis Zentraleuropa, östlich bis Zentralasien.
U: Ebenfalls lange Zungenblüten bei *P. odora* (L.) Rchb.: Pflanze mit nur einem oder wenigen Blütenköpfchen. Grundblätter zur Blütezeit grün (Mittelmeergebiet). Mehrere 1jährige Arten mit kürzeren Zungenblüten.

Stechendes Sternauge *Pallenis spinosa* (L.) Cass. □□
10–60 cm; April – August; ⊙ □■
B: Stengel abstehend behaart, im oberen Teil meist verzweigt. Blätter angedrückt behaart, ganzrandig, die unteren oval-länglich, in einen Stiel verschmälert, die oberen sitzend, halbstengelumfassend, bespitzt. Blüten in langgestielten Köpfen, dabei überragen die seitlichen Blütenköpfe die mittleren. Äußere Blütenhüllblätter strahlend, blattähnlich, 1,5–3,5 cm lang, lanzettlich, stachelspitzig, mit parallelen Nerven, viel länger als die inneren und auch die 3zähnigen Zungenblüten weit überragend. Letztere in 2 Reihen, 1–2 cm lang, im Gegensatz zu *Asteriscus*-Arten ihre Früchtchen flach und geflügelt, 2–2,5 mm.
S: Wegränder, Brachland.
V: Mittelmeergebiet, Kanaren.

Korbblütler *Asteraceae (Compositae)*

Einjähriger Strandstern *Asteriscus aquaticus* (L.) LESS.
(*Odontospermum aquaticum* (L.) SCHULTZ BIP.) ■□
10–40 cm; April – August; ⊙ □□
B: Stengel einfach oder oben aufrecht-abstehend verzweigt. Blätter behaart, länglich-spatelförmig, die unteren gestielt, die oberen halbstengelumfassend sitzend. Köpfchen einzeln, 1,5–3 cm breit, mit ziemlich kurzen, an der Spitze 3zähnigen, schwefelgelben Zungenblüten und walzlichen Röhrenblüten, 2–3fach überragt von den äußeren Hüllblättern, die eine lange, stumpfe, blattähnliche Spitze tragen. Innere Hüllblätter eiförmig, ledrig, mit oder ohne kurze grüne Spitze. Früchtchen 1,5–2 mm, seidenhaarig, mit gewimperten Pappusschuppen, die äußeren mehr oder weniger 3kantig, ohne Flügel.
S: Sandige, feuchte Standorte in Küstennähe.
V: Mittelmeergebiet, Kanaren.
U: *A. pygmaeus* (DC.) COSS. & DUR.: Pflanze praktisch stengellos, Blätter alle in einen langen Blattstiel verschmälert. Blütenköpfchen 1,5 cm breit, Pappusschuppen kaum gewimpert (N-Afrika, Kanaren, SW-Asien).

Ausdauernder Strandstern *Asteriscus maritimus* (L.) LESS. □■
5–25 cm; April – Juli; ♄ □□
B: Rauh behaarter Zwergstrauch mit niederliegenden, aufsteigenden oder auch aufrechten Ästen, oft größere Flächen deckend. Blätter ganzrandig, spatelförmig, zum Grunde lang verschmälert. Blütenköpfe einzeln endständig, 3–4 cm im Durchmesser, kräftig gelb, die Zungenblüten an der Spitze 3zähnig, Röhrenblüten walzlich. Äußere Hüllkelchblätter wie die oberen Stengelblätter, mit stumpfer spatelförmiger Spitze, fast so lang wie die Zungenblüten, deren Früchtchen mehr oder weniger 3kantig, 1,5 mm, ohne Flügel.
S: Felsfluren, oft in Küstennähe.
V: S-Europa, NW-Afrika, Kanaren.

Gewöhnliche Spitzklette *Xanthium strumarium* L. □□
0,2–1 m; Juli – September; ⊙ ■□
B: Stengel aufrecht, gewöhnlich vom Grunde an reich verzweigt. Die beiderseits grünen, kurz behaarten Blätter lang gestielt mit breiteiförmiger bis 3eckiger Spreite und herzförmigem oder keilförmigem Grund, ungeteilt oder 3–5lappig, grob gesägt. Köpfchen eingeschlechtig in end- oder achselständigen Büscheln, die männlichen über den weiblichen. Letztere 2blütig, in den eiförmigen Köpfchenboden eingesenkt, der mit geraden oder hakenförmigen Dornen besetzt ist und in 2 Schnäbel ausläuft. Mehrere Unterarten, die miteinander bastardieren, von manchen Autoren als Arten angesehen, z. B. die abgebildete ssp. *italicum* (MORETTI) D. LÖVE: Pflanze aromatisch, Stengel oft mit violetten Flecken. Fruchtköpfe zur Reifezeit gelb oder braun, 1,5–3,5 cm lang. Dornen 5–6 mm lang, steif, an der Spitze deutlich hakig, dicht stehend.
S: Ruderalstellen besonders an Sandstränden, Flußufer, Wegränder.
V: Die Art in ganz Europa und weiter verschleppt, die ssp. *italicum* im nördlichen Mittelmeergebiet. Herkunft unsicher.

Dornige Spitzklette *Xanthium spinosum* L. □□
0,1–1m; August – Oktober; ⊙ □■
B: Vom Grunde an sparrig verzweigte, aufrechte Pflanze. Die sitzenden oder kurz gestielten wechselständigen Blätter im Umriß rhombisch, 3–5fach fiederschnittig mit verlängertem Mittellappen, oberseits dunkelgrün, nur die Hauptnerven grau, unterseits hell graufilzig. Am Ansatz des Blattstieles 1–2 kräftige, 3teilige, strohfarbene Dornen. Männliche Blüten an den Zweigenden in kleinen unscheinbaren Köpfchen, weibliche achselständig, 2blütig, in den mit hakigen Dornen besetzten Köpfchenboden eingesenkt. Reife Fruchtköpfchen 10–12 × 6–8 mm, an der Spitze mit 2 geraden, ungleich langen Schnäbeln, zwischen den Dornen schwach spinnwebig behaart.
S: Schuttplätze, Wegränder.
V: Im Mittelmeergebiet und den wärmeren Zonen weltweit eingebürgert, Heimat S-Amerika.

Filzige Hundskamille *Anthemis tomentosa* L. ■□
5–30 cm; März – Juni; ⊙ □□
B: Weißfilzig-wollige, niederliegende bis aufsteigende oder mehr oder weniger aufrechte, verzweigte Pflanze, der Haupttrieb kürzer als die seitlichen. Blätter 2–5 cm, im Umriß eiförmig-länglich, 1–2fach gefiedert, die Abschnitte eiförmig-keilförmig, stumpf. Obere Blätter einfach gefiedert und die obersten gewöhnlich ungeteilt oder an der Spitze gezähnt. Köpfchen einzeln an später verdickten Stielen, 1,5–3,7 cm breit, mit gelben Röhren- und weißen, 5–10 mm langen Zungenblüten, die durchsichtigen Spreublätter verkehrt-lanzettlich, zugespitzt. Hüllblätter stark behaart, die inneren mit häutigem Rand. Früchtchen verkehrt-kegelförmig, 1,5–2 mm, mit schmalem, häutigem Rand, manchmal mit Öhrchen. Pappus fehlend. Formenreiche Art mit mehreren Unterarten.
S: Sandküsten, Brachland, auch auf Felsstandorten im Gebirge.
V: S-Europa, westlich bis Italien und Sizilien, Kleinasien.
U: Gattung mit zahlreichen, kleinräumig verbreiteten Arten.

Keulen-Bertram *Anacyclus clavatus* (Desf.) Pers. (*A. tomentosus* DC.) □■
10–50 cm; Mai – Juli; ⊙ □□
B: Angedrückt behaarte und meist vom Grunde an verzweigte, aufrechte Pflanze. Blätter länglich, 2–3fach gefiedert mit schmalen, feinbespitzten Abschnitten. Blütenköpfchen einzeln, zur Reifezeit auf keulenförmigen Stengeln, mit gelben Röhren- und 7–14 mm langen, weißen Zungenblüten. Spreublätter verkehrteiförmig. Hüllblätter grün, lanzettlich, spitz, weiß oder purpurn umrandet, seidig behaart. Früchtchen 3–4 mm, stark zusammengedrückt, die äußeren mit breiten, durchsichtigen Flügeln, die mit aufrechten runden Lappen über das Fruchtende hinausragen. Pappus fehlend.
S: Wegränder, Brachland, oft in Küstennähe.
V: S-Europa, NW-Afrika, Kleinasien.
U: *A. radiatus* Loisel.: Zungenblüten gelb, innere Hüllblätter mit großen, gefransten Anhängseln (S-Europa, NW-Afrika, Kanaren).

Saat-Wucherblume *Chrysanthemum segetum* L. □□
20–60 cm; Juni – August; ⊙ ■□
B: Kahles, blaugrünes und etwas fleischiges Kraut mit aufrechtem, einfachem oder wenig verzweigtem, reich beblättertem Stengel. Blätter länglich bis verkehrteiförmig, eingeschnitten oder grob gezähnt, die oberen fast ungeteilt und etwas stengelumfassend. Köpfchen einzeln, 2–5 cm breit, mit gelben Röhren- und Zungenblüten. Hüllblätter eiförmig, hellgrün mit blaßbraunem häutigen Rand, der bei den inneren Hüllblättern verbreitert ist. Früchte ohne Pappus, die der Zungenblüten mit 2 seitlichen Flügeln. Blütenboden ohne Spreublätter.
S: Kulturland, Brachland.
V: Östliches Mittelmeergebiet, SW-Asien, im übrigen Mittelmeergebiet, Kanaren und fast ganz Europa eingebürgert.
U: Früher zur selben Gattung gestellt wurde *Coleostephus myconis* (L.) Rchb. f. (*Chrysanthemum myconis* L.): Blätter fein gesägt, Früchtchen mit krönchenförmigem Pappus (Mittelmeergebiet, Kanaren).

Kronen-Wucherblume *Chrysanthemum coronarium* L. □□
30–80 cm; März – September; ⊙ □■
B: Kräftiges aufrechtes, reich verzweigtes und beblättertes, kahles Kraut. Blätter länglich bis verkehrteiförmig, halb stengelumfassend sitzend, doppelt fiederteilig mit lanzettlichen, zugespitzten Lappen. Blütenköpfe einzeln, 3–6 cm breit mit gelben Röhren- und Zungenblüten. Hüllblätter eiförmig mit braunem, außen durchscheinendem häutigen Rand, der bei den inneren Hüllblättern verbreitert ist. Früchte ohne Pappus, die der Zungenblüten 3kantig geflügelt. Blütenboden ohne Spreublätter. Zwei Varietäten, die auch gelegentlich gemeinsam vorkommen: die eine mit dunkelgelben, die andere mit außen blaßgelben, nur am Grunde dunkelgelben Zungenblüten (var. *discolor* d'Urv.)
S: Kultur- und Brachland, oft weite Flächen überziehend, auch in Gärten kultiviert und verwildert.
V: Mittelmeergebiet, östlich bis in den Iran, Kanaren.

Korbblütler *Asteraceae (Compositae)*

Schneeweiße Strandfilzblume *Otanthus maritimus* (L.) HOFFMANNS. & LINK (*Diotis maritima* (L.) DESF. ex CASS.) ■□
10–50 cm; Juni – September; ♃, ♄ □□
B: Dicht weißfilzige, aromatische Strandpflanze mit kräftigen, aufsteigenden, etwas verholzten Stengeln und zahlreichen, mit breitem Grund sitzenden, länglichen oder spatelförmigen, 5–17 mm langen, ganzrandigen oder fein gekerbt-gesägten Blättern. Nur gelbe Röhrenblüten in kugeligen, 8–10 mm breiten Köpfchen, die kurz gestielt zu wenigen trugdoldig am Ende der Triebe stehen. Hüllblätter weißfilzig, Blütenboden mit Spreublättern. Blütenkrone am Grunde mit 2 schmalen Flügeln. Früchtchen etwa 4 mm, gebogen, ohne Pappus.
S: Sandstrände.
V: Küsten des Mittelmeeres und des Atlantiks, nördlich bis Irland, Kanaren.

Östliche Gemswurz *Doronicum orientale* HOFFM. (*D. caucasicum* BIEB.) □■
20–60 cm; April – Juni; ♃ □□
B: Am Erdsproß Büschel von seidigen Haaren. Grundblätter lang gestielt, rundlich-eiförmig mit breit herzförmigem Grund, gezähnt, die 1–2 (–3) Stengelblätter stengelumfassend sitzend, das untere bisweilen geigenförmig. Köpfchen einzeln, lang gestielt, insgesamt 2,5–6 cm breit, mit gelben Röhren- und schmalen, gelben Zungenblüten. Hüllblätter lineal-lanzettlich, $^1/_2$–$^3/_4$ so lang wie die Zungenblüten, letztere ohne Pappus.
S: Sommergrüne Wälder, Felsen, in der Bergstufe, auch Zierpflanze.
V: SO-Europa, westlich bis Italien und Sizilien, Kleinasien, Kaukasus.
U: Sehr ähnlich *D. columnae* TEN. (*D. cordatum* auct., non LAM.) mit kahlem oder spärlich behaartem Erdsproß und 3–4 Stengelblättern (SO-Europa). Am Grunde verschmälerte Grundblätter haben *D. corsicum* (LOIS.) POIR. mit 3–8 Blütenköpfchen (Korsika) und *D. plantagineum* L. mit einzelnen Köpfchen (W-Europa).

Weißfilziges Greiskraut *Senecio bicolor* (WILLD.) TOD. ssp. *cineraria* (DC.) CHAT. (*S. cineraria* DC.) □□
25–60 cm; Mai – August; ♄ ■□
B: Weißfilziger, reich verzweigter Halbstrauch. Blätter am Grunde der Triebe gehäuft, oberseits spinnwebig filzig, verkahlend, unterseits dicht weißfilzig, eiförmig, gelappt bis tief fiederteilig und nochmals geteilt, der Endlappen meist länger als breit. Blüten in Trugdolden, die kurz gestielten Köpfchen 12–15 mm breit, mit gelborangenen Röhrenblüten, 10–13 hellgelben, 3–6 mm langen Zungenblüten und weißfilzigen Hüllblättern.
S: Küstenfelsen, auch auf Sand, als Zierpflanze in verschiedenen Formen.
V: Westliches und zentrales Mittelmeergebiet, Kanaren.
U: Bei der ssp. *bicolor* Endfieder der Blätter so breit wie lang und stumpf, Köpfchenstiele lang (zentrales und östliches Mittelmeergebiet), die ssp. *nebrodensis* (GUSS.) CHAT. mit kahlen oder verkahlenden Hüllblättern (Sizilien).

Acker-Ringelblume *Calendula arvensis* L. □□
10–30 cm; April – Oktober; ⊙ □■
B: Aufsteigende bis niederliegende Pflanze mit flaumig behaartem, gewöhnlich verzweigtem Stengel. Blätter länglich-lanzettlich, etwas gewellt, ganzrandig bis entfernt gezähnt, sitzend, die oberen halbstengelumfassend. Blüten in endständigen, 1–2 cm großen Köpfchen, sich zur Fruchtzeit nach unten neigend. Zungenblüten orange bis goldgelb, weniger als doppelt so lang wie die Hüllblätter. In jedem Köpfchen 3 verschiedene Fruchtformen: Außen gekrümmte, mit vielen Stacheln besetzte, von Tieren verbreitete Hakenfrüchte, dazwischen Früchte mit seitlichen Flügeln, die durch den Wind verbreitet werden und innen schmale, raupenförmige Ringelfrüchte, denen die Pflanze ihren deutschen Namen verdankt.
S: Kulturland, Brachland, Wegränder.
V: Mittelmeergebiet, östlich bis Persien, selten bis in die wärmsten Gebiete Mitteleuropas, Kanaren.
U: Im Mittelmeergebiet und weiter verwildert die wesentlich kräftigere Garten-Ringelblume *Calendula officinalis* L. (Herkunft unbekannt). 2 cm große Zungenblüten, die wenigstens doppelt so lang sind wie die Hüllblätter hat auch die am Grunde verholzte *C. suffruticosa* VAHL (südl. S-Europa, Kleinasien, NW-Afrika, Kanaren).

Ebensträußige Eberwurz *Carlina corymbosa* L. ■□ □□
20–70 cm; Juni – September; ♃
B: Stengel der kahlen oder schwach spinnwebig-filzigen, verbreiteten und formenreichen Art steif aufrecht und reich verzweigt, mit den Blütenköpfen eine Trugdolde bildend. Blätter länglich-lanzettlich, bis 9 × 3 cm, gewellt, mit stacheligem, gezähnten bis fiederteiligen Rand, die oberen stengelumfassend und am Grunde am breitesten. Blütenköpfe 1,2–2 cm im Durchmesser, Blüten gelb. Innere Hüllblätter bei Trockenheit ausgebreitet und Zungenblüten vortäuschend, goldgelb, 10–16 mm lang. Äußere Hüllblätter die inneren nicht oder höchstens 1 cm überragend (ssp. *corymbosa*). Bei der ssp. *graeca* (Boiss.) Nym. (nur östliches Mittelmeergebiet) die äußeren Hüllblätter die inneren etwa 2 cm überragend.
S: Weideflächen, Brachland, lichte Wälder und Gebüsche.
V: Mittelmeergebiet.
U: Gattung mit Verbreitungsschwerpunkt im Mittelmeergebiet, hier durch ausdauernde und 1jährige Arten vertreten, die ursprünglichsten, verholzten Arten auf die Kanarischen Inseln beschränkt.

Großköpfige Eberwurz *Carlina macrocephala* Moris □■ □□
15–40 cm; Juli – August; ⊙
B: Stengel der spinnwebig-filzigen oder fast kahlen Pflanze steif aufrecht, einfach oder schwach verzweigt, mit lanzettlichen, 7–11 cm langen, gewellten, stachelig gezähnten bis fiederteiligen Blättern. Blütenköpfe 1,5–3 cm im Durchmesser, mit bei Trockenheit ausgebreiteten und Zungenblüten vortäuschenden inneren, oberseits weißen, unterseits purpurnen, 13–17 mm langen und 1,5–2 mm breiten Hüllblättern. Äußere Hüllblätter bei der ssp. *macrocephala* die inneren weit überragend, Köpfe 1–4 (Korsika, Sardinien, Mittelitalien). Bei der ssp. *nebrodensis* (Guss. ex DC.) D. A. Webb die inneren kaum überragend, Köpfe gewöhnlich mehr als 4 (Sizilien).
S: Lichte Wälder der Bergstufe.
V: Korsika, Sardinien, Mittelitalien, Sizilien.
U: *C. sicula* Ten.: Pflanze ausdauernd. Innere Hüllblätter 2,5–3 mm breit (SO-Italien, Sizilien). *C. lanata* L. Pflanze 1jährig, Blätter unterseits ausdauernd filzig. Innere Hüllblätter auf beiden Seiten rötlich-purpurn (Mittelmeergebiet, östlich bis in den Iran).

Akanthusblättrige Eberwurz *Carlina acanthifolia* All. □□ ■□
5–10 cm; Juli – September; ♃
B: Blätter der dekorativen, stengellosen Pflanze rosettig gehäuft, 10–30 cm lang, wenig über die Mitte fiederteilig mit stachelig gezähnten Abschnitten, wenigstens unterseits spinnwebig filzig. Der einzige sitzende Blütenkopf 3–7 cm im Durchmesser, mit gelblichen bis rötlichen Röhrenblüten und bei Trockenheit ausgebreiteten, Zungenblüten vortäuschenden, oberseits gelb glänzenden, bis 5,5 cm langen inneren Hüllblättern. 2 Unterarten im Mittelmeergebiet: ssp. *acanthifolia*, Stacheln der mittleren Hüllblätter meist verzweigt; ssp. *cynara* (Pourr. ex Duby) Rouy, Stacheln der mittleren Hüllblätter meist einfach (nur Pyrenäen, S-Frankreich, nördlicher Apennin).
S: Felsfluren, Trockenrasen.
V: S-Europa und östliches Zentraleuropa, vorwiegend in den Gebirgen.

Trauben-Eberwurz *Carlina racemosa* L. □□ □■
10–40 cm; August – Oktober; ⊙, ♃
B: Vom Grunde an gabelig verzweigte, weiß-flockig behaarte Pflanze. Blätter starr, lanzettlich, 10 × 2 cm, entfernt stachelig gezähnt, untere gestielt, obere sitzend, mit zahlreichen deutlichen Seitennerven. Blütenköpfchen mit gelben Röhrenblüten, 8–15 mm breit, an den Zweigenden und in den Astgabeln mehr oder weniger sitzend. Innere Hüllblätter bei Trockenheit ausgebreitet, Zungenblüten vortäuschend, schwefelgelb, 10–12 mm lang und 1–2 mm breit. Äußere Hüllblätter laubblattartig, länger als das Köpfchen.
S: Weideland, oft bestandbildend.
V: Südliche Iberische Halbinsel, Sardinien, NW-Afrika.

Korbblütler *Asteraceae (Compositae)*

Niedriges Spindelkraut *Atractylis humilis* L. ■□
5–30 cm; Juli – September; ♃ □□
B: Stengel einfach, kahl oder filzig-flockig mit zahlreichen länglich-lanzettlichen, dornig fiederspaltigen, sitzenden Blättern und kurz gestielten, 2,5–5 cm langen Rosettenblättern. Die 1,5–2,5 cm breiten Blütenköpfchen einzeln endständig, mit purpurnen Röhrenblüten und einer Hülle aus äußeren, am Grunde 2fach fiederschnittigen laubblattähnlichen Hüllblättern und ganzrandigen inneren, die an der Spitze gestutzt oder ausgerandet und mit einem schlanken Dorn versehen sind. Früchte seidig behaart, mit einem Pappus aus fedrigen, weißen, an der Basis bräunlichen Haaren.
S: Garigues, Felsfluren, auf Kalkgestein.
V: Spanien, Balearen, Frankreich, NW-Afrika.
U: *A. cancellata* L.: Pflanze 1jährig, blüht April – Juni. Äußere Hüllblätter kammartig zerteilt, locker um das Köpfchen stehend, innere Hüllblätter lanzettlich (Mittelmeergebiet, Kanaren, östlich bis in den Iran).

Drüsenhaarige Kugeldistel *Echinops spinosissimus* Turra
(*E. viscosus* DC., non Schrad. ex Rchb.) □■
0,5–1,5 cm; Juni – September; ♃ □□
B: Steife, stark dornige Pflanze mit spinnwebig-filzigem und drüsenhaarigem, aufrechtem, verzweigtem Stengel. Blätter im Umriß eiförmig-lanzettlich, gewöhnlich 2fach fiederteilig, oberseits drüsenhaarig, unterseits weißfilzig und oft mit Drüsenhaaren auf den Nerven, Abschnitte dornig. Köpfchen 1blütig, zu kugeligen 3,5–7 cm breiten, grünlichblauen oder gräulichen Köpfchen vereinigt. Einzelköpfchen außen mit einer Reihe borstenförmig zerschlitzter Hüllblätter, die so lang oder etwas kürzer als die darauffolgenden spatelförmigen, zugespitzten und fein gezähnten Hüllblätter sind. Dornen der mittleren, lanzettlichen Hüllblätter mindestens 2mal so lang wie das Köpfchen oder fehlend. Pappusborsten am Grunde verbunden. Mehrere Unterarten.
S: Brachland, Felsfluren, Sandstrand, oft in Küstennähe.
V: Östliches Mittelmeergebiet, westlich bis Sizilien.

Ritro-Kugeldistel *Echinops ritro* L. □□
20–70 cm; Juli – September; ♃ ■□
B: Stengel aufrecht, meist verzweigt, weißfilzig oder fast kahl, oft mit Drüsenhaaren. Blätter im Umriß elliptisch, 1–2fach fiederschnittig, mit umgerolltem Rand, unterseits weißfilzig, oberseits je nach Unterart sehr verschieden. Abschnitte mit 3–15 mm langen Dornen. Köpfchen 1blütig, zu kugeligen, blauen, 3,5–4,5 cm breiten Köpfen vereinigt. Einzelköpfchen außen mit einer Reihe borstenförmig zerschlitzter Hüllblätter, die $^1/_3$–$^1/_2$ so lang wie der ganze, 12–17 mm lange Hüllkelch sind, und mehreren Reihen dachziegelig angeordneter, borstig bewimperter, kahler Hüllblätter, innerste bis zum Grunde getrennt, am Rande gewimpert und in einen feinen Dorn auslaufend. Pappusborsten mindestens in der unteren Hälfte verbunden. Formenreiche Art.
S: Trockenrasen, Felsfluren, auch als Zierpflanze.
V: S- und O-Europa, SW-Asien, fehlt Balearen, Korsika, Sardinien, Kreta.
U: *E. sphaerocephalus* L.: Blätter oberseits dicht drüsig-flaumig und zerstreut kurzborstig, äußere Hüllblätter auf dem Rücken drüsig behaart. Köpfchen blaßblau oder weiß (S- und O-Europa, Kleinasien, in Mitteleuropa eingebürgert).

Zweifelhafte Strauchscharte *Staehelina dubia* L. □□
10–40 cm; Juni – Juli; ♄ □■
B: Kleiner Halbstrauch mit weißfilzigen Zweigen und gestielten, unterseits weißfilzigen, schmallanzettlichen, 1,5–4 cm langen und 2–4 mm breiten, am Rande etwas umgerollten und gewelltgezähnten Blättern. Köpfchen sehr schmal, einzeln oder bis zu 4 auf bis oben beblätterten Trieben, mit purpurnen Röhrenblüten und 1,5–2 cm langer und 3–5 mm breiter Hülle. Hüllblätter dachziegelig angeordnet, auf dem Rücken zerstreut filzig und rötlich umrandet, die inneren ganz rötlich überlaufen. Frucht 4–5 mm lang, der weiße Pappus 2–2,5 cm, mit verzweigten Borsten.
S: Garigues, Felsfluren.
V: Westliches Mittelmeergebiet, östlich bis Mittelitalien.

Armleuchter-Kratzdistel *Cirsium candelabrum* GRIS.
1,5–2 m; Mai – August; ⊙
B: Durch ihren hohen, pyramidenförmigen Wuchs auffallende Kratzdistel. Blätter ledrig und wellig, fiederspaltig, die 3eckigen Abschnitte mit 10–15 mm langen, steifen Dornen. Köpfchen zu 4–12 an der Spitze kurzer Zweige, umgeben von 2–8 etwa ebenso langen Blättern. Hülle 14–19 × 7–13 mm, Hüllblätter anliegend, mit deutlichen Striemen, die äußeren mit kräftigen, aufrecht-abstehenden, 1–3 mm langen Dornen, die inneren etwas verbreitert, an der Spitze dornig gewimpert. Blüten weiß oder gelblichweiß, 13–17 mm. Früchte 3,5–5 mm, mit fedrigem, 13–16 mm langem Pappus.
S: Felsschutt, Wegränder, in der Bergstufe.
V: Balkanhalbinsel, SW-Rumänien.

Akarna-Kratzdistel *Picnomon acarna* (L.) CASS.
(*Cirsium acarna* (L.) MOENCH)
20–70 cm; Juli – September; ⊙
B: Grau spinnwebig-filzige, distelartige, reich verzweigte Pflanze. Blätter länglich-lanzettlich, am Rande mit kräftigen, gelben, 4–15 mm langen und dazwischen feineren kürzeren Dornen, herablaufend, Stengel daher dornig geflügelt. Blüten endständig mit purpurnen oder weißlichen Röhrenblüten in dichten Büscheln oder einzeln, von den oberen Blättern umhüllt und überragt. Hülle zylindrisch, 22–30 × 8–15 mm, Hüllblätter an der Spitze mit einem gefiederten, zurückgebogenen Dorn. Die eiförmig-länglichen, zusammengedrückten Früchte braun und glänzend, mit 14–19 mm langem, fedrigem Pappus.
S: Wegränder, Schuttplätze, Kulturland.
V: Mittelmeergebiet, Kanaren, SW-Asien.

Syrische Kratzdistel *Notobasis syriaca* (L.) CASS.
(*Cirsium syriacum* (L.) GAERTN.)
0,3–1,5 cm; April – Juni; ⊙
B: Distelartige, hohe, oben gewöhnlich verzweigte und blauviolett überlaufene Pflanze. Blätter oberseits fast kahl, weiß geadert, unterseits spärlich grauspinnwebig behaart, die unteren gestielt, im Umriß länglich, gelappt und dornig gezähnt, Stengelblätter mit breiten Öhrchen sitzend, fiederschnittig, die obersten fast bis auf kräftige, steife Dornen zurückgebildet, die die Blütenköpfchen umgeben und überragen. Köpfchen einzeln oder zu mehreren mit purpurnen Röhrenblüten und spinnwebig behaarten, kurz bedornten Hüllblättern, 17–23 × 15–25 mm. Früchtchen 5–6 mm, dunkelbraun, seitlich zusammengedrückt, kahl, mit zahlreichen fedrigen, 13–15 mm langen Pappushaaren und einem inneren Ring aus am Grunde verbundenen, 1–2 mm langen Haaren.
S: Wegränder, Brachland, Kulturland.
V: Mittelmeergebiet, Kanaren, SW-Asien.

Spanische Kratzdistel *Ptilostemon hispanicus* (LAM.) GREUT.
(*Chamaepeuce hispanica* (LAM.) DC.)
0,6–1 m; Juli – September; ♃
B: Distelartige, an der Basis verholzte Pflanze mit weißfilzigem Stengel. Blätter ledrig, eiförmig-lanzettlich, gelappt oder buchtig gezähnt mit 10–20 mm langen, kräftigen, gelben Dornen, die zu 2–4 etwas genähert stehen, oberseits dunkelgrün, unterseits weißfilzig. Blütenköpfchen aus purpurnen Röhrenblüten, 2,5–4 cm breit, gestielt in einer endständigen Trugdolde. Hüllblätter mit langer, stechender, abstehender Spitze. Früchte schräg verkehrteiförmig, kaum zusammengedrückt, mit 16–25 mm langem, fedrigem Pappus.
S: Wegränder.
V: S-Spanien.
U: Mehrere Arten in verschiedenen Teilen des Mittelmeergebietes. *P. casabonae* (L.) GREUT.: Dornen am Blattrand zu 2–4 (–7) aus einer gemeinsamen Ansatzstelle. Köpfchen fast sitzend, ährenartig angeordnet (zentrales Mittelmeergebiet). *P. afer* (JACQ.) GREUT.: Blätter fiederspaltig, die Abschnitte tief 2–3teilig und mit kräftigen 5–12 mm langen Dornen. 10–16 gestielte Köpfchen trugdoldig oder traubig angeordnet (Balkanhalbinsel, Kleinasien).

Korbblütler *Asteraceae (Compositae)*

Milchfleckdistel *Galactites tomentosa* (L.) Moench ■□ □□
0,1–1 m; April – August; ⊙, ⊙
B: Distelartige, aufrechte, meist nur oben verzweigte Pflanze mit Blattrosette. Blätter oberseits verkahlend, vielfach weiß gefleckt, unterseits weißfilzig, am ebenfalls weißfilzigen Stengel etwas herablaufend, fiederteilig mit 1,5–6 mm langen Dornen. Im 1–1,5 cm breiten Blütenköpfchen nur röhrenförmige Blüten, rosa, hellviolett oder seltener weißlich, die äußeren viel länger und lebhafter gefärbt, strahlend, unfruchtbar und nur als Schauapparat dienend. Blütenboden dicht behaart. Hüllkelchblätter eiförmig, spinnwebig behaart, aufrecht, in eine 5–10 mm lange, rinnige grünliche Spitze verschmälert. Früchtchen 3–5 mm, mit 3–4mal so langem, weißem, fedrigem Pappus.
S: Wegränder, Brachland, Viehweiden.
V: S-Europa, NW-Afrika, Kanaren.

Artischocke *Cynara scolymus* L. □■ □□
0,5–2 m; April – August; ⊙
B: Die bis 80 × 40 cm großen Blätter der kräftigen Pflanze fiederspaltig bis einfach, oberseits verkahlend, unterseits graufilzig, weich, unbewehrt oder bespitzt, die unteren gestielt, die oberen sitzend. Blütenköpfe sehr groß, 8–15 cm im Durchmesser, mit blauen Röhrenblüten. Hüllblätter im unteren Teil fleischig, mit eiförmigem, stumpfem, ausgerandetem oder dornig bespitztem Anhängsel. Der fleischige Blütenboden mit den Hüllblättern der kurz vor dem Aufblühen stehenden Blütenköpfe wird als Gemüse gegessen. Der Wirkstoff Cynarin aus den Blättern gewonnen, hat Bedeutung bei der Behandlung von Gallenerkrankungen.
S, V: Im Mittelmeerklima in mehreren Kulturformen als Gemüse angebaut, als Wildpflanze unbekannt, möglicherweise von *C. cardunculus* L. abstammend.
U: *C. cardunculus* L., Kardone: Feste, 1–2fach fiederschnittige Blätter, Blattabschnitte mit 15–35 mm langen, gelben Dornen. Blütenköpfe kleiner, Hüllblätter mit einem aufrecht-abstehenden, 1–5 cm langen Dorn. Die gebleichten Blattstiele werden als Gemüse gegessen (ursprünglich im westlichen Mittelmeergebiet, auch weiter als Nutz- oder Zierpflanze kultiviert und verwildert).

Mariendistel *Silybum marianum* (L.) Gaertn. □□ ■□
0,2–1,5 m; April – August; ⊙
B: Mit einer großen Blattrosette überwinternde, aufrechte, ästige Pflanze. Blätter kahl oder verkahlend, glänzend grün, weiß geadert und gefleckt, buchtig gelappt mit dornigem Rand, die unteren gestielt, die oberen mit herzförmigem Grund stengelumfassend und bis 8 mm langen Dornen. Blüten rotviolett, alle röhrenförmig, in lang gestielten, einzelnen, 4–8 cm großen Köpfen. Äußere Hüllblätter breiteiförmig, deren Anhängsel in einem kräftigen, gelben, 2–5 cm langen, zurückgebogenen Dorn endend. Früchte 6–8 mm, glänzend schwarz mit grauen Flecken und 1,5–2 cm langem Pappus. Die Früchte und deren Wirkstoff Silymarin werden bei Leber- und Gallenerkrankungen verwendet.
S: Schuttplätze, Wegränder, Viehweiden, oft in größeren Beständen.
V: Mittelmeergebiet, Kanaren, SW-Asien, nördlicher gelegentlich eingebürgert.
U: Ähnlich *S. eburneum* Coss. & Dur., aber Dornen der Stengelblätter 7–15 mm, äußere Hüllblätter dornenlos (Spanien, NW-Afrika).

Zapfenkopf *Leuzea conifera* (L.) DC. (*Centaurea conifera* L.) □□ □■
5–30 cm; Mai – August; ♃
B: Stengel aufrecht, meist einfach, filzig behaart, bis unter das einzige, endständige Blütenköpfchen beblättert. Blätter unterseits weißfilzig, die unteren gestielt, eiförmig-lanzettlich, ungeteilt oder leierförmig-fiederspaltig, die oberen sitzend mit lineal-lanzettlichen Abschnitten. Köpfchenhülle eikugelig, 4–5 cm im Durchmesser, einem Kiefernzapfen ähnlich. Mittlere Hüllblätter mit bräunlich häutigen, rundlichen, am Rande unregelmäßig eingerissenen Anhängseln, die die unteren Teile der Hüllblätter völlig verdecken. Blüten purpurn oder weißlich. Die schwarzen, 4 mm langen, warzigen Früchte mit einem Pappus aus etwa 6mal so langen, am Grunde zusammenhängenden, schneeweißen, fedrigen Haaren.
S: Garigues, Weiden, lichte Wälder.
V: Westliches Mittelmeergebiet, östlich bis Italien und Sizilien.

Stern-Flockenblume *Centaurea calcitrapa* L. ■□ □□
0,1–1 m; Juli – September; ⊙
B: Stengel aufsteigend oder aufrecht, vom Grunde an sparrig verzweigt, rauh. Junge Blätter grauwollig, ältere grün, drüsig und rauhhaarig, die grundständigen fiederspaltig mit lanzettlichen, spitzen, entfernt gesägten Abschnitten, zur Blütezeit vertrocknet, Stengelblätter sitzend, die obersten lanzettlich oder spießförmig, nicht herablaufend. Köpfchen end- und achselständig sitzend, von Blättern umgeben. Blüten rot oder weißlich, drüsig punktiert, Randblüten nicht strahlend. Hülle walzlich-eiförmig, 6–8 mm breit, mittlere Hüllblätter grünlich mit häutigem Rand und einem abstehenden, 10–18 mm langen Dorn, der an der Basis stark verdickt ist und jeweils 1–3 Seitendornen von 1–3 mm Länge trägt. Früchte ohne Pappus.
S: Brachland, Wegränder, Schuttplätze, Weiden.
V: Mittelmeergebiet, Kanaren, SW-Asien, nach Mittel- und W-Europa gelegentlich eingeschleppt.
U: *C. iberica* TREV. ex SPRENG.: Junge Blätter grün, fein rauh. Hülle 8–14 mm breit, mittlerer Dorn der Hüllblätter 15–30 mm. Pappus 1–3 mm (östliches Mittelmeergebiet, SW-Asien). Artenreiche und vielgestaltige Gattung.

Kugelkopf-Flockenblume *Centaurea sphaerocephala* L. □■ □□
5–70 cm; April – Juni; ♃
B: Stengel niederliegend bis aufrecht, einfach oder verzweigt, bis unter das Köpfchen beblättert. Blätter rauhhaarig bis spinnwebig-filzig, dornig bespitzt, untere gestielt, leierförmig gefiedert, obere ganzrandig oder gezähnt, häufig geöhrt und halbstengelumfassend, aber nicht herablaufend. Köpfchen einzeln mit purpurnen Blüten, die äußeren strahlend, und 12–35 mm breiter Hülle. Hüllblattanhängsel zurückgebogen, mit 5–13 gelblichen, handförmig angeordneten, 3–6 mm langen Dornen, von denen der mittlere gewöhnlich etwas länger ist. Früchte glänzend, nur die inneren mit kurzem, rötlichem Pappus. Mehrere Unterarten.
S: Sandstrände, auch auf Weideland.
V: Westliches Mittelmeergebiet.

Sonnenwend-Flockenblume *Centaurea solstitialis* L. □□ ■□
0,2–1 m; Juli – September; ⊙, ⊙
B: Sparrig verzweigte, graugrüne, wollig oder filzig behaarte Pflanze, Stengel durch die herablaufenden Blätter geflügelt. Untere Blätter leierförmig-fiederspaltig, zur Blütezeit vertrocknet, obere lineal-lanzettlich, ganzrandig, kurz stachelspitzig. Köpfchen einzeln am Ende der Äste, Blüten hellgelb und drüsenlos, Randblüten nicht strahlend. Hülle eiförmig-rundlich, 7–12 mm breit. Anhängsel der mittleren Hüllblätter nicht herablaufend, in einem gelben, 10–15 (–30) mm langen Dorn endend, der am Grunde beiderseits 1–3 etwa 3 mm lange Seitendornen trägt. Pappus bis 5 mm lang. Mehrere Unterarten mit zum Teil mehr bräunlichem oder nur wenig längerem mittleren Dorn an den Hüllblättern.
S: Kulturland, Brachland, Schuttplätze.
V: Mittelmeergebiet, SW-Asien, bis Zentraleuropa gelegentlich eingeschleppt.
U: *C. melitensis* L.: Pflanze grün, Köpfchen einzeln oder zu 2–3, Blüten dicht mit sitzenden Drüsen bedeckt. Mittlerer Dorn der Hüllblätter 5–8 mm lang, bis zur Mitte mit 1–3 seitlichen Dornen (S-Europa, Kanaren, NW-Afrika).

Benediktenkraut *Cnicus benedictus* L. □□ □■
10–60 cm; April – Juli; ⊙
B: Stengel aufrecht, verzweigt, kantig gerillt, mit fiederspaltigen bis buchtig-dornig gezähnten, hellgrünen Blättern, die unteren gestielt, die oberen halbstengelumfassend sitzend, alle spinnwebig-zottig behaart und drüsig klebrig, auf der Unterseite mit weißen hervortretenden Adern. Blütenköpfchen nur aus gelben Röhrenblüten, 3–3,5 cm breit, einzeln an den Zweigenden, von den obersten Blättern umgeben. Äußere Hüllblätter mit kurzem einfachen, die inneren längeren mit einem gefiederten Dorn. Pappus aus 10 äußeren etwa 1 cm langen und 10 inneren kurzen, gelben Borsten. Heilpflanze, gegen Verdauungsstörungen.
S: Kulturland, Brachland, auch kultiviert.
V: Mittelmeergebiet, SW-Asien, sonst gelegentlich verwildert.

Gezähnte Färberdistel *Carthamus dentatus* (Forsk.) Vahl ■□
15–60 (–100) cm; Juli – September; ⊙ □□
B: Distelartige, mehr oder weniger drüsige Pflanze mit zottig-wolliger bis spinnwebiger Behaarung. Stengelblätter häufig graugrün, lanzettlich bis eiförmig-lanzettlich, fiederschnittig mit dornigem Rand. Köpfchen länglich-eiförmig, mit purpurnen Röhrenblüten. Innere Hüllblätter mit deutlichen, eilanzettlichen, gezähnten Anhängseln, äußere Hüllblätter blattartig, 1–2mal länger als die inneren. Früchte 4kantig, breit verkehrtpyramidal, auffällig der doppelt so lange Pappus aus braunen, linearen, gewimperten Schuppen. 2 Unterarten.
S: Brachland, Weideland.
V: Südliche Balkanhalbinsel, SW-Asien.

Wollige Färberdistel *Carthamus lanatus* L. □■
15–75 cm; Juni – September; ⊙ □□
B: Drüsige, anfangs spinnwebig-wollige, später verkahlende, im oberen Teil meist verzweigte Pflanze mit strohfarbenen Stengeln. Die eiförmig-lanzettlichen, ledrigen Blätter mit verbreitertem Grund, die oberen halbstengelumfassend sitzend, fiederspaltig bis buchtig gezähnt, mit 3eckigen, stechenden Abschnitten. Köpfe 2–3 cm, einzeln an den Zweigenden, von den obersten Laubblättern umhüllt. Eigentliche Hüllblätter mit dornig gezähntem Anhängsel, die innersten viel kürzer, länglich-lanzettlich, mit schmalem, häutigem, ganzrandigem oder gezähntem Anhängsel. Nur Röhrenblüten, goldgelb oder blaßgelb. Früchte eiförmig, 4kantig, dunkelbraun, mit einem Pappus aus mehreren Reihen ausdauernder, länglicher, gewimperter Schuppen. 2 Unterarten.
S: Brachland, Weiden, Wegränder.
V: Mittelmeergebiet, Kanaren, SO-Europa, SW-Asien.
U: In Spanien und NW-Afrika *C. arborescens* L.: Pflanze ausdauernd, bis 2,5 m hoch, Blütenköpfe bis 4 cm breit. Innere Hüllblätter ohne Anhängsel.

Blaue Färberdistel *Carduncellus caeruleus* (L.) C. Presl
(*Carthamus caeruleus* L.) □□
20–60 cm; Mai – Juli; ♃ ■□
B: Wollig-spinnwebig behaarte bis verkahlende Pflanze mit aufrechtem, meist einfachem Stengel. Blätter sehr variabel, untere gestielt, leierförmig-fiederschnittig oder länglich-lanzettlich, obere halbstengelumfassend sitzend, eiförmig-lanzettlich, alle grob gezähnt, Zähne mit grannenartiger, stechender weißlicher Spitze. Köpfchen einzeln, mit blauen Röhrenblüten, mit den äußeren, blattähnlichen, dornig gezähnten Hüllblättern etwa 3 cm breit. Innere Hüllblätter gleich lang oder kürzer, drüsig, mit häutigem, abgerundetem, gefranstem Anhängsel. Früchtchen 6 mm, undeutlich kantig, oben runzelig, mit 1,5–2mal so langen, weißlichen, gewimperten Pappusschuppen.
S: Garigues, Brachland, Weiden.
V: S-Europa, NW-Afrika, Kanaren, fehlt in Jugoslawien.
U: *C. monspelliensium* All.: Köpfchen häufig stengellos, 2–4 cm breit. Äußere Hüllblätter abstehend. Pappus etwa 4mal so lang wie das Früchtchen (SW-Europa).

Spanische Golddistel *Scolymus hispanicus* L. □□
20–80 cm; Juni – September; ⊙, ♃ □■
B: Distelartige, mehr oder weniger behaarte, aufrechte und meist verzweigte Pflanze. Stengelblätter starr, buchtig fiederteilig mit dornig gezähnten Abschnitten, am Stengel nur so weit herablaufend, daß dieser unterbrochen geflügelt erscheint. Blütenköpfchen 1–2 cm breit, end- und achselständig, mit goldgelben Zungenblüten, überragt von 3 dornig gezähnten Hochblättern. Hüllblätter lanzettlich, allmählich zugespitzt, kaum behaart. Äußere Früchte von den Spreublättern eingeschlossen und dadurch scheinbar geflügelt. Pappus aus 2–4 kurzen Borsten.
S: Wegränder, Schuttplätze, Brachland.
V: Mittelmeergebiet, Kanaren.
U: *S. grandiflorus* Desf.: Stengel durchgehend geflügelt. Hüllblätter mit zahlreichen Haaren, die äußeren plötzlich in eine dornige Spitze zusammengezogen (zentrales Mittelmeergebiet). *S. maculatus* L.: 1jährig, Blätter und Flügel des Stengels mit stark verdicktem, weißen Rand. Pappus fehlend (Mittelmeergebiet, Kanaren).

Korbblütler *Asteraceae (Compositae)*

Blaue Rasselblume *Catananche caerulea* L. ■□ □□
30–90 cm; Mai – September; ♃
B: Pflanze mit hohem, steif aufrechtem und schwach verzweigtem, kurz anliegend behaartem Stengel. Blätter fast alle grundständig, 20–30 cm lang, lineal, 3nervig, ganzrandig oder mit 2–4 Zähnen. Köpfchen einzeln, nur mit blauen Zungenblüten, auf langen, mit einzelnen schuppenförmigen Blättchen besetzten Stielen. Hüllblätter locker dachziegelartig angeordnet, eiförmig, plötzlich stark zugespitzt, silberhäutig mit dunklem Mittelnerv. Früchte 5kantig mit einem Pappus aus 5–7 lanzettlichen Schuppen.
S: Garigues, lichte Wälder, besonders auf Kalk, gelegentlich als Zierpflanze.
V: Westliches Mittelmeergebiet, östlich bis NW-Italien, ohne Korsika, Sardinien.
U: *C. lutea* L.: Pflanze 1jährig, 8–40 cm hoch. Zungenblüten gelb, kürzer als die schmalen und allmählich zugespitzten, inneren Hüllblätter (Mittelmeergebiet).

Strahliger Schweinssalat *Hyoseris radiata* L. □■ □□
10–35 cm; Januar – Dezember; ♃
B: An Löwenzahn erinnernde Rosettenpflanze mit 5–25 cm langen, oft langgestielten, gleichmäßig schrotsägeförmig gezähnten Blättern. Blütenköpfchen einzeln auf blattlosen, kahlen, seltener mehligen oder etwas rauhen, 6–40 cm langen Stielen. Äußere Hüllblätter schmal-eiförmig, 4–5 mm, innere lanzettlich, 10–15 mm lang, zur Fruchtzeit ausgebreitet, die gelben Zungenblüten etwa doppelt so lang. Früchte 8–10 mm, braun, mit einem gelblichen Pappus aus steifen Haaren, und linealen Schuppen, randständige zusammengedrückt, mittlere zusammengedrückt und geflügelt, innere walzlich.
S: Grasfluren, Felsfluren.
V: Mittelmeergebiet, Kanaren.
U: *H. scabra* L.: Kleine 1jährige Pflanze. Köpfchenstiele kürzer als die Blätter, niederliegend oder aufsteigend, in der Mitte oder weiter oben gewöhnlich verdickt. Innere Hüllblätter 7–10 mm, zur Fruchtzeit aufrecht (Mittelmeergebiet).

Sternlattich *Rhagadiolus stellatus* (L.) GAERTN. □□ ■□
20–50 cm; April – Juni; ⊙
B: Stengel aufrecht, häufig verzweigt, im unteren Teil rauhhaarig, oben kahl. Grundblätter schmal verkehrteiförmig, fast ganzrandig, gezähnt oder fiederspaltig, in einen kurzen, undeutlichen Blattstiel verschmälert. Köpfchen mit etwa 8 mm langen Zungenblüten, lang gestielt in einer lockeren Rispe. Hüllkelch aus einer äußeren Reihe kleiner schuppenförmiger Blättchen und einer inneren von gewöhnlich 8, außen wenigstens an der Spitze behaarten, 8–9 mm langen Blättchen, die zuerst aufrecht, zur Fruchtzeit aber auf 1,5–2 cm vergrößert und gekrümmt, sternförmig abstehen und die äußeren Früchtchen umschließen.
S: Kulturland, Brachland.
V: Mittelmeergebiet, Kanaren, SW-Asien.
U: *R. edulis* GAERTN.: Innere Hüllblätter meist 5–6, außen kahl. Früchte mehr oder weniger gerade, 1–1,5 cm lang. Grundblätter bis fast zur Mittelrippe fiederschnittig mit großem Endlappen und deutlichem Blattstiel (Mittelmeergebiet, SW-Asien).

Weichhaariges Schwefelkörbchen *Urospermum dalechampii* (L.) SCOP. ex F. W. SCHMIDT □□ □■
20–40 cm; April – August; ♃
B: Rosettenblätter der behaarten Pflanze schrotsägeförmig gefiedert. Stengelblätter ganzrandig oder gezähnt, stengelumfassend, die obersten gegenständig. Blütenköpfchen bis 5 cm breit, auf langen, kräftigen, oben verdickten Stielen, die schwefelgelben Zungenblüten an der Spitze, die randlichen auch außen häufig rotbraun. Eine Reihe von 7–8 lanzettlichen, 1,5–2,5 cm langen, am Grunde verwachsenen, weichhaarigen und teilweise berandeten Hüllblättern. Früchte lang geschnäbelt, mit einem Pappus aus fedrigen, schwach rotbraunen Haaren.
S: Wegränder, Kulturland, Brachland.
V: Westliches Mittelmeergebiet, östlich bis Jugoslawien.
U: *U. picroides* (L.) SCOP. ex F. W. SCHMIDT: 1jährige, rauhhaarige Pflanze. Köpfchen kleiner, mit lang zugespitzten, borstlich behaarten und steifen Hüllblättern. Pappus weiß (Mittelmeergebiet, Kanaren, SW-Asien).

Roter Bocksbart *Tragopogon porrifolius* L. ■□
0,2–1,2 m; April – Juli; ⊙, ⊙ □□
B: Kahle bis etwas flockig behaarte Pflanze mit zylindrischer Wurzel. Blätter lineal, lang zugespitzt, am Grunde verbreitert und halb stengelumfassend. Stengel unter dem Blütenköpfchen keulenförmig verdickt. Hüllblätter meist 8. Zungenblüten bei der ssp. *porrifolius* etwa so lang wie die Hüllblätter, lila oder rötlich purpurn, bei der ssp. *australis* (JORD.) NYM. nur halb so lang, dunkel violett. Früchte geschnäbelt, alle mit einem Pappus aus fedrigen Haaren, der kürzer als die Frucht ist. Weitere Unterarten.
S: Grasfluren, Brachland, Wegränder, früher als Gemüsepflanze ähnlich der Schwarzwurzel oder als Zierpflanze kultiviert und verwildert.
V: Mittelmeergebiet, Kanaren.
U: *T. hybridus* L. (*Geropogon glaber* L.): Pflanze 1jährig, 20–60 cm hoch, kahl. Äußere Früchte mit einem Pappus aus 5 einfachen, steifen Haaren, innere mit fedrigen Haaren (Mittelmeergebiet, Kanaren, SW-Asien).

Tanger-Reichardie *Reichardia tingitana* (L.) ROTH
(*Picridium tingitanum* (L.) DESF.) □■
5–40 cm; April – Mai; ⊙, ⊙, ♃ □□
B: Blätter kahl, glatt bis dicht weiß papillös, die der Grundrosette lanzettlich, stumpf oder spitz, gezähnt oder fiederspaltig, mit kurzem, breit geflügeltem Stiel, Stengelblätter 1–6, sitzend und stengelumfassend. Köpfchen 2–2,5 cm breit, zu 1–4 auf langen, am Ende verdickten Stielen, teilweise mit hüllblattähnlichen Hochblättern. Zungenblüten gelb, am Grunde purpurn, die randlichen außen mit rotem Streifen. Hülle 10–15 mm lang und breit, aus mehreren Reihen kahler, eiförmiger Hüllblätter mit breitem, häutigem Rand. Alle Früchte gerieft und quer runzelig, mit einfachem, schneeweißen, weichen Pappus.
S: Auf Sand und Fels an den Küsten, auch in Wüsten.
V: Südliches Mittelmeergebiet, Kanaren, SW-Asien.
U: *R. picroides* (L.) ROTH: Blätter gewöhnlich nur spärlich papillös. Zungenblüten auch am Grunde gelb. Häutiger Rand der Hüllblätter schmal, nicht über 0,5 mm. Innere Früchte glatt (Mittelmeergebiet, Kanaren).

Ruten-Lattich *Lactuca viminea* (L.) J. & C. PRESL □□
0,3–1,3 m. Juli – September; ⊙, ♃ ■□
B: Stengel aufrecht, weißlich, mit zahlreichen rutenartigen Seitenzweigen. Blätter kahl, dunkel graugrün, die unteren fiederschnittig bis fiederspaltig mit lineal-lanzettlichen, oft gezähnten Abschnitten, die oberen einfach, lanzettlich, am Grunde 2 charakteristische, 1–3,5 cm lange, lineale Öhrchen, die am Stengel herablaufen und mit ihm verwachsen sind. Blütenköpfchen mit gewöhnlich 5 hellgelben Zungenblüten, ährenartig an den Zweigen sitzend. Früchte schwärzlich, gerippt, allmählich in einen kürzeren oder ebenso langen Schnabel verschmälert, insgesamt 7–15 mm lang. Pappus einfach, weiß. Mehrere Unterarten, abgebildet ist die ssp. *chondrilliflora* (BOR.) BONNIER, Früchte 7–9 mm, Schnabel 1/4–1/2 so lang wie der übrige Fruchtkörper (westliches und zentrales Mittelmeergebiet).
S: Felsfluren, Trockenrasen, Wegränder.
V: Mittelmeergebiet, Kanaren, SW-Asien, nördlich bis Mittel- und O-Europa.

Roter Pippau *Crepis rubra* L. □□
5–40 cm; April – Juni: ⊙ □■
B: Pflanze mit einer Grundrosette aus verkehrtlanzettlichen, spitzen, tief gezähnten bis schrotsägeförmig gefiederten, 2–15 cm langen, behaarten Blättern. Stengel einzeln oder mehrere, einfach oder einmal verzweigt, mit wenigen, meist hochblattähnlichen Blättern und 1 oder 2 etwa 3 cm breiten Blütenköpfchen. Zungenblüten rosa oder weiß. Hüllkelch 11–15 × 4–10 mm, Hüllblätter in 2 Reihen, die äußeren kahl oder schwach wollig behaart, etwa halb so lang wie die drüsenhaarigen inneren. Früchte dunkelbraun, gerippt und mit kleinen Dornen, geschnäbelt, äußere kürzer als die inneren. Pappushaare schneeweiß und weich.
S: Kulturland, Grasfluren.
V: S-Italien, Balkanhalbinsel, Kreta.

Neptungrasgewächse *Posidoniaceae*
Liliengewächse *Liliaceae*

Neptungras *Posidonia oceanica* (L.) Delile *Posidoniaceae* ■□
Bis 55 cm; Oktober – Mai; ♃ □□
B: Untergetaucht lebende Wasserpflanze mit kräftigem Erdsproß, der dicht mit den braunen faserigen Überresten abgestorbener Blätter besetzt ist. An der Spitze der Erdsproßäste 5–10 dunkelgrüne, bandförmige, an der Spitze abgerundete, 6–10 mm breite, 13–17 nervige Blätter. Blüten selten ausgebildet, ohne Blütenhülle, in langgestieltem, aus Ähren zusammengesetztem Blütenstand, der von 2 blattähnlichen Hochblättern umgeben ist.
S: Auf feinsandigem Grund zwischen 3 und 40 m Wassertiefe. Im Spülsaum die von der Brandung abgerissenen, zerriebenen und zu faustgroßen, braunen Bällen zusammengerollten Blätter, daneben die Erdsprosse.
V: Küsten des Mittelmeeres, auch Atlantikküste SW-Europas.
U: *Zostera marina* L., Echtes Seegras, mit dünnen, nicht faserigen Erdsprossen. Blätter bis 9nervig, weit verbreitet an den Küsten der nördlichen Halbkugel.

Röhriger Affodill *Asphodelus fistulosus* L. *Liliaceae* □■
15–70 cm; März – Juni; ⊙ bis kurzlebig ausdauernd □□
B: Wurzeln meist faserig, nicht verdickt. Blätter alle grundständig, unten mit mehr oder weniger breitem, häutigem Rand, halbstielrund und hohl, bis 35 cm lang und 4 mm breit, nur am Rand etwas rauh. Der lockere, einfache oder wenig verzweigte, traubige Blütenstand auf langem, hohlem, glattem Schaft, mit häutigen weißlichen Tragblättern und 6zähligen Blüten. Blütenhüllblätter sternförmig ausgebreitet, 10–12 mm lang, weiß bis rosa mit grünem oder rotbraunem Mittelnerv. Fruchtkapsel kugelig oder eiförmig-kugelig, 5–7 mm.
S: Wegränder, Kulturland, Garigues.
V: Mittelmeergebiet, Kanaren.
U: Häufig als eigene Art abgetrennt wird *A. tenuifolius* Cav.: Pflanze 1jährig. Blätter auf allen Nerven rauh, nicht breiter als 2,5 mm, Blütenschaft unten rauh. Blütenhüllblätter 5–12 mm lang, Kapsel 3–5 mm (S-Italien, Sizilien, N-Afrika, Kanaren, SW-Asien).

Weißer Affodill *Asphodelus albus* Mill. *Liliaceae* □□
0,5–1,2 m; April – Juni; ♃ ■□
B: Wurzeln ziemlich fleischig, rübenartig. Blätter alle grundständig, schmallineal, bis 60 cm lang und 1–2,5 cm breit, gekielt, allmählich zur Spitze hin verschmälert. Blütenstand eine einfache oder höchstens am Grunde verzweigte Traube auf kräftigem Schaft. Die 6 Blütenhüllblätter geöffnet sternförmig, weiß mit grünem oder rotbraunem Mittelnerv, 1,5–2 cm lang. Tragblätter häutig, länger als die Blütenstiele. Bei der ssp. *albus* Tragblätter dunkelbraun, Kapseln 8–15 × 6–13 mm, bei der ssp. *villarsii* (Verl. ex Billot) J. B. K. Richardson & Smythies Tragblätter weißlich, Kapseln 16–20 × 18–25 mm (nur SW-Europa).
S: Wiesen, Weiden, offene Wälder, bis in höhere Stufen ansteigend.
V: S-Europa, nördlich bis NW-Frankreich, Schweiz und Ungarn.

Kleinfrüchtiger Affodill *Asphodelus aestivus* Brot.
(*A. microcarpus* Viv.) *Liliaceae* □□
0,5–1,5 m; März – Juni; ♃ □■
B: Wurzeln spindelförmig verdickt. Blätter alle grundständig, 25–45 cm lang und 1–2(–4) cm breit, flach und etwas gekielt. Blütenstand reich verzweigt, pyramidal, auf kräftigem Schaft, mit häutigen bis blaßgrünen, 10–15 mm langen Tragblättern und sternförmig ausgebreiteten, 5–7 mm lang gestielten, 6zähligen Blüten. Blütenhüllblätter weiß mit rotbraunem Mittelnerv, 10–16 mm lang. Kapsel verkehrteiförmig bis kugelig, 5–8 × 6–10 mm, mit 2–7 Querrillen.
S: Garigues, Weiderasen, oft große Bestände bildend.
V: Mittelmeergebiet, Kanaren, östlich bis in den Iran.
U: Ähnlich *A. ramosus* L. (*A. cerasiferus* Gay), aber Blütenstand insgesamt weniger verzweigt oder fast einfach. Blütenhüllblätter 15–20 mm lang. Kapseln 15–20 × 16–22 mm, mit 7–8 Querrillen (S-Europa, NW-Afrika, insgesamt seltener). Pflanzen mit Merkmalen beider Arten werden als *A. chambeironii* Jord. bezeichnet (SW-Europa).

Liliengewächse *Liliaceae*

Große Affodeline *Asphodeline lutea* (L.) Rchb. ■□
0,4–1 m; April – Juni; ♃ □□
B: Stengel im Gegensatz zu den Affodill-Arten bis oben dicht beblättert. Blätter 8–35 cm × 1,5–3(–5) mm, schmallineal, zugespitzt, dreieckig im Querschnitt, am Grunde in eine stengelumfassende, häutige Scheide erweitert. Blüten goldgelb, in einer dichten, 15–30 cm langen, sich zur Fruchtzeit bis auf 50 cm verlängernden Traube, Hüllblattabschnitte etwas ungleichmäßig, länglich-lanzettlich, 2–2,5 cm lang, mehr oder weniger sternförmig ausgebreitet. Tragblätter häutig, etwa 2,5 × 1 cm, eiförmig-zugespitzt, länger als die Blütenstiele. Kapseln rundlich, 1–1,5 cm, mit schwarzen 3kantigen Samen.
S: Garigues, Felsfluren, auch als Zierpflanze in Steingärten kultiviert.
V: Östliches Mittelmeergebiet, westlich bis Italien, auch in NW-Afrika.
U: Ähnlich *A. liburnica* (Scop.) Rchb., Stengel 25–60 cm, nur in der unteren Hälfte beblättert. Tragblätter nicht größer als 15 × 3 mm (östliches Mittelmeergebiet).

Binsenlilie *Aphyllanthes monspeliensis* L. □■
10–35 cm; April – Juli; ♃ □□
B: Einzige Art dieser eigentümlichen Gattung. Horstig wachsende Pflanze mit zahlreichen binsenartigen, blaugrünen, gerippten, etwa 1 mm dicken Stengeln, die am Grunde nur rotbraune, 3–8 cm lange Scheiden tragen, die Überreste von zurückgebildeten Blättern. 1–3 endständige, zierliche, hellblaue Blüten aus 6 etwa 2 cm langen, verkehrtlanzettlichen, dunkel 1nervigen Blütenblättern, umgeben von 1–3 freien, 8–10 mm langen, begrannten, häutigen Hochblättern. Jede einzelne Blüte mit 5 stumpfen, am Grunde verbundenen, kelchartigen Blättchen. Frucht eine Kapsel mit schwarzen Samen.
S: Garigues, auch in lichten Wäldern.
V: Westliches Mittelmeergebiet, östlich bis NW-Italien, Sardinien.

Bivona-Herbstzeitlose *Colchicum bivonae* Guss. □□
15–30 cm; August – Oktober; ♃ ■□
B: Knolle mit dunkelbrauner, ledriger Hülle. Die 5–9 lanzettlichen, grundständigen Blätter, bis 25 cm lang und 8–13 mm breit, entwickeln sich erst nach der Blüte. Blüten zu 1–6, die 6 Hüllblätter blaß oder dunkel rosaviolett, deutlich schachbrettartig gemustert, unten zu einer langen, schlanken Röhre verwachsen, die länglichen bis breitlanzettlichen, freien Abschnitte 5,5–6,5 cm. Staubbeutel purpurschwarz oder -braun, in der Mitte angeheftet, mit gelben Pollen. Die 3 Griffel an der Spitze umgebogen und mit lang herablaufenden Narben. Formenreiche Art.
S: Weiden, lichte Wälder, bis in die Bergstufe ansteigend.
V: Östliches Mittelmeergebiet, westlich bis Sardinien.
U: Mehrere Arten mit nur kleinem Areal hauptsächlich im östlichen Mittelmeergebiet. Weiter verbreitet sind nahe Verwandte der bei uns heimischen Herbstzeitlose, die keine oder nur angedeutete schachbrettartige Musterung zeigen wie *C. neapolitanum* (Ten.) Ten., mit 3–4,5 cm langen Hüllblattabschnitten und gelben Staubbeuteln (S-Europa, NW-Afrika). *C. cupanii* Guss. hat 2–3, zur Blütezeit ausgebildete Blätter (zentrales Mittelmeergebiet).

Pyrenäen-Merendera *Merendera pyrenaica* (Pourr.) P. Fourn.
(*M. bulbocodium* Ram.) □□
5–15 cm; August – September; ♃ □■
B: Zwiebelknolle von einer schwärzlichen, ledrigen Hülle umgeben. Blätter alle grundständig, lineal, bis 22 cm lang und 4–8 mm breit, gefaltet, gewöhnlich erst nach der Blüte erscheinend. Blüten einzeln oder zu 2, rosaviolett, die 6 Hüllblätter mit 3–4,5 cm langen, lanzettlichen Abschnitten, der lang genagelte Grund im Gegensatz zu den Zeitlosen nicht verwachsen. Staubbeutel gelb, 8–12 (–17) mm, am Grunde befestigt, länger als die Staubfäden.
S: Weidefluren der Bergstufe.
V: Iberische Halbinsel, Pyrenäen.
U: *M. filifolia* Camb.: Blätter während oder gleich nach der Blütezeit erscheinend, nicht breiter als 3 mm. Staubbeutel gelb, meist 6–8 mm (westliches Mittelmeergebiet), *M. attica* (Sprun. ex Tomm.) Boiss. & Sprun.: Staubbeutel violett, 1,5–3 mm (östliches Mittelmeergebiet). *M. sobolifera* Mey. (östliches Mittelmeergebiet) und *M. androcymbioides* Valdés (SW-Spanien) sind Frühlingsblüher.

Griechische Faltenlilie *Gagea graeca* (L.) A. TERRACC.
(*Lloydia graeca* (L.) ENDL. ex KUNTH) ■□
5–25 cm; April – Mai; ♃ □□
B: Zierliche, kahle, heute zu den Gelbsternen gestellte Pflanze mit einer einzelnen Zwiebel. 2–4 lineale Grundblätter und wechselständige, lineal-lanzettliche Stengelblätter. Blüten meist 3–5, anfangs nickend, später aufgerichtet, trichterförmig, die sechs 10–15 mm langen, stumpfen, verkehrt-eiförmig-länglichen weißen Blütenhüllblätter mit violetten Nerven, frei. Staubbeutel stumpf.
S: Felstriften, auf Kalk.
V: S-Griechenland, Ägäis, Kreta, Zypern, Kleinasien.
U: *G. trinervia* (VIV.) GREUT.: Ähnlich, aber Blüten meist einzeln. Staubbeutel mit spitzem Anhängsel (Sizilien, N-Afrika).

Wilde Tulpe *Tulipa sylvestris* L. □■
5–45 cm; April – Juni; ♃ □□
B: Einzige weiter verbreitete Tulpen-Art im Mittelmeergebiet, oft Ausläufer treibend. Bei der abgebildeten ssp. *australis* (LINK) PAMP. Stengel höchstens 2 mm im Durchmesser, mit 2–3 graugrünen, rinnigen, kahlen, schmallanzettlichen, 15–20 cm langen Blättern, das unterste weniger als 1,2 cm breit. Blüten fast immer einzeln, vor dem Aufblühen etwas nickend, mit 6 elliptisch-lanzettlichen, 2–4 cm langen, innen gelben, ungefleckten Blütenhüllblättern, die äußeren außen rötlich überlaufen, spitz, 4,5–9 mm breit, die inneren 6–16 mm breit, zugespitzt, am Grunde bewimpert. Staubfäden unten verbreitert, bärtig bewimpert, 5–8 mm lang, Staubbeutel 2,5–4 mm. Wesentlich kräftiger die ssp. *sylvestris*: Stengel wenigstens 2,5 mm im Durchmesser, unterstes Blatt über 1,2 cm breit. Blüten in der Knospe nickend, äußere Hüllblätter außen oft grünlich, 3,5–6,5 cm lang und 8–18 mm breit, innere etwas länger und 16–26 mm, breit. Staubfäden 9–14 mm, Staubbeutel 4–9 mm.
S: Ssp. *australis*: Grasfluren, Felsfluren der Bergstufe, ssp. *sylvestris*: Baumkulturen, Weingärten, Felder.
V: Ssp. *australis*: Mittelmeergebiet, SO-Europa, fehlt auf den Inseln, ssp. *sylvestris*: zentrales Mittelmeergebiet, auch Korsika, Sardinien, Sizilien, im mittleren und nördlichen Europa selten eingebürgert.

Felsen-Tulpe *Tulipa saxatilis* SIEBER ex SPRENG. □□
5–25 cm; April; ♃ ■□
B: Pflanze mit 2–3 länglich-lanzettlichen, mehr oder weniger flachen, oberseits glänzend grünen, bis 40 cm langen und 4,5 cm breiten Blättern. Blüten meist einzeln auf 5–25 cm hohem Schaft, Blütenhüllblätter spitz, rosa bis rotviolett, innen am Grunde gelb, 3,8–5,5 cm lang. Staubfäden am Grunde bärtig.
S: Felsfluren, Kulturland.
V: Kreta.
U: Auf Kreta endemisch außerdem *T. cretica* BOISS. & HELDR.: Blütenhülle weißlich bis rosa mit gelbem Grund, außen grünlich, 1,5–3,5 cm lang. *T. boeotica* BOISS. & HELDR.: Blütenhüllblätter scharlachrot, am Grunde mit je einem schwarzen, gelb umrandeten Fleck (südliche Balkanhalbinsel, Kleinasien).

Messina-Schachblume *Fritillaria messanensis* RAFIN. □□
15–40 cm; März – April; ♃ □■
B: Stengel mit 7–10 linealen Blättern, die untersten 4–9 cm lang und 3–7mm breit, oft gegenständig, die übrigen wechselständig oder die obersten bei der ssp. *messanensis* im Quirl zu 3. Blüten nickend, breit glockenförmig, die Hüllblätter 22–32 mm lang, verwaschen schachbrettartig gelblich, bräunlich oder purpurn gemustert, auf dem Rücken mit einem grünen Rand. Nektargrube am Grunde der Hüllblätter 6–10 mm lang. Mehrere Unterarten.
S: Lichte Wälder, Gebüsche, Grasfluren.
V: NW-Afrika, Sizilien, S-Italien, Balkanhalbinsel bis Kreta.
U: Ähnlich *F. graeca* BOISS. & SPRUN.: 5–12 Blätter, die untersten eiförmig bis lanzettlich, 3,5–11 cm lang und 11–25 mm breit. Nektargrube 4–6 mm (Südteil der Balkanhalbinsel, Ägäis). Zahlreiche weitere, teilweise schwer unterscheidbare Arten, kleinräumig besonders im östlichen Mittelmeergebiet.

Liliengewächse *Liliaceae*

Narbonne-Milchstern *Ornithogalum narbonense* L. (*O. pyramidale* ssp. *narbonense* (L.) Asch. & Gr.) ■□ □□
20–50 (–80) cm; April – Juni; ♃
B: Milchsternart mit länglich-traubigem Blütenstand. Blüten aufrecht, alle an etwa gleich langen Stielen, duftlos, mit 6 ausgebreiteten, 12–16 mm langen Hüllblättern, die Innenseiten milchigweiß, auf dem Rücken über die ganze Länge ein grüner Streifen. Staubbeutel gelb, Fruchtknoten 3,5–5 mm, an der Spitze flach, mit mindestens ebenso langem, dünnem Griffel. Tragblätter etwa so lang wie die Blütenstiele, die Blütenknospen aber weit überragend. Laubblätter 4–6, bis nach der Blütezeit ausdauernd.
S: Äcker, Weiden, Wegränder.
V: Mittelmeergebiet, Kanaren, SW-Asien.
U: Einen langen zylindrischen Blütenstand hat *O. pyrenaicum* L.: Blätter zur Blütezeit häufig schon verwelkt. Tragblätter kürzer als die Blütenstiele. Blütenhüllblätter innen gelblich, außen grünlich mit dunkler grünem Streifen (Mittelmeergebiet, W-Europa).

Berg-Milchstern *Ornithogalum montanum* Cyr. □■ □□
10–20 cm; April – Mai; ♃
B: Von anderen Arten der Gattung vor allem durch die kahlen, breiten (8–20 mm) und flachen, meist grünen, linealen Blätter ohne weißen Mittelstreifen auf der Oberseite unterschieden. Blütenstand eine Trugdolde auf kurzem Schaft. Die 3–20 Blüten mit jeweils sechs 10–25 mm langen, ausgebreiteten, weißen Blütenhüllblättern, die außen einen breiten grünen Mittelstreifen tragen. Tragblätter gewöhnlich kürzer als die Blütenstiele.
S: Felsfluren, Weiden.
V: Östliches Mittelmeergebiet, westlich bis Mittelitalien, Sizilien.

Meerzwiebel *Urginea maritima* (L.) Bak. □□ ■□
0,5–1,5 m; August – Oktober; ♃
B: Zwiebel weiß oder rot, sehr groß, bis 18 cm im Durchmesser und oft aus dem Boden herausragend. Blätter zur Blütezeit im Herbst vertrocknet, lanzettlich, 0,3–1 m lang und 0,3–10 cm breit. Blütenschaft am Ende mit mehr als 50blütiger langer und dichter Traube. Blüten an 1–3 cm langen, mehr oder weniger aufrechten Stielen, die Hüllblattabschnitte 6–8 mm, weiß mit grünem oder purpurnem Mittelnerv, sternförmig ausgebreitet. Staubbeutel grünlich. Hochblätter pfriemlich, kürzer als die Blütenstiele, oft hinfällig. Mehrere Kleinarten. Giftpflanze, Verwendung der fleischigen Zwiebelschuppen in Herzmitteln.
S: Weiden, Felsfluren, Garigues, Sandstrand.
V: Mittelmeergebiet, Kanaren.
U: Insgesamt kleiner und zierlicher sind die beiden Arten *U. undulata* (Desf.) Steinh.: Blätter 8–15 cm × 3–10 mm, an den Rändern stark gewellt. Blüten rosa, in lockerer Traube (O-Spanien, Korsika, Sardinien, N-Afrika) und *U. fugax* (Moris) Steinh.: Blätter nicht breiter als 2 mm. Blüten weiß oder rosa (Korsika, Sardinien, Italien [Apulien], NW-Afrika).

Peru-Blaustern *Scilla peruviana* L. □□ □■
20–50 cm; März – Juni; ♃
B: Dekorative Pflanze mit bis 8 cm großer Zwiebel. Blätter alle grundständig, lanzettlich, 40–60 cm lang und 1–6 cm breit, am Rande oft kurz gewimpert. Blütenstand eine breit pyramidenförmige bis halbkugelige dichte Traube auf kurzem kräftigem Schaft, die 20–100 Blüten mit jeweils 6 blauen bis violetten oder weißlichen 5–14 mm langen Blütenhüllblättern. Staubbeutel gelblich. Tragblätter pfriemlich, 5–8 cm lang. Sehr formenreiche Art.
S: Feuchte Standorte in Weiderasen, Gebüschen und lichten Wäldern.
V: Iberische Halbinsel, Sardinien, S-Italien, Sizilien, N-Afrika, Kanaren.
U: *S. lilio-hyacinthus* L: Blütentraube eiförmig mit 5–15 Blüten und 1–2,5 cm langen Tragblättern. Staubbeutel bläulich (Frankreich, N-Spanien). *S. hyacinthoides* L.: Traube lang, mit 40–150 Blüten. Tragblätter sehr klein, 1,5 mm (S-Europa, auch als Zierpflanze kultiviert und verwildert).

Liliengewächse *Liliaceae*

Römische Hyazinthe *Bellevalia romana* (L.) RCHB. (*Hyacinthus romanus* L.) ■□
20–50 cm; April – Mai; ♃ □□
B: Zwiebelpflanze mit 3–6 grundständigen, lineal-lanzettlichen, am Rande glatten, 5–15 mm breiten Blättern, die den traubigen Blütenstand überragen. 20–30 Blüten an 8–20 mm langen, aufrecht-abstehenden Stielen. Blütenhülle weiß, am Grunde gelegentlich bläulich, später schmutzig braun, 6–9 mm lang, etwa zur Hälfte verwachsen, Früchte 3kantig mit 3 vorstehenden Rippen.
S: Feuchte Wiesen und Kulturland.
V: Östliches und zentrales Mittelmeergebiet, westlich bis Frankreich. In N-Afrika die sehr ähnliche *B. mauritanica* POMEL.
U: Violette mehr oder weniger hängende Blüten hat *B. ciliata* (CYR.) NEES: Blätter kürzer als der Blütenstand, 15–30 mm breit, am Rande lang gewimpert. Blüten 9–11 mm, die unteren Blütenstiele 30–35 mm (östliches Mittelmeergebiet, NW-Afrika). *B. trifoliata* (TEN.) KUNTH: Blätter 15–25 mm breit, oft fein gewimpert. Blüten violett, 8–16 mm, an 4–8 mm langen, abstehenden oder leicht zurückgebogenen Stielen (östliches und zentrales Mittelmeergebiet).

Schweifblatt *Dipcadi serotinum* (L.) MED. (*Uropetalum serotinum* (L.) KER-GAWL.) □■
10–40 cm; März – Juli; ♃ □□
B: Alle Blätter grundständig, lineal und rinnig, kürzer als der Blütenschaft. 3–10 schmal glockenförmige Blüten in aufrechter, lockerer, häufig einseitswendiger Traube. Blütenhüllblätter 12–15 mm, gelblich, bräunlich, oder grünlich, auch orangerot, am Grunde zu $^1/_4$–$^1/_2$ verwachsen, die 3 äußeren auswärts gekrümmt, die 3 inneren zunächst gerade, später an der Spitze nach außen gebogen. Tragblätter lanzettlich, länger als die Blütenstiele.
S: Felsfluren, auch auf Sand.
V: Westliches Mittelmeergebiet, Kanaren.
U: Herbstblühende, insgesamt kräftigere Pflanzen, bis 1 m groß, werden als *D. fulvum* (CAV.) WEBB & BERTH. abgetrennt (Spanien, Marokko, Kanaren).

Schopfige Traubenhyazinthe *Muscari comosum* (L.) MILL. □□
15–80 cm; April – Juni; ♃ ■□
B: Blätter 3–5, alle grundständig, 7–40 cm lang und 5–17 mm breit, rinnig, lineal, allmählich zur Spitze hin verschmälert und oft niedergebogen. Blütentraube 4–10 cm lang, relativ locker. Die unteren, bräunlichgrünen fruchtbaren Blüten 5–10 mm, länglich-krugförmig mit 6 nach außen gerichteten Zähnen, waagrecht abstehend, die oberen Blüten unfruchtbar, kleiner und länger gestielt, leuchtend blau, aufwärts gerichtet und einen Schopf bildend. Formenreiche Art. Gartenformen mit reich verzweigter Rispe ganz aus unfruchtbaren Blüten.
S: Kulturland, Trockenrasen, Garigues.
V: Mittelmeergebiet, bis in warme Gebiete Mitteleuropas ausstrahlend.

Übersehene Traubenhyazinthe *Muscari neglectum* GUSS. ex TEN. (*M. racemosum* (L.) LAM. & DC.) □□
10–35 cm; März – Mai; ♃ □■
B: Blätter 3–6, alle grundständig, lineal bis lineal-lanzettlich, rinnig. Blüten eiförmig in kurzer, dichter Traube an abstehenden oder zurückgebogenen, bis 5 mm langen Stielen, untere fruchtbar, 3,5–7,5 mm lang, schwärzlichblau mit 6 weißen, zurückgekrümmten Zähnen, obere steril, kleiner und blasser. Sehr formenreiche Art, in manchen Floren unterschieden: *M. racemosum* mit nur 1–3 mm breiten, halbstielrunden, oberseits schmal-rinnigen, schlaffen Blättern und *M. neglectum* mit 3–6 mm breiten, rinnigen Blättern, die viel länger als die Blütenstengel sind. In allen Teilen größer und kräftiger.
S: Kulturland, Grasfluren.
V: Mittelmeergebiet, nördlich bis Mitteleuropa vordringend, SW-Asien.
U: Ähnlich *M. commutatum* GUSS.: Blütenkrone dunkel schwarzviolett mit gleichfarbigen Zähnen (östliches Mittelmeergebiet). Einziger Herbstblüher dieser Gattung im Gebiet ist *M. parviflorum* DESF. (Mittelmeergebiet).

Rosen-Lauch *Allium roseum* L. ■□
10–65 cm; März – Juni; ♃ □□
B: Zwiebel mit kleinen Nebenzwiebeln, die äußere Hülle von kleinen Löchern übersät. Blätter 2–4, lineal und flach, am Rande oft fein gezähnelt, bis 35 cm lang und 14 mm breit, den runden Blütenschaft unten zu 1/5 scheidig umschließend. Scheindolde halbkugelig, bis 7 cm breit, mit 5–30 aufrechten, breit glockigen, 7–12 mm langen, rosa oder auch weißen Blüten, häufig mit Brutzwiebeln. Hochblatthülle 3 oder 4lappig, kürzer als die 7–45 mm langen Blütenstiele. Formenreiche Art.
S: Kulturland, Brachland, oft in großen Beständen, Garigues.
V: Mittelmeergebiet, Kanaren. Auf Korsika und Sardinien die var. *insulare* Genn. (auch als Art *A. confertum* Jord. et Fourr.): Pflanze insgesamt kleiner, 10–15 cm hoch, Scheindolde 2–3 cm breit mit 5–7 mm langen Blüten.
U: Im ganzen Mittelmeergebiet zahlreiche, kleinräumig verbreitete Lauch-Arten.

Wimperblättriger Lauch *Allium subhirsutum* L. □■
20–50 cm; März – Juni; ♃ □□
B: Blätter 2–3, fast grundständig, 5–45 cm lang und bis 10 mm breit, lineal, flach und weich, am Rande gewimpert. Blüten in lockerer, aufrechter, halbkugeliger, 2,5–7 cm breiter Scheindolde ohne Brutzwiebeln, auf rundem, 7–30 cm langem, kahlem Schaft. Blütenstiele bis 4 cm, 3–5mal so lang wie die weißen, sternförmig ausgebreiteten, 7–9 mm langen Blütenhüllblätter. Staubblätter mit meist braunen, seltener gelben Staubbeuteln. Hochblatthülle kürzer als die Blütenstiele.
S: Kulturland, Brachland, Garigues, auf Sand oder Fels.
V: Mittelmeergebiet, Kanaren.
U: Ähnlich, von manchen Autoren auch als Unterart zu *A. subhirsutum* gestellt: *A. trifoliatum* Cyr., Scheindolde 2,5–4 cm breit. Blütenstiele bis 2 cm, 1,5–3mal so lang wie die rosa oder rosa geaderte Blütenhülle. Staubbeutel gelb (östliches Mittelmeergebiet, westlich bis SO-Frankreich). *A. neapolitanum* Cyr.: Blüten weiß, glänzend, becherförmig, Hüllblätter 7–12 mm lang, stumpf elliptisch, die äußeren etwas breiter als die inneren. Blütenschaft mit 2 scharfen und 1 stumpfen Kante, unten zu 1/5 bis 1/4 von den 0,5–2 cm breiten, kahlen oder am Rande fein gesägten Blättern scheidig eingehüllt (Mittelmeergebiet).

Glöckchen-Lauch *Allium triquetrum* L. □□
10–50 cm; Dezember – Mai; ♃ ■□
B: Pflanze mit 2–3 kahlen, gekielten Blättern mit kurzer oberirdischer Scheide, bis 17 mm breit, etwa so lang wie der scharf dreikantige Blütenschaft. Blüten zu 3–15 in einseitswendiger Scheindolde, nickend lang gestielt, mit 2blättriger Hochblatthülle. Keine Brutzwiebeln, Blütenhüllblätter weiß mit grünem Mittelnerv, 10–18 mm lang, spitz, glockig zusammenneigend, Narbe 3teilig.
S: Feuchte, schattige Wald- und Gebüschränder, Gräben, Flußufer.
V: Westliches Mittelmeergebiet, östlich bis Italien und Tunesien.
U: Einen 3kantigen Blütenschaft hat auch *A. pendulinum* Ten.: Scheindolde mit 2–9 anfangs aufrechten, später allseitswendig hängenden Blüten. Hüllblätter mit je 3 grünen Nerven, erst nach der Blüte zusammenneigend (Korsika, Sardinien, Italien, Sizilien).

Dunkler Lauch *Allium nigrum* L. □□
0,4–1 m; März – Juni; ♃ □■
B: Stattlicher Lauch mit 3–6 grundständigen, bis 50 cm langen und 8 cm breiten, flachen, am Rande etwas rauhen Blättern. Der kräftige, lange Blütenschaft am Ende mit einer 5–10 cm breiten halbkugeligen oder fast kugeligen Dolde, umgeben von einer später 2–4lappigen häutigen Hülle, meist ohne Brutzwiebeln. Blüten sehr zahlreich, 2,5–4,5 cm lang gestielt. Blütenhülle sternförmig ausgebreitet, später zurückgeschlagen, Hüllblätter 6–9 mm, schmallänglich, stumpf, rosaviolett oder weiß, mit grünlichem Mittelnerv. Staubfäden etwa 5 mm lang, am Grunde bis auf 1,5 mm verbreitert.
S: Kulturland, Brachland.
V: Mittelmeergebiet, Kanaren.

Liliengewächse *Liliaceae*

Weißstengeliger Spargel *Asparagus albus* L. ■□ □□
0,5–1 m; August – Oktober; ♄
B: Die verholzten weißlichen Zweige überhängend, hin- und hergebogen, glatt oder nur schwach gerillt. Blätter zu kräftigen, abstehenden, am Grunde sehr breiten, 5–12 mm langen Dornen umgewandelt, in deren Achseln Büschel von 10–20 nicht stechenden und bald abfallenden, 5–25 mm langen Kurztrieben (Phyllokladien) stehen. Blüten duftend, 3–6 mm lang gestielt, zu 6–15, mit 2–3 mm langer, weißer, 6teiliger ausgebreiteter Blütenhülle. Beeren zuerst rot, später schwarz, 4–7 mm.
S: Macchien, Garigues, Hecken.
V: Westliches Mittelmeergebiet, östlich bis Italien und Sizilien, fehlt in Frankreich.

Stechender Spargel, Lianen-Spargel *Asparagus acutifolius* L. □■ □□
0,4–2 m; Juli – Oktober; ♄
B: Kletternder Halbstrauch mit sparrigen, weißlichen oder grauen, verholzten Zweigen. In den Achseln kleiner, schuppenförmiger Blättchen 5–30 und mehr etwa gleiche, 2–8 mm lange, steife, stechende Kurztriebe. Blüten 3–7 mm lang gestielt zu 1–4, mit 3–4 mm langer, glockiger, 6teiliger, gelbgrüner Blütenhülle. Rote, später schwarze Beeren. Die im Frühling erscheinenden, jungen grünen Sprosse werden als Wildspargel gesammelt und gegessen.
S: Wälder, Macchien, Garigues.
V: Mittelmeergebiet, Kanaren.
U: *A. aphyllus* L.: Kurztriebe in Büscheln zu 3–7, deutlich ungleich, 10–20 mm lang (südliches Mittelmeergebiet). Krautige Stengel, nicht stechende Kurztriebe und rote Beeren haben die im Mai – Juli blühenden Arten *A. tenuifolius* LAM. mit sehr zahlreichen haarfeinen Kurztrieben (SO-Europa, Kleinasien) und *A. maritimus* (L.) MILL., Kurztriebe breiter, zu 4–7 (Mittelmeergebiet).

Schrecklicher Spargel *Asparagus stipularis* FORSK. (*A. horridus* L. f.) □□ ■□
0,5–1 m; März – Mai; Juli – Oktober; ♄
B: Scheinbar blattlose, graugrüne, strauchige Pflanze mit fein gerillten Stengeln und kräftigen, 1–5 cm langen, zu grünen Dornen umgewandelten Kurztrieben, die meist einzeln, aber auch zu 2–3 allseitig abstehen. An ihrem Grunde 0–2 kleine, zu häutigen Schuppen reduzierte Blätter und 2–8, 1–3 mm lang gestielte Blüten mit 4 mm langer, 6teiliger, gelblicher bis violetter Blütenhülle. Beeren bläulich-schwarz, 5–8 mm.
S: Garigues, Wegränder.
V: Südliches Mittelmeergebiet, Kanaren, fehlt in Frankreich, Korsika, Jugoslawien.

Stechender Mäusedorn *Ruscus aculeatus* L. □□ □■
10–80 cm; Oktober, Februar – April; ♄
B: Immergrüner verzweigter Halbstrauch mit zweizeilig angeordneten, starren, blattartigen, breiteiförmigen bis lanzettlichen, etwa 2,5 cm langen Zweigen, die in eine stechende Spitze auslaufen und in den Achseln von Schuppenblättchen sitzen. Grünlichweiße unscheinbare Blüten, einzeln oder zu wenigen büschelig gehäuft in der Achsel eines kleinen Tragblattes auf der Oberseite dieser Flachsprosse, so daß es so aussieht, als ob die Blüten auf „Blättern" säßen, männliche und weibliche auf getrennten Pflanzen. Frucht eine glänzend rote, etwa 1,5 cm große Beere. Verwendung des Erdsprosses in Medikamenten gegen venöse Durchblutungsstörungen. Die jungen Sprosse sind wie Spargel eßbar, die Zweige findet man häufig in Trockensträußen.
S: Im Unterwuchs von Macchien, immergrünen und sommergrünen Wäldern, bis in die Bergstufe ansteigend, als Zierstrauch.
V: Mittelmeergebiet, W-Europa, Kanaren, SW-Asien.
U: *R. hypoglossum* L.: Triebe unverzweigt, nur 20–40 cm hoch. Ledrige, nicht stechende, zungenförmige, 3–10 × 1–3,3 cm große Flachsprosse mit krautigen, 3,5–13 mm breiten Hochblättern gewöhnlich auf der Oberseite (SO-Europa, Kleinasien). *R. hypophyllum* L.: Meist unverzweigt, 10–70 cm hoch. Flachsprosse nicht stechend, 3–14 × 1,5–5 cm, Hochblätter 1–2 mm breit, oft häutig, auf der Unterseite sitzend (westliches Mittelmeergebiet).

Liliengewächse *Liliaceae*
Agavengewächse *Agavaceae*
Narzissengewächse *Amaryllidaceae*

Stechwinde *Smilax aspera* L. *Liliaceae* ■□
Bis 15 m hoch kletternd; August – November; ♄ □□
B: Immergrüner, kahler, zweihäusiger Kletterstrauch. Blätter ledrig und glänzend, schmal bis breit herz- oder spießförmig, bis 11 × 10 cm lang und breit, am Rand und auf den Hauptnerven der Unterseite ebenso wie der zickzackförmig hin und her gebogene Stengel mit hakigen Stacheln besetzt (ssp. *mauritanica* (Poir.) Arc.: Blätter breit herzförmig, fast ohne Stacheln oder stachellos). Am Grunde des bis 2 cm langen Blattstiels 2 Ranken. Zierliche wohlriechende Blüten, büschelig zu 5–30 an end- oder achselständigen Achseln angeordnet. Blütenhüllblätter weißlich, grünlich oder rosa, 2–4 mm lang. Beeren rot, später schwarz. Die jungen Sprosse werden wie Wildspargel als Gemüse gegessen.
S: Macchien und Wälder, auch an Mauern.
V: Mittelmeergebiet, östlich bis Indien.

Amerikanische Agave *Agave americana* L. *Agavaceae* □■
5–8 m; Juni – August; ♃ □□
B: Blätter der 1–2 m hohen Grundrosette dickfleischig und graugrün, 15–25 cm breit, lineal-lanzettlich, über der breiten, scheidigen Basis eingeschnürt, am Rand entfernt dornig gezähnt und an der Spitze mit 2–3 cm langem, bräunlichem Dorn, in der Knospe dicht anliegend, Abdrücke hinterlassend. Nach 10–15 Jahren ein einziger bis 8 m hoher Blütentrieb mit 3eckigen stengelumfassenden Hochblättern und endständiger Rispe. Blüten wohlriechend, 7–9 cm lang, grünlichgelb, gebüschelt an den Enden der waagrechten Rispenäste. Nach der Fruchtreife stirbt die Pflanze ab, vermehrt sich aber leicht vegetativ durch Wurzelsprosse.
S, V: Seit dem 16. Jahrhundert im Mittelmeergebiet und auf den Kanaren als Zierpflanze kultiviert, auch in Formen mit gelblich berandeten Blättern, in Küstennähe oft verwildert. Heimat Mexiko.
U: Die zu den Liliengewächsen gehörende, sehr artenreiche Gattung *Aloe* hat im Unterschied zu den Agaven in der Knospe spreizende Blätter. In Gärten als Zierpflanzen kultiviert, selten auch verwildert (Heimat vor allem S-Afrika).

Herbst-Goldbecher *Sternbergia lutea* (L.) Ker–Gawl. ex Spreng.
Amaryllidaceae □□
10–30 cm; September – Oktober; ♃ ■□
B: Blätter lineal, stumpf, 4–15 mm breit, ganzrandig oder undeutlich gezähnt, gleichzeitig mit den Blüten erscheinend. Die goldgelben, krokusähnlichen Blüten aufrecht auf 4–10 cm langem Schaft, mit kurzer Röhre und sechs 3–4 cm langen und 7–15 mm breiten, eiförmig-elliptischen Hüllblattabschnitten. Am Grunde ein häutiges Hochblatt. Staubfäden 6, viel länger als die Staubbeutel. Die ssp. *sicula* (Tineo ex Guss.) D. A. Webb hat 3–5 mm breite, am Rande deutlich gezähnte Blätter und nur 4–8 mm breite, spitzere Hüllblattabschnitte.
S: Garigues, Felsfluren, Weideland, auch Zierpflanze.
V: S-Europa, SW-Asien, Tunesien, sonst gelegentlich verwildert.
U: *S. colchiciflora* Waldst. & Kit.: Blätter nach der Blüte erscheinend. Blütenschaft nur 1–2 cm, zum größten Teil unterirdisch. Blütenröhre fast so lang wie die Hüllblattabschnitte (zerstreut von Spanien bis Kleinasien).

Spätblühende Narzisse *Narcissus serotinus* L. *Amaryllidaceae* □□
10–30 cm; September – November; ♃ □■
B: Blätter dieser zierlichen Narzisse zu 1–2, zylindrisch, 1 mm breit, gewöhnlich nur an nicht blühenden Zwiebeln. Blütenschaft dünn, 10–25 cm, mit einer, seltener 2 oder 3 aufrechten, duftenden Blüten. Blütenröhre 12–20 mm lang, die 6 freien Hüllblattabschnitte länglich-lanzettlich, 10–16 mm, abstehend und weiß, die orangene Nebenkrone sehr kurz, etwa 1 mm, lappig. Hochblatt 1,5–3,5 cm, häutig.
S: Garigues, Weiden.
V: Mittelmeergebiet, fehlt in Frankreich.
U: Ebenfalls im Herbst blüht *N. elegans* (Haw.) Spach: Blätter 2–4,5 mm breit, zur Blütezeit vorhanden. Blüten zu 2–7 (Balearen, Italien, Sizilien, N-Afrika).

Narzissengewächse *Amaryllidaceae*
Schmerwurzgewächse *Dioscoreaceae*

Tazette, Bukett-Narzisse *Narcissus tazetta* L. *Amaryllidaceae* ■□
20–60 cm; Februar – Mai; ♃ □□
B: Die 3–6 blaugrünen Blätter lineal, stumpf gekielt, 5–24 mm breit und etwa so lang wie der kräftige, zusammengedrückt-zweikantige Blütenschaft. Blüten doldenartig zu (2–)3–15, duftend, auf ungleich langen Stielen, mit 12–18 mm langer Röhre und 6 ausgebreiteten, weißen, cremefarbenen oder gelben Abschnitten, diese 8–22 mm lang, breit eiförmig, sich meist berührend oder deckend. Die schüsselförmige Nebenkrone 3–6 mm lang, gelb oder orange. Am Grunde des Blütenstandes ein 3–5 cm großes, häutiges Hochblatt. Mehrere Unterarten.
S: Wiesen, Weiden, Kulturland, häufig kultiviert und verwildert.
V: Mittelmeergebiet, Kanaren.
U: *N. papyraceus* Ker-Gawl.: Ähnlich, aber Blüten rein weiß. Auch als Unterart zu *N. tazetta* gestellt (S-Europa, NW-Afrika).

Dichter-Narzisse *Narcissus poeticus* L. *Amaryllidaceae* □■
20–60 cm; April – Juni; ♃ □□
B: Blätter zu 3–5, lineal und flach, 5–14 mm breit und etwa so lang wie der zusammengedrückt-zweikantige Blütenschaft. Duftende Blüten, gewöhnlich einzeln und nickend, mit 2–3 cm langer grünlicher Röhre und 6 ausgebreiteten, weißen Abschnitten, diese 1,5–3 cm lang, eiförmig-rundlich, die Ränder sich deckend (ssp. *poeticus* mit 3 herausragenden Staubblättern) oder verkehrteiförmig-keilförmig, mehr oder weniger deutlich genagelt (ssp. *radiiflorus* (Salisb.) Baker: alle 6 Staubblätter herausragend). Die schüsselförmige Nebenkrone nur 1–3 mm lang, gelb, mit rotem krausem Rand. Hochblatt 3–5 cm, häutig, länger als der Blütenstiel. Formenreiche Art.
S: Bergwiesen, sommergrüne Wälder, häufig als Zierpflanze.
V: S-Europa, fehlt auf den Inseln, weiter nördlich aus Kulturen verwildert und stellenweise eingebürgert.
U: Zahlreiche Arten mit gelber Blütenhülle vor allem auf der Iberischen Halbinsel. *N. bulbocodium* L.: Hüllblattabschnitte fast lineal, spitz, 6–15 mm lang. Nebenkrone sehr groß, schüsselförmig, 7–25 × 9–35 mm (Spanien, Portugal, SW-Frankreich, Marokko).

Dünen-Trichternarzisse, Pankrazlilie *Pancratium maritimum* L.
Amaryllidaceae □□
20–60 cm; Juli – September; ♃ ■□
B: Pflanze mit großer, 5–7 cm breiter Zwiebel und 5–6 gedrehten, linealen, 1–2 cm breiten und bis 75 cm langen Blättern. Der kräftige Blütenschaft zusammengedrückt, mit rotbraunem, 5–7 cm langem, 2klappigem Hochblatt und 3–15 doldig gehäuften Blüten auf 0,5–1 cm langen Stielen. Die weißen, wohlriechenden Blüten auffallend groß, mit 6–8 cm langer Röhre und 3–5 cm langen, lineal-lanzettlichen, abstehenden Hüllblattabschnitten. Die trichterförmige Nebenkrone etwa $^2/_3$ so lang, 12zähnig, von den Staubblättern überragt. Fruchtstengel sich zu Boden neigend, Kapseln mit pechschwarzem Samen.
S: Küstendünen.
V: Mittelmeergebiet.
U: *P. illyricum* L.: Blüten nur 6–9 cm, die Nebenkrone tief in 6 zweizähnige Lappen geteilt, weniger als halb so lang wie die Hüllblattabschnitte. Blätter bis 3 cm breit. Blütezeit Frühsommer (Felspflanze auf Korsika, Sardinien, Capraia).

Gemeine Schmerwurz *Tamus communis* L. *Dioscoreaceae* □□
1–4 m; April – Juni; ♃ □■
B: Pflanze mit großer unterirdischer Knolle. Stengel gerillt, linkswindend. Blätter wechselständig, dunkelgrün glänzend, tief herzförmig mit 3–9 gebogenen und verzweigten Nerven, am verdickten Blattgrund 2 kleine, derbe Nebenblätter. Blüten 2häusig mit unscheinbarer gelblichgrüner, 6teiliger Blütenhülle, die männlichen in reichblütigen Rispen, die weiblichen zu wenigen, traubig in den Blattachseln, Frucht eine rote, fleischige, 10–15 mm große Beere. Giftpflanze, enthält eine stark hautreizend wirkende Substanz.
S: Wälder, Gebüsche und Hecken.
V: Mittelmeergebiet, W-Europa, bis in die wärmsten Bereiche Mitteleuropas, Kanaren, SW-Asien.

Schwertliliengewächse *Iridaceae*

Hermesfinger *Hermodactylus tuberosus* (L.) Mill. (*Iris tuberosa* L.) ■□ □□
20–40 cm; Februar – April; ♃
B: Am Erdsproß der schwertlilienähnlichen Pflanze 2–4 fingerförmige Knollen. Blätter 1,5–3 mm breit, 4kantig, länger als der dünne Blütenschaft. Blüten einzeln endständig, grünlichgelb, die 3 äußeren, am Grunde verkehrteiförmigen Hüllblattabschnitte 4–5 cm lang mit zurückgebogener, dunkel braunvioletter, nicht bärtiger Lippe, die 3 inneren aufrecht, 2–2,5 cm lang, schmal und lang zugespitzt. Die 3 blumenblattartig verbreiterten Griffeläste mit 2 spitzen Lappen. 1–2 krautige, lanzettliche Tragblätter, so lang wie die Blüte oder diese überragend. Fruchtknoten 1fächerig.
S: Brachland, Felsfluren, Garigues.
V: Mittelmeergebiet, westlich bis SO-Frankreich, weiter gelegentlich aus Kulturen verwildert.

Kretische Schwertlilie *Iris unguicularis* Poir. □■ □□
10–50 cm; Dezember – April; ♃
B: Pflanze mit kräftigem Erdsproß, Blätter schmal-lineal, 10–50 cm × 1–5 mm, nach dem Absterben ausdauernd, blaß braun. Einzelne duftende stengellose Blüten mit sehr schlanker 6–20 cm langer Kronröhre, die unten von meist krautigen, spitzen, 6–13 cm langen Hochblättern umgeben ist. Äußere Blütenhüllblätter zurückgeschlagen, mit länglich-elliptischer, bartloser, an der Spitze dunkel violetter, im übrigen Teil violett, weiß und gelb geaderter Lippe, die inneren aufgerichtet, violett, 45–55 × 7–10 mm. Die blumenblattartig verbreiterten Griffeläste nahe den Rändern gelb drüsig behaart. Formenreiche Art, deren Unterart auf Kreta häufig als eigene Sippe (*I. cretensis* Janka) angesehen wird. Pflanzen in N-Afrika sind in allen Teilen größer.
S: Lichte Wälder, Macchien, Garigues.
V: NW-Afrika, Griechenland, SW-Asien.

Sizilische Zwergiris *Iris pseudopumila* Tineo □□ ■□
5–30 cm; März – Mai; ♃
B: Kleine Schwertlilienart mit kräftigem Erdsproß. Blätter den Winter überdauernd, nicht breiter als 15 mm. Stengel bis 25 cm lang. Blüten einzeln, violett, ganz gelb oder nur die 3 äußeren Hüllblätter violettbraun gefärbt, diese 5–7,5 cm lang, gelbbärtig, die Enden nach außen gebogen, die inneren Hüllblätter aufrecht, etwa ebenso lang, mit breit elliptischer Lippe. Hochblätter bis 12 cm lang, die 5–7,5 cm lange Blütenröhre fast ganz umschließend, teilweise von den Blättern verdeckt.
S: Garigues, Grasfluren.
V: W-Jugoslawien, SO-Italien, Sizilien.
U: Ähnlich sind *I. lutescens* Lam. (incl. *I. chamaeiris* Bertol.): Hochblätter den oberen Teil der Kronröhre freilassend und nicht von den Blättern verdeckt. Blätter den Winter überdauernd, 5–25 mm breit (SW-Europa) und *I. pumila* L.: Pflanze im Winter blattlos. Stengel höchstens 1 cm lang (SO-Europa, Sibirien, die ssp. *attica* (Boiss. & Heldr.) Hay. mit sichelförmigen, 8 cm × 9 mm großen Blättern in Griechenland und Mazedonien).

Mittags-Schwertlilie *Gynandriris sisyrinchium* (L.) Parl.
(*Iris sisyrinchium* L.) □□ □■
5–50 cm; März – Mai; ♃
B: Von *Iris*-Arten u. a. durch eine tief in der Erde steckende, dicht faserig umhüllte Zwiebelknolle unterschieden. Die 1–2 schlaffen, rinnigen Blätter mit langer Scheide und 10–50 cm freier Spreite, die länger ist als der Blütenstand. Blüten zu 1–6 in den Achseln je eines 4–6 cm langen, trockenhäutigen, braunen Hochblattes. Blütenhülle hellblau, unten zu einer kurzen Röhre verwachsen, die 3 äußeren Abschnitte 3 × 1 cm, zurückgeschlagen, mit einem weißen, in der Mitte gelben Fleck, die 3 inneren aufrecht, lanzettlich. Staubblätter und Griffeläste sind zu einer Säule verklebt (Name!). Jede Blüte öffnet sich nur für einen halben Tag.
S: Garigues, Grasfluren, auch auf Sand, besonders in Küstennähe.
V: Mittelmeergebiet, SW-Asien, fehlt in Frankreich und Jugoslawien.

Schwertliliengewächse *Iridaceae*
Binsengewächse *Juncaceae*

Korsischer Krokus *Crocus corsicus* VANUCCI ex MAW *Iridaceae* ■□ □□
10–20 cm; Februar – Juni; ♃
B: Knolle mit faseriger, nach oben zu fein netziger Hülle. Blätter zur Blütezeit vorhanden, schmal-lineal, 0,5–1,5 mm breit, gewöhnlich länger als die 1–3 violetten, dunkel geaderten Blüten. Ein ungeteiltes häutiges, oft braungeflecktes Hochblatt. Die 6 Hüllblattabschnitte der Blüte meist 2–3,5 cm, am Grunde zu einer langen Röhre verwachsen. Staubbeutel orange, länger als die Staubfäden, Narben scharlachrot.
S: Garigues, Felsfluren, von 300–2600 m Höhe.
V: Korsika, Sardinien.
U: Nahe verwandt ist *C. minimus* DC. mit nur 1,7–2,7 cm großen Hüllblattabschnitten und an der Spitze 2geteiltem Hochblatt. Staubbeutel blaßgelb, ungefähr so lang wie die Staubfäden, Narben gelb. Etwas früher blühend und nur bis 600 m ansteigend (S-Korsika, Sardinien). Viele weitere, auf kleine Areale beschränkte Arten.

Illyrische Siegwurz *Gladiolus illyricus* KOCH *Iridaceae* □■ □□
20–60 cm; April – Juni; ♃
B: Im Vergleich zu unseren Garten-Gladiolen zierliche Pflanze. Blätter ziemlich schmal, lanzettlich, 10–40 cm × 4–10 mm. Blüten gestützt von 2 Hochblättern in lockerer 3–10blütiger, einseitswendiger Ähre, große Exemplare manchmal mit einem Seitenzweig. Blütenhüllblätter 6, rosarot, unten zu einer kurzen, schwach gekrümmten Röhre verwachsen, die stumpfen, mehr oder weniger bespitzten, ungleichen Abschnitte 25–40 × 6–16 mm. Staubbeutel am Grunde spießförmig, so lang wie oder kürzer als die Staubfäden. Samen geflügelt.
S: Felsfluren, Macchien, offene Wälder.
V: S- und W-Europa, Kleinasien.
U: Sehr ähnlich *G. communis* L. (incl. ssp. *byzantinus* (MILL.) HAM.): Pflanze größer, 0,5–1 m. Blätter 30–70 × 8–22 mm. Ähre 10–20blütig, häufig verzweigt. Samen geflügelt (S-Europa, N-Afrika). Vor allem in Getreidefeldern oft in großer Menge auftretend *G. italicus* MILL. (*G. segetum* KER-GAWL.): Staubbeutel länger als die Staubfäden, Samen nicht geflügelt. Blätter 10–16 mm breit, unterstes Hochblatt länger als die Blüten (Mittelmeergebiet, Kanaren, bis Zentralasien).

Meerstrand-Binse *Juncus maritimus* LAM. *Juncaceae* □□ ■□
0,3–1 m; Juni – September; ♃
B: Binse mit kurzem kriechendem Erdsproß, rasenbildend. Stengel 1,5–2 mm breit, nur am Grunde mit 2–4 etwa ebenso langen, stielrunden stechenden Blättern. Niederblätter dunkelbraun bis purpurn, die obersten mit kleiner Spreite. Der verzweigte Blütenstand locker und verlängert, mit 2–3blütigen Köpfchen, vom untersten, stielrunden und stechenden Tragblatt gewöhnlich überragt, das eine scheinbare Verlängerung des Stengels bildet. Die einzelnen strohgelben 6zähligen Blüten ohne Vorblätter. Innere Blütenhüllblätter ohne Öhrchen an der Spitze und etwas kürzer als die spitzeren äußeren. Kapsel 3kantig eiförmig, bespitzt, 2,5–3,5 mm, so lang wie oder etwas länger als die Blütenhülle.
S: Salzsümpfe, Salzwiesen an der Küste, selten auch im Binnenland.
V: Mittelmeergebiet, Kanaren, Küsten W- und N-Europas bis Schweden, SW-Asien.

Stechende Binse *Juncus acutus* L. *Juncaceae* □□ □■
0,3–1,5 m; April – Juli; ♃
B: Große dichte Horste bildende Binse mit steifen und stechenden, stielrunden Blättern. Blühende Triebe 2–4 mm dick, vom untersten, stark stechenden, stengelartigen Tragblatt häufig überragt. Blütenhüllblätter 6, etwa gleich lang, die 3 inneren breiter, an der Spitze mit häutigen Öhrchen. Kapsel 5–6 mm, kurz bespitzt, etwa doppelt so lang wie die Blütenhülle.
S: Sandstrände, Salzsümpfe, seltener im Binnenland.
V: Mittelmeer- und Atlantikküste (nördlich bis Irland), Kanaren, Küsten des Schwarzen und des Kaspischen Meeres und weiter.
U: Ähnlich *J. littoralis* MEY. (*J. acutus* ssp. *tommasinii* (PARL.) ASCH. & GR.) mit 2,5–4 mm großen Kapseln (nördliches und östliches Mittelmeergebiet, Schwarzes und Kaspisches Meer).

Süßgräser *Poaceae (Gramineae)*

Gemeines Steifgras *Desmazeria rigida* (L.) TUTIN (*Scleropoa rigida* (L.) GRISEB., *Catapodium rigidum* (L.) HUBB.)
5–35 (–60) cm; Mai – Juli; ⊙
B: Kleines kahles und graugrünes, häufig violett überlaufenes, am Grunde büschelig verzweigtes Gras. Stengel niederliegend oder aufsteigend bis aufrecht. Blätter flach oder eingerollt, bis 2 mm breit und 10 cm lang, dünn zugespitzt, Blatthäutchen 1–3 mm. Die starren, einseitswendigen Blütenrispen 1–12 cm, eiförmig-länglich, Äste 2zeilig angeordnet, die unteren verzweigt und gewöhnlich etwas entfernt, die oberen unverzweigt. Ährchen 4–10 mm, schmal-länglich, flach, grannenlos, mit 5–12 Blüten, kurz und verhältnismäßig dick gestielt.
S: Grasfluren, Wegränder, Kulturland, die ssp. *hemipoa* (DELILE ex SPRENG.) Stace nur an Sandküsten.
V: Mittelmeergebiet, W-Europa, selten bis Deutschland, Kanaren, SW-Asien.

Stacheliges Kammgras *Cynosurus echinatus* L.
0,1–1 m; April – Juli; ⊙
B: Einzeln oder in Horsten wachsendes Gras mit dünnen, glatten Halmen. Blätter mit 3–10 mm breiter Spreite, flach und besonders oberseits rauh. Blatthäutchen 2–10 mm, die oberen Blattscheiden etwas aufgeblasen. Die dichte, eiförmige und einseitswendige, ährenartig zusammengezogene Blütenrispe ohne Grannen 1–4 cm lang und bis 1,5 cm breit, allseits „stachelig", enthält 2 Sorten von Ährchen: fruchtbare 1–5blütige, mit häutigen zugespitzten Hüllspelzen und rauhen Deckspelzen, die 2mal so lange Grannen tragen, und unfruchtbare Ährchen aus mehreren, 2zeilig abstehenden, schmalen, etwa gleich dicken, begrannten Spelzen.
S: Kulturland, Grasfluren, lichte Wälder, gelegentlich als Ziergras.
V: Mittelmeergebiet, Kanaren, SW-Asien.
U: *C. elegans* DESF.: Pflanze gewöhnlich kleiner, Blätter nur 1–3 mm breit. Rispe meist locker. Obere Spelzen der unfruchtbaren Ährchen viel kürzer und breiter als die unteren (Mittelmeergebiet, Kanaren, SW-Asien).

Goldgras *Lamarckia aurea* (L.) MOENCH
5–25 cm; März – Juli; ⊙
B: Stengel des niedrigen Grases aufrecht oder aufsteigend. Blätter 2–6 mm breit, flach und weich, blaßgrün, mit 5–10 mm langem Blatthäutchen. Die länglich-ovale, bis 6 × 2,5 cm große Ährenrispe anfangs grün, später goldgelb, mit einseitswendig abstehenden, 2gestaltigen Ährchen auf behaarten Stielchen. Fruchtbare Ährchen mit 6–10 mm lang begrannten Spelzen und einer fruchtbaren und einer verkümmerten Blüte, umgeben von 2–4 unfruchtbaren, 5–8 mm langen Ährchen, die aus 2 lanzettlichen Hüllspelzen und 6–9 zweizeilig angeordneten, grannen- und blütenlosen Deckspelzen bestehen.
S: Wegränder, Brachland, Mauerspalten.
V: Mittelmeergebiet, Kanaren, SW-Asien.

Großes Zittergras *Briza maxima* L.
10–60 cm; April – Juni; ⊙
B: Lockere Horste bildend oder einzeln aufrecht wachsend. Blätter mit 5–20 cm langer und 3–8 mm breiter, flacher und dünner, an den Rändern fein rauher Spreite, Scheiden glatt, Blatthäutchen 2–5 mm. Lockere Rispe aus 1–12 hängenden, eiförmig bis länglichen, seitlich zusammengedrückten, 14–25 mm langen, 7–20blütigen Ährchen an haarfeinen, 6–20 mm langen Stielen. Spelzen tief konkav, fast waagerecht von der Ährchenachse abstehend, ohne Grannen.
S: Garigues, Weiden, Kulturland, Wegränder, auch als Zierpflanze.
V: Mittelmeergebiet, Kanaren und weiter verschleppt.
U: *Briza minor* L.: Blütenährchen viel kleiner, 3–5 mm lang, 4–8blütig, an 4–12 mm langen Stielen. Blatthäutchen 3–6 mm (Grasfluren, besonders an feuchten Stellen, Mittelmeergebiet, W-Europa, SW-Asien). Das auch bei uns heimische Zittergras *Briza media* L. ist ausdauernd und unterscheidet sich ferner durch das nur 0,5–1,5 mm lange Blatthäutchen und 4–7 mm lange, 4–12blütige Ährchen.

Süßgräser *Poaceae (Gramineae)*

Mittelmeer-Perlgras *Melica minuta* L.
10–60 (–100) cm; April – Juli; ♃
B: Blätter des schlanken, aufrechten, mehr oder weniger graugrünen Grases eingerollt bis 4 mm oder flach bis 8 mm breit, kahl oder oberseits spärlich behaart, mit einem bis 5 mm langen, zerschlitzten oder gestutzten Blatthäutchen. Blütenrispe sehr locker, pyramidal, 4–20 cm, die Äste oft waagerecht abstehend. Ährchen 5–9 mm, eiförmig, an gekrümmten Stielen häufig nickend, kahl und grannenlos, mit 2 fruchtbaren Blüten und darüber 2–3 verkümmerten, die zu einem keulenförmigen Gebilde verwachsen sind. Hüllspelzen häutig, häufig braunviolett, die oberen größer, Deckspelzen mit häutiger Spitze und 9–11 deutlichen Nerven. Formenreiche Art.
S: Felsspalten, Felsfluren, lichte Wälder.
V: Mittelmeergebiet.

Strand-Quecke *Elymus farctus* (Viv.) Runem. ex Meld.
(*Agropyron junceum* (L.) Beauv.)
30–80 cm; Juni – August; ♃
B: Kräftiges Gras mit lang kriechendem Erdsproß. Blattspreite graugrün, steif, bis 5 mm breit, mehr oder weniger stark nach oben eingerollt, oberseits auf den dicken Blattnerven dicht samtig behaart. Blütenstengel aufrecht, starr und ziemlich dick, mit 15–35 cm langer Ähre. Ährchen 8–12, seitlich zusammengedrückt, etwas entfernt zweizeilig der kahlen und zur Reifezeit zerbrechlichen Achse angedrückt, 10–25 mm lang, gewöhnlich 5–9blütig. Hüllspelzen asymmetrisch gekielt, 6–12nervig, wie die anderen Spelzen stumpf und ohne Grannen.
S: Stranddünen.
V: Im ganzen Mittelmeergebiet die ssp. *farctus*, häufig auch in Bastarden. In der Ägäis auf Strandfelsen die ssp. *rechingeri* (Runem.) Meld. ohne Ausläufer, an den Küsten N- und W-Europas die ssp. *boreali-atlanticus* (Sim. et Guin.) Meld.

Geknieter Walch *Aegilops geniculata* Roth (*A. ovata* L. p. p.)
10–40 cm; April – Juli; ⊙
B: Stengel zahlreich, bogig aufsteigend. Blätter mit kleiner, schmaler und flacher, behaarter oder kahler Spreite und kahler, etwas aufgeblasener Scheide. Blattöhrchen gewimpert. Blütenähre ohne Grannen 1–2 cm lang, eiförmig, am Grunde 1 oder 2 verkümmerte Ährchen, meist 2 fruchtbare und darüber 1 unfruchtbares Ährchen an flacher, breiter Spindel. Die 2 zäh ledrigen und rauhen Hüllspelzen gleich, am Rücken bauchig und grün gestreift, mit 4–5 langen Grannen. Grannen der Deckspelze etwa ebenso lang.
S: Trockene, offene Grasfluren, Wegränder, Brachland.
V: Mittelmeergebiet, Kanaren, SW-Asien.
U: 2–3 Grannen an den Hüllspelzen, die deutlich länger sind als die der Deckspelze, haben *A. neglecta* Req. ex Bertol. (A. ovata L. p. p.): Ähre über den 2 fruchtbaren Ährchen plötzlich zusammengezogen, die 1–2 sterilen etwas entfernt, und *A. triuncialis* L.: alle 4–6 Ährchen fruchtbar, Grannen des Endährchens länger als die der seitlichen (beide Arten Mittelmeergebiet, SW-Asien).

Samtgras, Hasenschwänzchen *Lagurus ovatus* L.
5–60 cm; April – Juni; ⊙
B: Blätter des aufrechten oder aufsteigenden Grases graugrün, die 2–10 mm breiten Spreiten flach, samtig behaart. Blattscheiden locker, die oberen etwas aufgeblasen, Blatthäutchen etwa 3 mm, stumpf und häutig, behaart. Charakteristisch die weichhaarigen, aufrechten, kugeligen, eiförmigen oder kurz zylindrischen, bis 6 × 2 cm großen Blütenstände, aus denen einzelne Grannen hervorragen. Ährchen sehr kurz gestielt, 1blütig, 7–9 mm lang. Hüllspelzen abstehend behaart und mit dünner Borste, Deckspelze in 2 Borsten verschmälert, auf dem Rücken mit einer 8–18 mm langen, geknieten Granne.
S: Sandige Böden in Küstennähe, Brachland, Wegränder, auch als Zierpflanze, beliebt in Trockensträußen.
V: Mittelmeergebiet, Kanaren.

Süßgräser *Poaceae (Gramineae)*

Strandhafer *Ammophila arenaria* (L.) Link ssp. *arundinacea* Lindb. f. ■□
0,5–1,2 m; Mai – August; ♃ □□
B: Mit kräftigen, verzweigten Erdsprossen kriechendes, dichte Horste bildendes Strandgras. Blätter mit graugrüner bis 6 mm breiter, steifer, nach oben eingerollter, oberseits auf den Rippen fein behaarter Spreite, an der Spitze gespaltenem, 1–3 cm langem Blatthäutchen und kahlen Blattscheiden. Die aufrechte, dichte, bleiche Blütenrispe zusammengezogen und dadurch ährenähnlich, 7–25 cm lang. Ährchen 10–16 mm, seitlich zusammengedrückt, 1blütig, ohne Grannen. Hüllspelzen lanzettlich, ausdauernd, etwa ebenso lang wie die Deckspelze, diese am Grunde mit 4–5 mm langen, dünnen, weißen Haaren.
S: Sandstrände, Dünen, zur Befestigung auch gepflanzt.
V: Küsten des Mittelmeergebietes und Atlantikküste Portugals.
U: An der Atlantikküste N- und W-Europas südlich bis NW-Spanien die ssp. *arenaria.*

Gekrümmter Dünnschwanz *Parapholis incurva* (L.) Hubb.
(*Pholiurus incurvatus* Hitchc., *Lepturus incurvatus* Trin.) □■
5–25 cm; April – Juli; ⊙ □□
B: Niedriges, am Grunde büschelig verzweigtes Gras. Blätter mit kurzer, flacher oder eingerollter, 1–2 mm breiter, oberseits rauher Spreite, 0,5–1 mm langem Blatthäutchen und oberster aufgeblasener Scheide. Ähren steif, dünn und stark gekrümmt, 1–10 cm lang. Ährchen 1blütig, 4,5–7 mm, einzeln wechselständig in Ausbuchtungen der Ährenachse sitzend, länger als die Internodien und mit diesen bei der Reife einzeln abfallend. Hüllspelzen gleich, steif, der Kiel nicht geflügelt.
S: Salzwiesen, auf sandigem oder steinigem Grund, meist in Küstennähe.
V: Mittelmeergebiet, W-Europa.
U: *P. filiformis* (Roth) Hubb.: Blütenähre gerade oder nur wenig gebogen, Kiel der Hüllspelzen deutlich geflügelt (Mittelmeergebiet).

Gedrehtes Federgras *Stipa capensis* Thunb. (*S. tortilis* Desf.) □□
10–60 cm; März – Juni; ⊙, ⊙ ■□
B: Niedriges, rasenbildendes Federgras mit gekniet aufsteigenden, kahlen Stengeln. Blätter blaugrün, fein, eingerollt, das oberste mit verbreiterter Scheide, die den unteren Teil des Blütenstandes zunächst einhüllt. Blatthäutchen sehr kurz, gestutzt und bewimpert wie auch die Scheidenmündung. Rispe 3–10 (–15) cm, dicht, ährenartig zusammengezogen, zur Reifezeit zusammengedreht. Ährchen 1blütig, Hüllspelzen lang zugespitzt, durchsichtig, viel länger als die 6–7 mm lange, behaarte Deckspelze, die eine 2fach gekniete, 7–10 cm lange Granne trägt. Diese bis zum 2. Knie gedreht und behaart, darüber gerade und rauh.
S: Grasfluren, Weideland, Garigues.
V: Mittelmeergebiet, Kanaren, SW-Asien.

Halfagras *Stipa tenacissima* L. (*Macrochloa tenacissima* (L.) Kunth) □□
0,6–1,5 m; April – Juli; ♃ □■
B: In großen Horsten oft weite Flächen beherrschendes Gras. Blätter sehr zäh, nur während der Vegetationsperiode entfaltet und grün, sonst nach oben eingerollt und grau, auf der stark gerippten Oberfläche dicht und fein behaart. Blatthäutchen sehr kurz, gewimpert, Scheidenmündung lang behaart, an nicht blühenden Sprossen mit zwei 2,5–3 cm langen, geschweiften, abstehend behaarten Fortsätzen. Blütenrispe 25–35 cm, dicht, mit 1blütigen Ährchen. Hüllspelzen häutig, lang zugespitzt, 2,5–3 cm lang, Deckspelze häutig, an der Spitze tief 2spaltig, etwa 1 cm lang, mit 4–6 cm langer Granne. Diese bis etwa zum Knie gedreht und 1–4 mm lang behaart, darüber nur mit winzigen angedrückten Haaren. Bedeutend als Flechtmaterial und zur Herstellung von hochwertigem Papier.
S: Steppen, Weideland, offene Kiefernwälder.
V: Südliche Iberische Halbinsel, Balearen, NW-Afrika.
U: *S. gigantea* Link: Stengel bis 2,50 m Blütenrispe 30–50 cm, sehr locker. Granne der Deckspelzen 7–12 cm lang, rauh, unbehaart (südliche Iberische Halbinsel, Marokko).

Süßgräser *Poaceae (Gramineae)*

Diß *Ampelodesmos mauritanica* (Poir.) T. Durand & Schinz
(*A. tenax* (Vahl) Link) □□
1–3 m; April – Juni; ♃ ■□
B: In großen Horsten wachsendes, häufig bestandbildendes, hohes Gras. Blätter derb, bis 1 m lang und 7 mm breit, sehr rauh und stark gerippt, die Ränder später eingerollt. Blatthäutchen lanzettlich, 8–15 mm lang, am Rande gewimpert. Blütenrispe auf langem festem Halm, reich verzweigt, etwas einseitswendig, mit gestielten, seitlich zusammengedrückten, 10–15 mm langen, 2–5blütigen Ährchen. Hüllspelzen etwas ungleich lang, gekielt, kürzer als das Ährchen, häufig purpurn. Deckspelzen an der Spitze 2zähnig und mit 1–2 mm langer Granne, in der unteren Hälfte auf dem Rücken behaart. Zur Papierherstellung und als Flechtmaterial.
S: Garigues, Macchien, sich häufig nach der Zerstörung von Wäldern ausbreitend.
V: Westliches Mittelmeergebiet, lückenhaft von Spanien bis Italien, N-Afrika.

Spanisches Rohr, Pfahlrohr, Riesenschilf *Arundo donax* L. □■
2–6 m; August – Dezember; ♃ □□
B: Größtes Gras Europas, an Bambus erinnernd. Starke vegetative Vermehrung durch weit kriechende Erdsprosse. Halm holzig, überwinternd und erst im 2. Jahr blühend, 2–3,5 cm im Durchmesser. Blattspreite flach, graugrün, bis 60 × 6 cm, mit rauhen Rändern. Blüten in 30–60 cm langen, dichten Rispen. Ährchen 12–18 mm, gewöhnlich mit violett überlaufenen Blüten. Hüllspelzen häutig, kahl, Deckspelze 2spitzig, auf dem Rücken lang seidig behaart, dadurch der ganze Blütenstand im Herbst silbrig glänzend. Vielfältige Verwendung, zu Windschutzpflanzungen, getrocknet zu Körben, Matten, Angelruten u. v. a.
S: Gräben, Flußufer, feuchte Standorte.
V: Im ganzen Mittelmeergebiet, Kanaren und weiter kultiviert und eingebürgert. Heimat wohl Asien.
U: Ähnlich *A. plinii* Turra: Pflanze nur bis 3 m hoch, Blätter 1–2 cm breit. Ährchen 8–10 mm, mit 1–2 Blüten, Deckspelze an der Spitze ungeteilt, lang seidig behaart (Mittelmeergebiet). In ganz Europa und weiter verbreitet ist das Schilfrohr *Phragmites australis* (Cav.) Trin. ex Steudel (*P. communis* Trin.): bis 3,50 m hoch, Ährchen mit 2–10 Blüten, Deckspelze kahl.

Espartogras *Lygeum spartum* L. □□
20–80 cm; März – Mai; ♃ ■□
B: Häufig große Bestände bildendes, in Horsten wachsendes Gras. Blätter binsenförmig eingerollt, bis 1,5 mm breit, zäh, am Ende sichelförmig gekrümmt, Blatthäutchen etwa 7 mm. Charakteristisch das weiße, eiförmige, 3–4 (–9) cm lange, spitze scheidenförmige Hochblatt, das ein meist 2blütiges Ährchen ohne Hüllspelzen umschließt. Deckspelzen etwa 2 cm, in ihrer unteren Hälfte zu einer Röhre verwachsen und dort mit langen, abstehenden, seidigen Haaren, die oberen Hälften frei und kahl. Vorspelzen 3–4 cm, viel länger als die Deckspelzen. Ährchen zur Reifezeit im Ganzen abfallend. Zur Papierherstellung und als Flechtmaterial verwendet.
S: Steppenrasen, besonders auf tonigen und salzhaltigen Böden.
V: Südliches Mittelmeergebiet, nördlich bis Spanien, Sardinien, S-Italien, Kreta.

Stechendes Vilfagras *Sporobolus pungens* (Schreb.) Kunth □□
10–30 cm; Juli – September; ♃ □■
B: Mit langen zähen Erdsprossen weit kriechendes Gras. Zahlreiche aufsteigende oder aufrechte, nicht blühende und blühende Triebe. Blätter deutlich 2zeilig gestellt, mit kurzer, stechender, graugrüner, randlich eingerollter und oberseits behaarter Spreite, 2–8 cm × 2–5 cm, an Stelle des Blatthäutchens eine Reihe von Haaren. Blattscheiden übereinander greifend. Blütenrispe reich verzweigt und dicht, 3–6 cm lang, eiförmig oder eiförmig-lanzettlich, grünlich oder violett. Ährchen 1blütig, 1,5–2,5 mm, kurz gestielt, unbehaart und grannenlos. Hüllspelzen ungleich, die obere länger, etwa wie die Deckspelze und Vorspelze.
S: Sandstrände.
V: Mittelmeergebiet.

Süßgräser *Poaceae (Gramineae)*
Sauergräser *Cyperaceae*

Finger-Hundszahn, Bermudagras *Cynodon dactylon* (L.) PERS. *Poaceae* ■□
10–40 cm; fast ganzjährig, im nördlichen Verbreitungsgebiet Juni – Oktober; ♃ □□
B: Lange oberirdische Ausläufer treibendes und an den Knoten wurzelndes Gras. Blätter 2zeilig gestellt, Spreite lineal-lanzettlich, 2–15 cm lang und 2–4 mm breit, meist zerstreut behaart und an den Rändern rauh, Blatthäutchen an jeder Seite mit einem Büschel langer Haare. Blühende Triebe aufrecht oder aufsteigend, mit 3–7 fingerförmig gestellten, 1–5 cm langen Ähren, die einseitswendig 2 dichte Reihen fast sitzender, etwa 2 mm großer, 1blütiger Ährchen tragen. Alle Spelzen ohne Grannen, oft violett überlaufen.
S: Weiden, Kulturland, Brachland, Wegränder, Trittfluren.
V: Ursprünglich wohl im Mittelmeergebiet, heute auch in allen warmen und trockenen Gebieten der Erde.

Behaartes Bartgras *Hyparrhenia hirta* (L.) STAPF (*Andropogon hirtus* L., *Cymbopogon hirtus* (L.) THOMS.) *Poaceae* □■
0,4–1,2 m; April – September; ♃ □□
B: Horstförmig wachsendes Gras mit aufrechten, häufig verzweigten Stengeln. Blätter graugrün, 2–4 mm breit, mit kurzem, gewimperten Blatthäutchen. Gesamtblütenstand bis 30 cm lang, aus 2–10 Paaren von 2–4 cm langen Ähren, die am Grunde von Blattscheiden umhüllt sind. Jede Ähre mit 4–7 gepaarten, seidig behaarten, 2blütigen Ährchen, das eine Ährchen jeweils sitzend, 4–6,5 mm lang und mit 1–3,5 cm langer, unten behaarter, dünner geknieter Granne, das zweite gestielt, unbegrannt.
S: Grasfluren, Garigues, Brachland.
V: Mittelmeergebiet, Afrika, Kanaren, SW-Asien.
U: Weit verbreitet ist auch *Andropogon distachyos* L.: Stengel einfach mit endständigem, 2fingrigem Blütenstand. Ähren 4–14 cm lang, Grannen kahl.

Rundes Zypergras *Cyperus rotundus* L. *Cyperaceae* □□
10–60 cm; August – November; ♃ ■□
B: Unterirdische Ausläufer kaum über 1 mm dick, mit entfernten schmalen Schuppen, gelegentlich mit Knollen. Stengel 3kantig, am Grunde mit 2–6 mm breiten, gekielten Blättern und am Ende mit einem ungleich lang 4–10strahligen Blütenstand, umgeben von 2–6 Hüllblättern, von denen wenigstens das äußere den Blütenstand überragt. Ährchen in Gruppen zu 3–12 an der Spitze der Strahlen, 1–2 cm lang und 1–2 mm breit, mit 6–32 zweizeilig angeordneten Blüten. Ährchenachse geflügelt, die Spelzen eiförmig, rotbraun, grün gekielt, dachziegelig übereinander. Narben 3, Frucht 3kantig.
S: Feuchte, sandige Standorte, oft in Küstennähe.
V: Mittelmeergebiet, Kanaren, subtropisch-tropische Regionen der Erde.
U: Ähnlich und weit verbreitet ist auch *C. longus* L.: Unterirdische Ausläufer 3–10 mm dick, mit breiten Schuppen bedeckt, ohne Knollen. Blütenstand oft mehr als 10strahlig, Hüllblätter viel länger als dieser. Wegen ihrer Stattlichkeit (2–5 m hoch) und geschichtlichen Bedeutung (Herstellung von Papier aus dem Stengelmark) an ihrem einzigen Standort in Europa auf Sizilien bei Syrakus häufig aufgesucht wird die Papyrusstaude *C. papyrus* L.: Blütenstand bis 0,5 m breit, aus über hundert 10–30 cm langen Strahlen zusammengesetzt.

Dünen-Zypergras *Cyperus capitatus* VAND. (*C. kalli* (FORSK.) MURB., *C. mucronatus* (L.) MAB. non ROTTB.) *Cyperaceae* □□
10–50 cm; April – Juli; ♃ □■
B: Mit langen, schuppenbesetzten Erdsprossen kriechende Strandpflanze, die Wurzeln wollig behaart. Stengel einzeln, rundlich und gerillt, am Grunde mit 1–6 mm breiten, rinnigen, graugrünen Blättern. Blütenstand endständig, kopfig, 15–30 mm breit, mit sehr dicht stehenden 4–12blütigen Ährchen. Spelzen breitlanzettlich, rotbraun, plötzlich in einer 1–3 mm langen, starren Spitze endend. Narben 3. Früchte 3kantig. Charakteristisch auch die meist 3 am Grunde verbreiterten, rinnigen, bis 15 cm langen und bogig nach unten gekrümmten Hüllblätter des Blütenstandes.
S: Sandstrände, Dünen.
V: Mittelmeergebiet, Kanaren.

Palmen *Arecaceae (Palmae)*

Zwergpalme *Chamaerops humilis* L. ■□
0,5–4 m; in Kultur auch höher; April – Juni; ♄ □□
B: Durch Beweidung oft buschig, nur an unzugänglichen Stellen oder in Kultur mit hohem Stamm, der mit grauen oder weißlichen Fasern bedeckt ist. Blätter endständig, mit 70–80 cm großer, rundlicher, bis zu 2/3 in 10–20 lanzettliche spitze Abschnitte fächerförmig zerteilter Spreite, der Blattstiel am Rand dornig gezähnt. Blüten 1- oder 2häusig in umscheideten, dichten, gelben, rispigen Blütenständen. Früchte 1–3 cm, gelb, später rötlichbraun, ungenießbar. Die Blattfasern werden u. a. als Polstermaterial und zur Herstellung von Besen verwendet. Die Blattknospen sind als Gemüse eßbar.
S: Garigues, Felsfluren, sandige Standorte, auch als Zierpflanze.
V: Westliches Mittelmeergebiet, östlich bis Italien.

Hanfpalme *Trachycarpus fortunei* (Hook.) Wendl. □■
4–12 m; April – Juni; ♄ □□
B: Stamm dicht mit dunkelbraunen Fasern bedeckt. Blätter glänzend grün, die Spreite 50–60 cm im Durchmesser, fast bis zum Grunde fächerförmig in viele schmale und starre Abschnitte geteilt. Stiel 40–100 cm lang, an den Rändern fein dornig gezähnt, Blattscheide auf der Innenseite mit einer Faserschicht. Blüten 1häusig, in 30–60 cm langen, kräftigen Rispen. Die blauschwarzen Früchte 12–14 mm, weintraubenähnlich.
S, V: Relativ frostharter Zierbaum im Mittelmeergebiet (Heimat SO-Asien).
U: Weitere kultivierte Palmen mit fächerförmig geteilten Blättern, u. a. *Washingtonia robusta* (Wendl.) (in der Abb. links oben im Hintergrund): Der glatte und quer gefurchte Stamm im oberen Teil von den abgestorbenen Blättern umhüllt. Bei *W. filifera* (J. A. Linden) Wendl. Blätter mit herabhängenden weißen Fäden (Heimat beider Arten Kalifornien). *Livistona australis* (R. Br.) Mart. mit hohem, schlankem, geringeltem Stamm (Heimat Australien).

Echte Dattelpalme *Phoenix dactylifera* L. □□
Bis 30 m; Februar – Juni; ♄ ■□
B: Zweihäusiger Baum mit schlankem Stamm, der von den Narben der abgeworfenen Blätter ein mosaikartiges Muster trägt. Am Ende ein Schopf aus 3–5 m langen, aufsteigend-bogenförmigen, graugrünen, gefiederten Blättern. Fiedern V-förmig gestellt, lineal-lanzettlich, lang zugespitzt und gekielt, die mittleren 30–40 cm lang. Blütenstände zunächst in scheidenförmigen Hochblättern, reich verzweigt. Früchte 2,5–7,5 cm, länglich, fleischig, vielgestaltig. Zur Erzielung guter Ernten werden männliche Blütenzweige in die weiblichen Blütenstände eingebunden (Windbestäubung), in Kulturen sind daher nur wenige männliche Bäume notwendig. Wichtiges Nahrungsmittel in den Trockengebieten N-Afrikas und SW-Asiens. Herstellung von alkoholischen Getränken aus dem Saft des Stammes. Verwendung der Palmwedel im religiösen Brauchtum (Palmsonntag).
S, V: Bewässerungskulturen in N-Afrika, SW-Asien, S-Spanien (Elche), im übrigen Mittelmeergebiet als Zierpflanze. Ursprung wohl im iranisch-arabischen Raum.
U: *P. theophrasti* Greut.: Stamm schlank, nicht über 10 m hoch, wie die Echte Dattelpalme Ableger treibend. Blätter graugrün, mittlere Fiedern 30–50 cm, untere dornig, gelblich. Früchte bis 16 × 10 mm, anfangs gelbbraun, später schwärzlich, ungenießbar (einheimisch auf Kreta).

Kanarische Dattelpalme *Phoenix canariensis* hort. ex Chabaud □□
Bis 20 m; Februar – Juni; ♄ □■
B: Stamm kräftiger als bei der Echten Dattelpalme, immer einzeln. Krone üppiger, mit 5–6 m langen, schief stehenden, weniger starren, grünen Wedeln, die mittleren Fiedern 40–50 cm lang. Früchte 1,5–2,3 cm, länglich, orange, später dunkelrotbraun, ungenießbar.
S, V: Schnellwüchsiger und weniger empfindlich gegen Kälte als die Echte Dattelpalme, daher als Park- und Alleebaum im ganzen Mittelmeergebiet bevorzugt gepflanzt. Heimat Kanarische Inseln.
U: Häufig kultiviert wird auch *Jubaea chilensis* (Molina) Baill. mit kürzeren Blättern und einem kräftigen, grauen, glatten Stamm (Heimat Chile).

Aronstabgewächse *Araceae*

Italienischer Aronstab *Arum italicum* Mill. ■□
20–70 cm; April – Mai; ♃ □□
B: Blätter im Spätherbst erscheinend, langgestielt, mit pfeil- oder spießförmiger, 15–35 cm langer Spreite. Blüten eingeschlechtig an einer Kolbenachse, über und unter den männlichen unfruchtbare Blüten vorhanden, der oberste nackte Teil meist gelb. Das 15–40 cm lange Hochblatt (Spatha) meist hell grüngelb, die Blüten einhüllend. Beeren rot. Ssp. *italicum:* Blätter weiß geadert, die seitlichen Lappen spreizend (fast im ganzen Gebiet verbreitet), ssp. *neglectum* (Towns.) Prime: Blätter einfarbig oder selten dunkel gefleckt, Seitenlappen zusammenneigend (W-Europa und westliches Mittelmeergebiet), ssp. *byzantinum* (Blume) Nym.: Hochblatt violett getönt (östliche Balkanhalbinsel, Kreta) und weitere Unterarten.
S: Gebüsche, Hecken, Baumkulturen.
V: Mittelmeergebiet, W-Europa, Kanaren.
U: Eindrucksvoll die Arten *A. creticum* Boiss. & Heldr. mit weißem bis gelblichem Hochblatt, ohne unfruchtbare Blüten (Kreta) und *A. dioscoridis* Sibth. mit gelbgrünem, schwarzpurpurn geflecktem oder ganz schwarzpurpurn überlaufenem Hochblatt und gleichfarbenem Kolben (Rhodos, Chios, Vorderasien). Herbstblüher mit schwarzpurpurnem Hochblatt ist *A. pictum* L. (Balearen, Korsika, Sardinien).

Schmalblättriges Biarum *Biarum tenuifolium* (L.) Schott □■
10–20 cm; Oktober – März; ♃ □□
B: Blätter 5–20 cm lang, lineal bis schmal-lanzettlich, flach oder gewellt, erst nach der Hauptblütezeit erscheinend. Stengel des Blütenstandes sehr kurz, unterirdisch. Hochblatt unten zu einer kurzen Röhre verwachsen, der freie Teil 3–5mal so lang, zungenförmig, schwarzpurpurn, außen grün überlaufen. Blütenkolben mit schwarzpurpurnem, wurmförmigem nackten Teil, der oft länger ist als das Hochblatt. Blüten eingeschlechtig, über und unter den männlichen unfruchtbare Blüten.
S: Garigues, Felsfluren, Weiden.
V: S-Europa, Marokko, Kleinasien, fehlt in Frankreich und auf den Inseln des westlichen Mittelmeergebietes.
U: *B. carratracense* (Haens. ex Willk.) Font Quer: Unfruchtbare Blüten nur unter den männlichen (S-Spanien) und *B. davisii* Turrill: Hochblatt kapuzenförmig, grünlichweiß, rosabraun gefleckt (Kreta).

Krummstab *Arisarum vulgare* Targ.-Tozz. □□
20–40 cm; März – Mai und Oktober – November; ♃ ■□
B: Blätter grundständig, lang gestielt, mit eipfeilförmiger Spreite. Blütenschaft bei der verbreiteten ssp. *vulgaris* ungefähr so lang wie die Blattstiele. Hochblatt 3–5 cm, unten zu einer braunviolett gestreiften Röhre verwachsen, mit dem oberen Teil helmförmig den nach vorn gekrümmten und herausragenden Blütenkolben überdeckend. 4–6 weibliche und darüber etwa 20 männliche Blüten unten am Blütenkolben sitzend, unfruchtbare Blüten fehlend, blütenloser Teil grünlich. Beeren grünlich. Mehrere Unterarten, besonders in N-Afrika.
S: Kulturland, Brachland, Garigues.
V: Mittelmeergebiet, Kanaren.
U: *A. proboscideum* (L.) Savi: Hochblatt an der Spitze mit langem, aufwärtsgerichtetem, fadenförmigen Fortsatz (Italien, SW-Spanien).

Gewöhnliche Schlangenwurz *Dracunculus vulgaris* Schott □□
0,6–1,2 m; April – Juni; ♃ □■
B: Pflanze zur Blütezeit mit starkem Aasgeruch. Blätter fußförmig in 9–15 elliptische oder länglich-lanzettliche, spitze Abschnitte zerteilt. Blattstiele mit ihren Scheiden den Schaft des Blütenstandes einhüllend. Hochblatt groß, mit gewelltem Rand, innen dunkelpurpurn und kahl, außen grünlich. Blütenkolben mit kräftigem blütenlosen Teil, wie das Hochblatt gefärbt und dieses oft überragend, männliche und weibliche Blüten nur durch wenige unfruchtbare Blüten getrennt.
S: Wälder, Gebüsche, nährstoffreiche, feuchte Standorte, auch als Zierpflanze.
V: Östliches Mittelmeergebiet, westlich bis Korsika und Sardinien, weiter kultiviert und stellenweise eingebürgert.
U: *D. muscivorus* (L. f.) Parl.: Hochblatt innen behaart, Kolbenende ganz mit fädigen Gebilden bedeckt (Balearen, Korsika, Sardinien).

Orchideen *Orchidaceae*

Violetter Dingel *Limodorum abortivum* (L.) Swartz ■□ □□
30–80 cm; April – Juli; ♃
B: Orchidee ohne grüne Blätter, der stahlblaue bis schmutzig-violette, kräftige Stengel nur mit scheidigen Schuppenblättern. Blütenstand locker, 4–25blütig, 10–30 cm lang. Tragblätter länger als die Fruchtknoten. Blüten hellviolett, dunkler geadert, 1,5–2,5 cm lang, äußere Hüllblätter aufrecht abstehend, die beiden seitlichen inneren schmaler und etwas kürzer. Lippe ungeteilt, am Rande nach oben gebogen und wellig gekerbt, später oft gelblich. Sporn 1,5–2,5 cm, etwa so lang wie der Fruchtknoten, schlank, abwärts gerichtet. Die ssp. *trabutianum* (Batt.) Rouy mit nur 2 mm langem Sporn (NW-Afrika, selten auf der Iberischen Halbinsel).
S: Lichte sommer- und immergrüne Wälder, Gebüsche, Rasen, bis in die Bergstufe, vorwiegend auf Kalk.
V: Mittelmeergebiet, nördlich bis in die wärmsten Bereiche Mitteleuropas, östlich bis in den Iran.

Gefleckte Waldwurz, Keuschorchis *Neotinea maculata* (Desf.) Stearn (*N. intacta* (Link) Rchb. f.) □■ □□
8–25 (–40) cm; März – Mai; ♃
B: Blätter 3–6, blaugrün, gewöhnlich reihenförmig schwarzbraun gefleckt, untere rosettig gehäuft, länglich, bespitzt, abstehend, 3–12 × 1–3 cm, obere kleiner und aufrecht. Blüten in schlanker, dichter, 2–6 cm langer Ähre. Tragblätter weißlich, kürzer als die Fruchtknoten. Blütenhüllblätter schmutzig rosa bis gelblich oder grünlichweiß, 3–4 mm lang, zu einem Helm zusammenneigend. Lippe kaum länger, waagerecht abstehend, flach, dreigelappt, der Mittellappen oft länger als die linealen Seitenlappen. Sporn sehr kurz, bis 2 mm, stumpf.
S: Immer- und sommergrüne Wälder, Gebüsche, Rasen, bis in die Bergstufe.
V: Mittelmeergebiet, W-Irland, Kanaren.

Römisches Knabenkraut *Dactylorhiza sulphurea* (Link) Franco ssp. *pseudosambucina* (Ten.) Franco (*Orchis romana* Seb. & M.) □□ ■□
15–35 cm; März – Juni; ♃
B: Blätter schmallänglich, ungefleckt, bis zu 12, die Mehrzahl in einer lockeren Rosette. Blütenstand 4–10 cm, Tragblätter grün oder purpurn, die Blüten überragend. Blüten gelb oder hell- bis dunkelrotviolett, die seitlichen äußeren Hüllblätter abstehend, das mittlere aufrecht oder nach vorne geneigt, bis 13 mm lang, die seitlichen inneren kleiner und zusammenneigend, zum Grunde hin verbreitert. Lippe mehr oder weniger 3lappig, ohne Zeichnung, breiteiförmig bis rundlich, bis 10 × 15 mm, bei der roten Form zum Teil am Grunde gelb. Sporn schlank, 12–25 mm, deutlich länger als der Fruchtknoten, waagerecht bis steil aufwärts gerichtet. Bei der ssp. *siciliensis* (Klinge) Franco Sporn dicklich, kürzer bis so lang wie der Fruchtknoten (Iberische Halbinsel, Sardinien, Sizilien, NW-Afrika).
S: Immer- und sommergrüne Wälder, Gebüsche.
V: Italien, Sizilien, östlich bis zur Krim und bis Kleinasien.

Schmetterlings-Knabenkraut *Orchis papilionacea* L. □□ □■
20–40 cm; Februar – Mai; ♃
B: Blätter 6–10, am Grunde gehäuft, schmal-lanzettlich, aufrecht, ungefleckt, die obersten scheidenartig, den Blütenstand erreichend. Blütenstand eiförmig, 3–15blütig, mit oft purpurnen Tragblättern, die etwa so lang wie die Fruchtknoten sind. Blütenhüllblätter braunpurpurn mit dunklen Nerven, die äußeren 10–15 mm lang, locker helmartig zusammenneigend. Lippe 12–16 mm, ungeteilt, vorne fächerförmig verbreitert, oft mit gewelltem oder unregelmäßig gezähntem Rand, weißlich oder rosa bis karminrot, häufig mit dunkelroter Zeichnung. Sporn waagerecht oder nach unten gerichtet, etwas kürzer als der Fruchtknoten. Formenreich, z. B. in Spanien Pflanzen mit 20–25 mm großer Lippe: var. *grandiflora* Boiss.
S: Grasfluren, Macchien, lichte Wälder, vorwiegend auf kalkhaltigen Böden.
V: Mittelmeergebiet, Kaukasus.
U: *O. boryi* Rchb. f.: Lippe schwach 3lappig, hellrosa, violett berandet, am Grunde mit 4–6 violetten Punkten (S-Griechenland, Kreta).

Orchideen *Orchidaceae*

Kleines Knabenkraut *Orchis morio* L. ■□
10–30 cm; März – Mai; ♃ □□
B: Blätter 6–9, lanzettlich, bespitzt, ungefleckt, die unteren rosettig. Blütenstand 5–25 blütig, von unten nach oben aufblühend. Tragblätter etwa so lang wie die Fruchtknoten. 5 Blütenhüllblätter zu einem Helm zusammenneigend, rosa, weiß, oder purpurrot mit grünlichen Nerven. Lippe in der Mitte heller, mit dunklen Flecken, 3lappig, der Mittelabschnitt oft ausgerandet, ohne Zähnchen in der Mitte, kleiner als die breiten, nach unten gerichteten und oft leicht zurückgeschlagenen Seitenlappen. Bei der abgebildeten ssp. *picta* (Lois.) Arc. äußere Blütenhüllblätter 6–8 mm, Sporn gewöhnlich so lang wie der Fruchtknoten (S-Europa bis zum Kaukasus, NW-Afrika), ssp. *morio* mit 8–10 mm langen Hüllblättern und einem Sporn, der kürzer ist als der Fruchtknoten (fast im ganzen Verbreitungsgebiet der Art), ssp. *champagneuxii* (Barn.) Cam. mit meist ungefleckter, nur angedeutet 3teiliger Lippe, Sporn zur Spitze hin breiter (S-Frankreich, Iberische Halbinsel, Marokko).
S: Grasfluren, Garigues, lichte Wälder.
V: Fast ganz Europa, Kleinasien, östlich bis zum Kaukasus, NW-Afrika.

Wanzen-Knabenkraut *Orchis coriophora* L. □■
15–40 cm; April – Juni; ♃ □□
B: Blätter 4–10, schmal-lanzettlich, gefaltet. Blütenstand 5–15 cm, länglich, mit 1nervigen Tragblättern. Blüten bei der abgebildeten ssp. *fragrans* (Pollini) Sudre meist wohlriechend, braunrot und grün. Blütenhüllblätter zugespitzt, einen geschnäbelten Helm bildend. Die gefleckte Lippe 8–10 mm lang, 3lappig, mehr oder weniger flach, Mittellappen deutlich länger als die Seitenlappen. Sporn hell, nach unten gerichtet, so lang oder länger als die Lippe. Bei der ssp. *coriophora* Blüten mit Wanzengeruch, Lippe 6–8 mm, Mittellappen kaum länger als die seitlichen. Sporn nur halb so lang wie die Lippe.
S: Grasfluren, Macchien, lichte Wälder.
V: Mittelmeergebiet, nördlich bis Mittel- und O-Europa, östlich bis in den Iran. Die ssp. *fragrans* im Mittelmeergebiet vorherrschend.
U: Ähnlich *Orchis sancta* L.: Blütenhüllblätter lang zugespitzt, die äußeren 9–12 mm. Lippe ohne Flecken, Seitenlappen am Rand gesägt. Sporn hakenförmig nach unten gekrümmt. Untere Tragblätter 3–5nervig (Ägäis bis Palästina).

Milchweißes Knabenkraut *Orchis lactea* Poir. □□
7–20 cm; Februar – April; ♃ ■□
B: Blätter 6–8, hellgrün, die grundständigen breit eiförmig-lanzettlich. Blütenstand 2,5–5 cm lang. Tragblätter etwa so lang wie die Fruchtknoten, häutig. Blütenhüllblätter blaßrosa oder weißlich, zu einem Helm zusammenneigend, die äußeren lang zugespitzt und nach außen umgebogen, mit dunkelroten oder grünlichen Nerven. Lippe rot gefleckt, tief 3gelappt, der mittlere Lappen viel länger und breiter, ungeteilt oder nur wenig eingeschnitten, mit einem Zähnchen in der Mitte. Sporn abwärts gerichtet, 6 mm lang.
S: Grasfluren, Macchien, lichte Wälder, bis in die Bergstufe.
V: Im ganzen Mittelmeergebiet, jedoch nur lokal.
U: Ähnlich *O. tridentata* Scop.: Pflanze größer, 15–45 cm. Mittellappen der Lippe stärker geteilt. Sporn halb so lang wie der Fruchtknoten. Blütezeit März – Juni (S-Frankreich bis zum Kaukasus, Kleinasien und Palästina, selten in Mitteleuropa).

Affen-Knabenkraut *Orchis simia* Lam. □□
20–45 cm; März – Juni; ♃ □■
B: Blätter 3–6, breitlanzettlich, glänzend hellgrün, die unteren am Grunde rosettig. Blütenstand 3–7 cm lang, von oben nach unten aufblühend. Tragblätter bis halb so lang wie die Fruchtknoten. Blüten bei einiger Phantasie von der Gestalt eines Äffchens: Hüllblätter blaßviolett, zum Teil gestreift oder gefleckt und grün überlaufen, zugespitzt, einen Helm bildend, die äußeren etwa 10 mm lang. Lippe 14–16 mm, weiß bis rosa, rot gefleckt, tief 3spaltig, der Mittellappen nochmals geteilt und zwischen den beiden Abschnitten ein verlängerter Zahn. Alle 4 Abschnitte lineal, an der Spitze abgerundet, meist dunkelrot. Sporn am Ende etwas verdickt, abwärts gerichtet, etwa halb so lang wie der Fruchtknoten.
S: Grasfluren, Gebüsche, lichte Wälder.
V: Mittelmeergebiet, SW-Asien, vereinzelt bis S-England und Mitteleuropa.

Italienisches Knabenkraut *Orchis italica* Poir. (*O. longicruris* Link) ■□
20–40 cm; März – Mai; ♃ □□
B: Blätter 5–8, die meisten am Grunde rosettig gehäuft, länglich-lanzettlich mit gewelltem Rand, gefleckt oder ungefleckt. Blütenstand eiförmig, 3,5–6,5 cm lang, dicht, von unten nach oben aufblühend. Tragblätter 1nervig, häutig, höchstens 1/3 so lang wie der Fruchtknoten. Blütenhüllblätter rosa mit dunkleren Streifen, zugespitzt, zu einem Helm zusammenneigend, die äußeren 9–12 mm lang. Lippe 12–16 mm, weiß oder rosa mit roten Punkten, tief 3spaltig, der Mittellappen nochmals geteilt und zwischen den beiden Abschnitten ein verlängertes spitzes Zähnchen. Alle Abschnitte lineal und spitz. Sporn dünn, abwärts gerichtet, etwa halb so lang wie der Fruchtknoten.
S: Grasfluren, Macchien, lichte Wälder, vor allem auf Kalk.
V: Mittelmeergebiet, fehlt in Frankreich, Korsika, Sardinien.

Vierpunkt-Knabenkraut *Orchis quadripunctata* Cyr. ex Ten. □■
10–30 cm; März – Mai; ♃ □□
B: Grundblätter 2–4, länglich-lanzettlich, gefleckt oder ungefleckt, rosettig gehäuft. Blütenstand locker 8–35blütig, von unten nach oben aufblühend, Tragblätter bis fast so lang wie die Fruchtknoten. Blüten 9–13 mm, weiß, rosa bis purpurviolett, die äußeren Hüllblätter 3–5 mm, abgerundet und abstehend, die 2 seitlichen inneren kleiner und gewölbt, zusammenneigend. Lippe 5–7 mm, etwa gleichmäßig 3lappig, am Grunde hell, meist mit 4 dunkelroten Punkten. Sporn dünn und lang, 10–12 mm, mehr oder weniger abwärts gerichtet. Auf Sardinien und Sizilien Pflanzen mit kleineren Blüten und oft nur 1 dunkelroten Fleck am Lippengrund (ssp. *brancifortii* (Biv.) Cam.).
S: Felsfluren, Grasfluren, Garigues.
V: S-Europa, von Sardinien bis Griechenland, Kreta, Zypern.
U: *Orchis anatolica* Boiss.: Blütenstand nur 2–15blütig. Sporn mehr oder weniger nach oben gerichtet, 1,5–2,5 cm lang (östl. Mittelmeergebiet, von der Ägäis und Kreta ostwärts).

Purpur-Knabenkraut *Orchis purpurea* Huds. □□
25–80 cm; April – Juni; ♃ ■□
B: Stattliche Orchidee mit 3–6 breitlanzettlichen bis eiförmigen, mit 6–17 × 2–6 cm sehr großen Grundblättern. Blütenstand 5–20 cm lang, reichblütig, die häutigen Tragblätter viel kürzer als die Fruchtknoten. Blütenhüllblätter außen braunpurpurn, auch gefleckt, zu einem dichten Helm zusammenneigend, die äußeren 12–14 mm lang. Lippe weiß oder rosa, purpurn gefleckt, 10–15 mm, meist tief dreilappig, der Mittellappen viel größer und breiter als die schmalen Seitenlappen, nochmals geteilt und mit einem Zähnchen in der Mitte. Sporn abwärts gerichtet, 4 mm, 1/3 so lang wie der Fruchtknoten.
S: Lichte Wälder, Gebüsche, Baumkulturen, auf kalkreichen Böden, im Mittelmeergebiet vor allem in der Bergstufe.
V: S-Europa, im Süden selten, bis W- und Mitteleuropa, Algerien, Kleinasien, östlich bis zum Kaukasus.

Französisches Knabenkraut *Orchis provincialis* Balb. ssp. *provincialis* □□
15–35 cm; März – Juni; ♃ □■
B: Blätter lanzettlich, deutlich gefleckt, davon 2–5 grundständig. Blütenstand zylindrisch, 5–7 cm lang, mit 5–20 hellgelben Blüten und Tragblättern, die so lang sind wie die Fruchtknoten und diesen anliegen. Äußere Blütenhüllblätter 9–14 mm, die seitlichen zurückgeschlagen, das mittlere aufrecht, die beiden seitlichen inneren kleiner und zusammengeneigt. Lippe 8–12 mm lang und breit, 3lappig, aufgewölbt, in der Mitte etwas dunkler und mit purpurroten Flecken. Sporn aufwärts gebogen, am Ende verdickt, etwa so lang wie der Fruchtknoten.
S: Sommergrüne Wälder der Bergstufe, Grasfluren, Macchien.
V: S-Europa, Kleinasien.
U: *O. provincialis* ssp. *pauciflora* (Ten.) Cam., oft als eigene Art bewertet: Blätter ungefleckt, Blütenstand nur aus 3–7 Blüten, Lippe dottergelb, in der Mitte mit feinen rotbraunen Punkten, Sporn aufwärts gebogen, dünner, etwa 1,5mal so lang wie der Fruchtknoten (S-Europa von Korsika bis in die Ägäis). In NW-Afrika sehr ähnlich *O. laeta* Steinheil.

Orchideen *Orchidaceae*

Puppenorchis, Ohnhorn *Aceras anthropophorum* (L.) Ait. f. ■□
10–40 cm; April – Juni; ♃ □□
B: Untere Laubblätter 5–12 cm lang, breitlanzettlich, am Ende stumpf mit aufgesetzter Spitze. Bis zu 60 grünlichgelbe, oft mit rotbraunen Rändern und Streifen gezeichnete Blüten in gestreckter, schmaler, bis 20 cm langer Ähre. Die oberen 5 Blütenhüllblätter helmförmig zusammenneigend. Lippe ohne Sporn, 12–15 mm, mit 2 schmalen Seitenlappen und einem etwa doppelt so langen, tief in 2 schmale Abschnitte geteilten Mittellappen, so daß der Eindruck eines hängenden Menschleins entsteht.
S: Grasfluren, Macchien, lichte Wälder, vor allem auf Kalk.
V: Mittelmeergebiet, W-Europa, selten bis Mitteleuropa.

Riesenknabenkraut, Mastorchis *Barlia robertiana* (Lois.) Greut.
(*Aceras longibracteatum* Rchb., f., *B. longibracteata* Parl.) □■
25–80 cm; Januar – April; ♃ □□
B: Untere Laubblätter bis 25 × 10 cm, eiförmig bis länglich, am Grunde des kräftigen Stengels rosettig gehäuft. Stark duftende, grünliche bis rötliche oder bräunliche, rot gefleckte Blüten in 8–25 cm langer, dichter, zylindrischer Ähre. Tragblätter etwa doppelt so lang wie die Fruchtknoten. Äußere Hüllblätter 2–2,5 cm, mit den beiden seitlichen, schmaleren und kürzeren inneren locker helmförmig zusammenneigend. Lippe bis 2 cm lang, 3lappig, die beiden seitlichen Lappen am Rande oft wellig, breit, sichelförmig einwärts gebogen, der Mittellappen 1,5–2mal so lang und in 2 breite Zipfel gespalten. Sporn kurz, 3–6 mm, sackartig, nach unten gerichtet.
S: Grasfluren, Macchien, lichte Wälder.
V: Mittelmeergebiet, Kanaren.

Echter Zungenstendel *Serapias lingua* L. □□
10–35 cm; Marz – Mai; ♃ ■□
B: Oft in größeren Gruppen wachsende Orchidee. Blätter spitzlanzettlich, 4–8. Blütenähre locker 2–9blütig, Tragblätter purpurn, selten grünlich, die Blüten kaum überragend. 5 Blütenhüllblätter zu einem waagrecht vorstehenden, 15–25 mm großen Helm zusammengefügt. Vorderer Teil der Lippe purpurrot, rosa, gelblich oder weißlich, zugespitzt lanzettlich, aus leicht verschmälertem Grund schräg nach vorn oder abwärts gerichtet herausragend, höchstens schwach behaart, 10–18 mm lang und 5–10 mm breit. Am Grunde eine von außen sichtbare, ungeteilte bis gefurchte dunkle Schwiele. Seitenlappen nur leicht aus dem Helm hervortretend.
S: Trockene und feuchte Grasfluren, Macchien, lichte Wälder, Baumkulturen.
V: S-Europa, NW-Afrika.
U: *S. parviflora* Parl.: Blattscheiden am Grunde häufig rot gefleckt. Blüten klein, Vorderlippe 5–10 mm lang und 3–5 mm breit, meist stark zurückgeschlagen. Am Grunde 2 dunkle parallele Schwielen (S-Europa, SW-Anatolien, NW-Afrika).

Pflugschar-Zungenstendel *Serapias vomeracea* (Burm.) Briq. □□
10–55 cm; April – Juni; ♃ □■
B: 4–9 lineal- bis breitlanzettliche, spitze Laubblätter, die obersten beiden wie die Tragblätter der Blüten braunviolett überlaufen. Blütenstand bei der ssp. *vomeracea* 3–10blütig, Blüten groß. Tragblätter viel länger als der aus 5 Blütenhüllblättern gebildete, 20–30 mm lange, aufwärts gerichtete Helm. Vorderer Teil der Lippe 20–30 mm lang und 8–12 mm breit, bräunlichviolett, am Ansatz dicht und lang behaart, am Grunde mit 2 parallelen Schwielen. Bei der abgebildeten ssp. *orientalis* Greut. Blütenstand kürzer, 3–6blütig, Blüten sehr groß, Vorderlappen der Lippe vom Ansatz bis zur Mitte lang behaart, Seitenlappen aus dem Helm weiter hervortretend. Bei der ssp. *laxiflora* (Soó) Goelz & Reinh. Blütenstand verlängert, bis 12blütig, Vorderlappen nur bis 15 mm lang und 5 mm breit, kaum behaart.
S: Grasfluren, Felsfluren, Brachland, lichte Wälder.
V: S-Europa, Kleinasien, ssp. *orientalis* und ssp. *laxiflora* besonders im östlichen Mittelmeergebiet.
U: Einen 20–35 mm langen und 20–25 mm breiten, herzförmigen Vorderlappen der Lippe hat *S. cordigera* L. (Mittelmeergebiet, östlich bis Kreta).

Orchideen *Orchidaceae*

Ragwurz *Ophrys* L.
Formenreiche Gattung, die mit etwa 50 Arten und Unterarten ihren Verbreitungsschwerpunkt im Mittelmeergebiet hat. Zahlreiche Bastarde. Umfangreiche Spezialliteratur (s. Literaturverzeichnis).
Pflanzen mit 2 kugeligen bis eiförmigen, ungeteilten Knollen ausdauernd. Blätter lanzettlich bis eiförmig, die unteren rosettig, die oberen kleiner und scheidig. Blüten in den Achseln von grünen Tragblättern in einer lockeren Ähre zu 2–10 (– 15). Äußere Blütenhüllblätter mehr oder weniger abstehend, länglich oder eiförmig, die inneren seitlichen schmaler und kleiner, oft behaart. Lippe sehr vielgestaltig, insektenähnlich, im Zusammenhang mit einem interessanten blütenbiologischen Mechanismus zur Übertragung der Pollenpakete.

■□□ □□□ □□□
Spiegel-Ragwurz *Ophrys speculum* LINK ssp. *speculum* (*O. vernixia* BROT.)
10–25 cm; Februar – Mai. Äußere Blütenhüllblätter grün, meist mit 2 braunvioletten Streifen, das obere vorgeneigt. Lippe 11–15 mm, 3lappig, mit rundlichem Mittellappen, der Rand dicht abstehend braun behaart, in der Mitte ein kahles, metallisch blau glänzendes, gelb umrandetes Mal (Mittelmeergebiet).

□■□ □□□ □□□
König-Ferdinand-Ragwurz *Ophrys speculum* LINK ssp. *regis-ferdinandii* ACHT. & KELL.
Wie *O. speculum*, aber Mittel- und Seitenlappen der Lippe viel schmaler und die Ränder nach hinten gebogen (S.-Ägäis, W-Türkei). In Portugal ähnlich die ssp. *lusitanica* O. & E. DANESCH.

□□■ □□□ □□□
Gelbe Ragwurz *Ophrys lutea* (GOUAN) CAV.
7–30 cm; Februar – Juni. Äußere Hüllblätter olivgrün, das obere vorgekrümmt. Lippe rundlich bis länglich, 3lappig, papillös, braun mit graublauem Mal, bei der ssp. *lutea* der kahle gelbe Rand 2–3 mm breit, Lippe 12–18 mm (zentrales und östliches Mittelmeergebiet), bei der ssp. *murbeckii* (FLEISCHM.) SOÓ Rand 1–2 mm breit, Lippe nur 9–12 mm (Mittelmeergebiet), ebenso bei der ssp. *melena* RENZ (Griechenland).

□□□ ■□□ □□□
Braune Ragwurz *Ophrys fusca* LINK ssp. *fusca*
10–40 cm; März – Mai. Äußere Hüllblätter sehr breit, gelblichgrün, das obere vorgeneigt. Lippe länglich, 13–23 mm, 3lappig, dunkelrotbraun mit schmalem, gelbem Saum, samthaarig, das 2geteilte Mal blaugrau oder blauviolett (Mittelmeergebiet), bei der ssp. *iricolor* (DESF.) SCHWARZ leuchtend stahlblau (nur östliches Mittelmeergebiet). Ähnlich *O. pallida* RAFIN., Hüllblätter blaßgrün, Lippe nur 7–9 mm, vorne zurückgebogen (Sizilien).

□□□ □■□ □□□
Omega-Ragwurz *Ophrys fusca* ssp. *omegaifera* (FLEISCHM.) NELSON
10–25 cm; März – April. Ähnlich ssp. *fusca*, Lippe nur bis 20 mm lang, zurückgeschlagen, an den Rändern behaart. Das braune Mal mit omega-förmigem, graublauem Rand (Kreta, Rhodos, SW-Türkei). Sehr ähnlich *O. dyris* MAIRE (Iberische Halbinsel, NW-Afrika).

□□□ □□■ □□□
Spinnen-Ragwurz *Ophrys sphegodes* MILL. ssp. *sphegodes*
10–45 cm; Februar – Juni; Äußere Hüllblätter gelblichgrün, das mittlere geneigt oder aufgerichtet. Lippe rundlich bis eiförmig, schwach gehöckert, 8–16 mm, innen kahl, hell- bis dunkelbraun, mit meist H-förmiger, bläulicher bsi violetter Zeichnung, außen behaart (S-Europa, Kleinasien, nördlich bis S-England und Mitteleuropa).

□□□ □□□ ■□□
Schwarze Ragwurz *Ophrys shegodes* MILL. ssp. *atrata* (LINDLEY) E. MAYER
20–40 cm; März – Mai. Ähnlich ssp. *sphegodes,* Lippe aber stark gehöckert, das meist blaue Mal aus 2 parallelen, am Grunde verbundenen Streifen auf die beiden Höcker ausstrahlend (westliches und zentrales S-Europa). Weitere Unterarten.

□□□ □□□ □■□
Spruners Ragwurz *O. spruneri* NYM.
10–40 cm; März – Mai; Hüllblätter alle abstehend, häufig purpurn überlaufen. Lippe langgestreckt, 10–15 mm, 3lappig, Mittellappen vorne mit Anhängsel. Mal aus 2 langen, blauvioletten, heller umrandeten Längsleisten (Griechenland, Ägäis, Kreta).

□□□ □□□ □□■
Hufeisen-Ragwurz *Ophrys ferrum-equinum* DESF.
10–35 cm; März – Mai. Hüllblätter rosa bis purpurviolett, selten grünlichweißlich, abstehend bis zurückgebogen. Lippe 10–14 mm, rundlich bis oval, samthaarig, vorne mit kleinem, abwärts gerichtetem Anhängsel, das Mal aus 2 parallelen, oft zur Hufeisenform verbundenen, blauvioletten, manchmal heller berandeten Flecken (Griechenland bis SW-Türkei).

Orchideen *Orchidaceae*

■□□ □□□ □□□

Bertolonis Ragwurz *Ophrys bertolonii* MORETTI
15–35 cm; März–Anfang Juni. Äußere Hüllblätter hell bis dunkel rosaviolett, gelegentlich weißlich, abstehend bis zurückgeschlagen. Lippe 10–15 mm, länglich-eiförmig, meist ungeteilt, sattelförmig nach oben gebogen, schwarzpurpurn, dicht behaart, am Ende mit nach oben gebogenem, gelblichem Anhängsel. Im vorderen Teil ein spiegelndes, mehr oder weniger schildförmiges Mal (zentrales Mittelmeergebiet).

□■□ □□□ □□□

Halbmond-Ragwurz *Ophyrs lunulata* PARL.
15–30 cm; März–Mai. Äußere Hüllblätter rosa, gelegentlich weißlich, abstehend, die seitlichen bis unter die Lippe reichend, innere fast ebenso lang. Lippe 10–12 mm, eiförmig, tief 3lappig, mit stark zurückgeschlagenen Rändern, braun oder schwarzpurpurn, behaart, an der Spitze mit aufwärts gerichtetem kleinen Anhängsel. Das bläuliche Mal ein meist nach oben geöffneter Halbmond (S-Italien, Sizilien).

□□■ □□□ □□□

Argolische Ragwurz *Ophrys argolica* FLEISCHM.
15–35 cm; März – Mai. Äußere Hüllblätter hell- bis dunkelviolett, selten grünlich, abstehend. Lippe 12 mm, rundlich, meist ungeteilt, rotbraun, am oberen Rand dicht weißlich behaart, am Ende mit abwärts gerichtetem Anhängsel. Das Mal aus 2 bläulichen isolierten oder spangenförmig verbundenen Flecken (Griechenland, Kreta, Ägäis).

□□□ ■□□ □□□

Reinholds Ragwurz *Ophrys reinholdii* SPRUN. ex FLEISCHM.
15–40 cm; März–Mai. Äußere Hüllblätter rosaviolett, auch weißlich oder grün, abstehend bis zurückgeschlagen. Lippe 3lappig, schwarzpurpurn, Seitenlappen zurückgeschlagen, dicht behaart. Mittellappen oval, am Ende mit Anhängsel. Das Mal aus 2 getrennten oder verbundenen, weißen oder violetten und weiß berandeten Flecken (Griechenland, Ägäis, SW-Türkei).

□□□ □■□ □□□

Gehörnte Ragwurz *Ophrys scolopax* CAV. ssp *cornuta* (STEVEN) CAMUS (*O. oestrifera* M.-BIEB. ssp. *oestrifera*)
20–50 cm; März–Juni. Äußere Hüllblätter rosa bis violett, auch grün oder weiß, abstehend. Lippe 8–14 mm, 3lappig, dunkelbraun, Seitenlappen in ein bis 12 mm langes, zugespitztes Horn ausgezogen, Mittellappen oval, gewölbt, am Ende ein gelbgrünes, aufwärts gerichtetes Anhängsel. Mal im oberen Teil der Lippe vielgestaltig, aus weißlich berandeten, bräunlichen oder bläulichen Flekken (östl. Mittelmeergebiet, westl. bis zum Mte. Gargano). Die ssp. *scolopax* mit kleineren, stumpfen Hörnern im westl. und zentralen Mittelmeergebiet. 2 weitere Unterarten.

□□□ □□■ □□□

Hummel-Ragwurz *Ophrys fuciflora* (F. W. SCHMIDT) MOENCH (*O. holosericea* (BURM. f.) GREUT.)
10–50 cm; April–Mai. Äußere Hüllblätter breit, rosa oder weißlich, abstehend bis zurückgeschlagen. Lippe 9–16 mm, fast rechteckig, am Grunde mit Höckern und vorn mit gelblichgrünem, aufwärts gerichtetem Anhängsel, in der Mitte samtig, an den Rändern länger behaart, braun oder dunkel bräunlichpurpurn. Das sehr veränderliche Mal über die Lippe verteilt (zentrales und östl. Mittelmeergebiet, selten bis Mitteleuropa). 4 Unterarten.

□□□ □□□ ■□□

Wespen-Ragwurz *Ophrys tenthredinifera* WILLD.
10–45 cm; März–Mai. Äußere Hüllblätter breit, rosa oder rosaviolett, selten weißlich, abstehend, konkav. Lippe 11–14 mm, rechteckig, am Grunde mit 2 schwachen Höckern, vorne mit einem aufwärts gerichteten kahlen Anhängsel, an der Ansatzstelle ein Haarbüschel, in der Mitte rotbraun, kurz behaart, mit breiter, gelber, dicht behaarter Randzone. Das ziemlich kleine Mal dunkelblau oder braunviolett, schildförmig um den Grund der Lippe (Mittelmeergebiet).

□□□ □□□ □■□

Bienen-Ragwurz *Ophrys apifera* HUDSON
20–60 cm; Ende März–Juli. Äußere Hüllblätter ziemlich groß, abstehend bis zurückgeschlagen, dunkelrosa oder weißlich. Lippe 10–12 mm, breiteiförmig, 3lappig, stark gewölbt, Seitenlappen gehöckert, zottig behaart, Mittellappen meist mit langem, gelbem, zurückgeschlagenem Anhängsel. Das schildförmige Mal auf bräunlichem Grund violett oder rötlichbraun mit gelblichen Rändern oder Flecken (Mittelmeergebiet, selten bis W- und Mitteleuropa).

□□□ □□□ □□■

Drohnen-Ragwurz *Ophrys bombyliflora* LINK.
10–25 cm; März–Mai. Äußere Hüllblätter hellgrün, abstehend. Lippe ziemlich klein, 8–10 mm, 3lappig, braun bis dunkelbraun. Seitenlappen gehöckert, zottig behaart, Mittellappen stark gewölbt, ohne Anhängsel, mit schildförmigem oder 2geteiltem, bläulich-violettem, heller berandetem Mal (Mittelmeergebiet, Kanaren, östlich bis SW-Türkei).

Literaturauswahl

BARONI, E.: Guida Botanica d'Italia. 4. Aufl., Nachdruck Bologna 1975
BAUMANN, H.: Griechische Pflanzenwelt in Mythos, Kunst und Literatur. München 1982
BAUMANN, H. und S. KÜNKELE: Die wildwachsenden Orchideen Europas. Stuttgart 1982
BONAFÈ, F.: Flora de Mallorca. 4 Bände, Palma de Mallorca 1977–1980
BONNIER, G.: Flore complète illustrée en couleurs de France, Suisse et Belgique. 13 Bände, Neuchâtel 1912–1934
BONNIER, G. und G. DE LAYENS: Flore complète portative de la France, de la Suisse et de la Belgique. Paris 1975
BOUCHARD, J.: Flore pratique de la Corse. 2. Aufl., Bastia 1974
CEBALLOS, A., J. F. CASAS und F. M. GARMENDIA: Plantas silvestres de la Peninsula Iberica. Madrid 1980
COSTE, H.: Flore descriptive et illustrée de la France, de la Corse et des Contrées limitrophes. 3 Bände, 2. Aufl., Paris 1937 und Suppl. 1–5, Paris 1972–1979
DANESCH, E. und O.: Orchideen Europas, Südeuropa. Bern und Stuttgart 1969
DAVIS, P. H. (Hrsg.): Flora of Turkey and the East Aegean Islands. 7 Bände, Edinburgh 1965–1982
EBERLE, G.: Pflanzen am Mittelmeer. 2. Aufl., Frankfurt 1975
ERIKSSON, O., A. HANSEN und P. SUNDING: Flora of Macaronesia, Checklist of Vascular Plants. 2. Aufl., Oslo 1979
FENAROLI, L.: Flora Mediterranea. 2 Bände, Mailand 1962, 1964
FIORI, A.: Nuova Flora analitica d'Italia. 2 Bände, Nachdruck Bologna 1969
FIORI, A. und G. PAOLETTI: Iconographia Florae Italicae. Nachdruck Bologna 1970
FOURNIER, P.: Les quatre flores de la France, Corse comprise, Paris 1961
GÖTZ, E.: Die Gehölze der Mittelmeerländer. Stuttgart 1975
GUINOCHET, M. und R. DE VILMORIN: Flore de France. 4 Bände, Paris 1973–1982
HAEUPLER, H. und I.: Mallorca in Farbe. Stuttgart 1983
HARRIS, T.: Pareys Mittelmeerführer. Hamburg und Berlin 1982
HAYEK, A.: Prodromus Florae Peninsulae Balcanicae. 3 Bände, Dahlem bei Berlin 1927–1933
HEGI, G.: Illustrierte Flora von Mitteleuropa. 1.–3. Aufl., Band 1–7, München, Berlin 1906–1982
HORVAT, J., V. GLAVAČ und H. ELLENBERG: Vegetation Südosteuropas. Stuttgart 1974
HUXLEY, A. und W. TAYLOR: Flowers of Greece and the Aegean. London 1977
KOHLHAUPT, P.: Mittelmeerflora. Bozen 1980
MAIRE, R.: Flore de l'Afrique du Nord. 13 Bände, Paris 1952–1967
NACHTIGALL, W.: Tiere und Pflanzen an Mittelmeerküsten. München, Wien, Zürich 1983
PIGNATTI, S.: Flora d'Italia. 3 Bände, Bologna 1982
POLUNIN, O.: Pflanzen Europas. München, Bern, Wien 1971
POLUNIN, O. und A. HUXLEY: Blumen am Mittelmeer. 5. Aufl., München, Basel, Wien 1981
POLUNIN, O. und B. E. SMYTHIES: Flowers of South-West Europe. London 1973
POLUNIN, O.: Flowers of Greece and the Balkans. Oxford 1980
QUEZEL, P. und S. SANTA: Nouvelle Flore de l'Algérie et des régions désertiques méridionales. 2 Bände, Paris 1962–1963
RECHINGER, K. H.: Flora Aegaea. Nachdruck Wien 1973
RECHINGER-MOSER, F., O. WETTSTEIN und M. BEIER: Italien. Stuttgart 1967

Rikli, M.: Das Pflanzenkleid der Mittelmeerländer. 3 Bände, 2. Aufl., Bern 1943–1948
Reisigl, H., E. und O. Danesch: Mittelmeerflora. Bern und Stuttgart 1977
Schönfelder, P. und I.: Das blüht am Mittelmeer. 3. Aufl., Stuttgart 1982
Täckholm, V.: Students' Flora of Egypt. 2. Aufl., Beirut 1974
Vedel, H.: Bäume und Sträucher im Mittelmeerraum. Stuttgart 1978
Tutin, T. G. u. a. (Hrsg.): Flora Europaea. 5 Bände, Cambridge 1964–1980
Williams, J. G., A. E. Williams und N. Arlott: Orchideen Europas mit Nordafrika und Kleinasien. München, Bern, Wien 1979
Willkomm, M. und J. Lange: Prodromus Florae Hispanicae. 4 Bände, Stuttgart 1870–1893
Zángheri, P.: Flora Italica. 1 Textband, 1 Tafelband, Padua 1976
Zohary, M.: Flora Palaestina. 3 Textbände, 3 Tafelbände, Jerusalem 1966–1978

Register